主编

王家耀　徐永清

理论与实践

研究

地图史

ESSAYS ON STUDIES OF

MAP

HISTORY

THEORY
AND PRACTICE

社会科学文献出版社
SOCIAL SCIENCES ACADEMIC PRESS (CHINA)

鸣　谢

河南大学、河南省时空大数据产业技术研究院
科研基金资助本书出版

编者的话

地图，是人类在信息传播方面的三项重大发明（语言、音乐和地图）之一。人类生活在地球上，人类的一切活动都是在一定的地理区域中进行。千百年来，在计算机技术发明以前，人们一直是利用地图获得自己对空间地理环境的认识，通过可视化的图形来传播、交流、应用地理信息和社会信息。

地图，反映人类对时空环境认识的广度与深度。地图是人们对于空间认识的概括与抽象，又是对于时间认识的凝聚与回顾。地图史是科技史、图像史、社会史、生态史的综合。从古代地图的起源与萌芽，到近代地图的发展与传统地图学的形成，再到现代地图学与地理信息系统，地图经历几千年的发展长盛不衰，随着科技进步和社会需求的不断增加，地图在不断发展中充满生机、活力。地图史是人类文明史中精彩多姿的篇章。

地图观世界，又是世界观。作为观察现实世界的工具和方法，地图的目光上天入地，触角锐利深广。地理信息科学技术和人工智能的发展，使得地图开始具有"大脑"的功能，地图学研究不再仅仅是一种实践性的方法论和工具性的技术范式，更具备了观察与理解时空世间的理论意义。

地图史（或称地图学史）是研究地图和地图学的产生、历史发展及其历史作用的学科。地图史系统深入研究全球古代、近代、现代地图作品、科学内容、编制技术与表现形式的发展过程，及其对自然、地理、社会和文化发展的长期影响，总结历史规律，促进地图学科发展。

中国绘制地图的历史源远流长，对前代地图的研究、发掘与利用，焚膏继晷，史不绝书。现代意义上的中国地图史研究，已经有超过百年的历史。20世纪90年代以来，中国地图史资料编汇与学术研究比翼齐飞。海内外收藏的中国古地图陆续以目录、图集或展览图册的形式公布，各地历年出版了一批古地图集。地图史研究快速发展，发表了一大批以古地图为研究对象的论文，地图史研究的专著逐年增加。以古地图研究为题的社科基金项目数目也呈增加趋势，有多项重大课题立项。我国的地图史研究，作为一门跨界学科，从小到大，由弱渐强，扎实建设，踔厉精进，学术地位不断巩固、提高，社会影响力日益扩大。

特别是近年来，我国地图史研究领域的学者、专家撰写、发表了大量地图史方面的研究成果，在研究的深度与广度方面均有所进展，成就卓然，蔚为大观。为了集中展现我国地图史理论探索与学科建设的最新学术成果，关注、研讨中外地图史以及历史地理方面的理论与实践问题，我们特地向国内地图史和历史地理方面的专家学者发起征稿，编纂了这本论文集《地图史研究：理论与实践》，以使学界传递信息、阐述观点、互动交流。

《地图史研究：理论与实践》分为"经纬之道""追根寻源""中华舆图""边疆图事"4 个部分，刊发了关于地图文化与数据文化、地图史研究理论与方法的论文；探讨了萌芽状态的地图、中国古地图反映的宇宙观，介绍了文艺复兴时期的地图和中东的地图学等；推出一组从古代到现代中国地图的丰厚研究成果；从不同的角度介绍了中国边疆地图与时空测绘的历史角色。全书选编了 20 多位学者、专家的文章，一部分是首发文章，还有一部分选自国内期刊；限于篇幅，编者对部分文章有所删改。

《地图史研究：理论与实践》的征稿、编辑工作，得到地图史研究领域学者、专家的积极响应和热情支持，宿将新秀，群贤毕至，学界许多著名学者都在炎炎夏日与疫情交加中送来了论文。在此，我们衷心感谢本书诸位作者和社会科学文献出版社的有关领导、责任编辑，衷心感谢河南大学、河南省时空大数据产业技术研究院科研基金资助本书出版。相信本书会得到地图史界学人的关注以及对地图史有兴趣的读者的欢迎，大家的关心、批评、意见、建议，就是促进中国地图史研究持续发展的最宝贵动力。

编　者

2020 年 8 月 1 日

目录 Contents

经纬之道

追根寻源

中华舆图

边疆图事

经纬之道

论地图文化与数据文化及其作用和意义

王家耀*

【摘要】 地图文化是地图活动过程中形成的文化，是不同时期、不同地域、不同社会的地图所承载的相应的特殊文化形态；数据文化是数据活动过程中形成、直接影响到整个社会面貌的一种特殊的文化类型和文化现象，是"一切凭数据说话、一切靠数据决策"的文化，是尊重事实、强调精准、推崇理性和逻辑的文化。地图文化和数据文化特性，即时间性、空间性、科学性、社会性（大众性）、渗透性。地图文化和数据文化都属于科学文化，世界科技发展的历程表明，一个国家要成为科技强国，一个民族要屹立在世界科学之林，离不开科学文化的发展。地图文化和数据文化是推动地图科学和数据科学不断发展的更基本、更深沉、更持久的力量，我们必须坚持地图文化和数据文化的自信。我国地图文化与地图相伴而行，具有悠久的历史，应该在新时代发扬光大；我国的数据文化虽然相对滞后，但占有"后发优势"，我们应当把握"后发优势"，变"后发优势"为"现实优势"。

【关键词】 地图文化　数据文化　地图科学　数据科学

习近平总书记在中国共产党成立 95 周年大会上的重要讲话中指出，"文化自信，是更基础、更广泛、更深厚的自信"，强调"坚持不忘初心、继续前进，就要坚持中国特色社会主义道路自信、理论自信、制度自信、文化自信"①。"文化自信"为不断把中国特色社会主义伟大事业推向前进

---

* 王家耀，1936 年 5 月 15 日出生，湖北省武汉市人，地图学与地理信息工程学家，中国工程院院士，河南大学教授，河南省时空大数据产业技术研究院院长。

① 习近平：《在庆祝中国共产党成立 95 周年大会上的讲话》，http：//www.gov.cn/xinwen/2021 - 04/15/content_5599747.htm。

注入更基本、更深沉、更持久的力量，所以，"文化自信"是另外"三个自信"的历史文化基础。本文以习近平总书记重要讲话精神为指导思想，探讨地图文化和数据文化的内涵及其作用和意义。

一　地图文化和数据文化的内涵

（一）文化

究竟什么是文化，这是一个很难说清楚的概念。美国人类学家克鲁伯和克罗孔在《关于文化的概念和定义的检讨》一书中说过，"在这个世界上，没有别的东西比文化更难以捉摸。我们不能分析它，因为它的成分无穷无尽；我们不能叙述它，因为它没有固定形状。我们想用文字来界定它的含义，这正像是把空气抓到手里似的；当着我们寻找文化时，它除了不在我们手里外，它无处不在"。可见，给文化下个定义是极其困难的事。

但是，我们对"文化"还是要有一个基本的认识。一般地说，文化就是一种社会现象，是人们在长期工作、学习和生活过程中创造形成的产物；文化也是一种人类历史现象，是社会历史的沉淀物，随社会物质生产的发展而发展。通俗地说，文化是一种非常广泛和最具人文意味的概念，是地区人类的生活要素形态，即衣、冠、文、物、食、住、行等的统称，或是一个群体（国家、民族、学校、企业、行业等）在一定时期内形成的思想、理念、行为、风俗、习惯，以及这个群体的整体意识所辐射出来的一切活动。从哲学角度看，文化是人类文化的哲学思考，即从哲学的角度研究文化的本质、特征及其发展规律。文化是智慧群族的一切社会现象与内存精神既有、传承、创造、发展的总和。它涵括智慧群族从过去到未来的历史，是群族在自然基础上所有活动的内容，是群族所有物质表象和精神内存的整体。具体到人类文化，其内容指群族的历史、地理、风土人情、传统习俗、工具、附属物、生活方式、宗教信仰、文学艺术、规范、法律、制度、思维方式、价值观念、审美情趣、精神图腾，等等。

（二）地图文化与数据文化——文化的特殊类型

基于以上关于文化的基本认识，可以得出地图文化和数据文化的内涵。

1. 地图文化

地图文化，是地图群体活动（设计、生产、应用）过程中所形成的一种特殊的文化，是不同时期、不同地域、不同社会的地图所承载的相应的特殊文化形态，是地图"科学——技术——工程"知识链和地图"设计——生产——应用"产业链实现过程中地图活动共同体所创造的物质财富和精神财富的总和。

地图有着几乎和世界最早的文化同样悠久的历史，地图是国际三大通用语言（音乐、绘画、地图）之一，地图本身就是一种文化现象。

2. 数据文化

数据与文化有着密不可分的内存联系。一方面，数据活动过程离不开一定的文化背景；另一方面，数据活动过程又直接影响到整个社会文化的面貌。可以这么说，数据活动已经形成了一种特殊的文化，即数据文化。数据文化是"一切凭数据说话、一切靠数据决策"的文化，是尊重事实、强调精准、推崇理性和逻辑的文化。

3. 地图文化和数据文化同属科学文化

地图是地图科学研究的主题，数据是数据科学研究的主题，地图文化和数据文化同属科学文化。科学文化本质上是一套价值体系、行为准则和社会规范，蕴含着科学思想、科学精神、科学方法、科学伦理、科学规范、价值观念和思维方法，是人们自觉或不自觉遵循的世界观和方法论。地图文化和数据文化蕴含着科学文化的内涵，是地图活动共同体和数据活动共同体自觉或不自觉遵循的世界观和方法论。

二　地图文化和数据文化的特性

地图文化，有着与地图同样悠久的历史，而数据文化的兴起和发展如果以涂子沛所著《数据之巅——大数据革命，历史、现实与未来》为参照则只有 200 余年的历史。

（一）地图文化的特性

1. 地图文化的时间性、空间性的统一

地图是跨越时间和空间的，地图文化也是跨越时间和空间的。

地图文化的时间性（时代性、时限性、时效性）同地图史一样，有着古代地图文化、近代地图文化、现代地图文化和未来地图文化之分。从时间序列来说，古代地图文化，指原始社会古地图萌芽、农耕社会古地图兴起和中世纪西方地图和中国唐宋元明地图的地图文化；近代地图文化，指中国郑和七下西洋开启的世界地理大发现、大规模三角测量与实测地图和 20 世纪 50 年代末 60 年代初近代地图学形成时期的地图文化；现代地图文化，指计算机地图制图——地图史上里程碑式革命及理论地图学兴起时期，数字地图制图与出版一体化和"地图制图"数字化、网络化、智能化时期的地图文化；未来地图文化，指类脑智能、时空大数据、云计算、5G/6G 时代地图无处不在和地图无人不用时期的地图文化。

地图文化的空间性，指无论任何时期的地图文化都有其地域的差异性。例如，对古代地图文化而言，其地域由西向东依次有：古希腊的荷马地图、爱奥尼亚地图、埃拉托色尼地图、托勒密地图，映射着地中海的爱琴海文明或克里特文明；埃及尼罗河的季节性泛滥诞生的原始地图映射着尼罗河流域的文明；在陶片上绘制的美索不达米亚地区的巴比伦地图映射着两河流域的文明；中国在黄河流域的堤防和灌溉工程兴建中出现的汉代黄河水道图映射着黄河文明或古代中国文明。

在地图发展的历史长河中，地图和地图文化都反映了时间效应和空间效应的双重作用，即时空统一。在时间坐标上，地图和地图文化一次又一次地发生形态嬗变；在空间坐标上，一次又一次地扩展空间范围，直到在全球逐渐发展起来。正是因为这种时间效应和空间效应的双重作用，才使得地图成了国际上公认的三大通用语言之一，而其中最古老的当数地图。如今，地图的数学基础已趋于一致，地图符号和表示方法已经趋同，地图表达复杂非线性地理世界的科学抽象方法——制图综合也已趋同。地图文化是世代（时间）传承和广泛（空间）传播的。

2. 地图文化的科学性、大众性、艺术性的统一

地图文化的科学性，源于地图的科学性（科学价值）。地图被誉为"改变世界的十大地理思想之一"，是表达复杂非线性地理世界的最伟大的创新思维，与线性文字表达方式相比，具有无法比拟的优越性。地图文化的科学性表现在两个方面：一是揭示科学规律，德国气象及天文学家魏格纳 1919 年通过世界地图拼块提出的大陆漂移学说就是一个典型例子；可以利用地图研究复杂非线性地理世界的空间结构和空间关系及其随时变化的

规律。二是反映科技进步，不同时期的地图和地图文化反映不同时期科学技术的发展水平，地图和地图文化的演化同人文社会科学的发展有着密切的关系。

地图文化的大众性，源于地图的大众性。任何文化都是民族的、大众的、世界的，地图文化尤其如此，地图文化只有扎根于群众之中才具有强大的生命力。近些年来，中华人民共和国国家大地图集、新世纪国家地图集、各省区市地图集的纷纷出版，深刻印证了地图和地图文化的大众性。

地图文化的艺术性，源于地图的艺术性。地图活动群体在地图设计、生产和应用全过程中都有对美（艺术性）的追求，反映了地图文化的审美特性，不过这种"美"不但表现在地图作品外观的形式美和形态美上，更重要的是表现在地图作品的外部形式与地图内容、功能统一的和谐美和愉悦美上。

3. 地图文化的整体性与渗透性的统一

地图文化的整体性与渗透性源于地图的整体性与渗透性。地图的整体性，指地图的科学—技术—工程的知识链和地图的数据（资料）获取—处理（生产）—应用（服务）的产业链，是一个多因子、多单元、多功能的动态系统，是通过动态系统中的统一协调来实现的；地图文化的渗透性，指地图文化既无形而又强有力地渗透到动态系统的每个环节，于是形成地图科学文化、地图技术文化、地图工程文化和地图产业文化。

地图和地图文化的时间性和空间性的统一，科学性、大众性、艺术性的统一，整体性与渗透性的统一，深刻阐明了地图对人类社会的重要性，在世界的任何时期或任何文化中，地图都是不可替代的；一个时代和一种文化如果没有任何形式的地图，是难以想象的。

（二）数据文化的特性

1. 数据文化的时（间）空（间）统一性

源于数据的时空统一性。任何数据都是包括人类活动在内的世界万事万物（现象）运动变化的产物，都是在一定时间和空间产生的，都具有时间和空间两个基本特征，而且时间和空间是相互关联的、统一的，这就决定了数据文化的时空统一性。

2. 数据文化的科学性、大众性、可视性的统一

源于数据的科学性、大众性、可视性的统一。数据的科学性不言而喻，没有数据就没有科学。大数据时代必然孕育着一种科学，这就是数据科学；也必伴生一种文化，这就是数据文化。数据的大众性，即"一切凭数据说话、一切靠数据决策"成为社会的共识和新常态，把"数据"这个少数学者的科学符号变成一种社会的文化符号，将大数据这个高端精英们的话题变成一个大众的话题。数据的可视性即可视化特性，特别是时空大数据的可视化，它面对大规模海量数据流、不同类型和不同层次的用户，是科学性和大众性之间形数理统一的"桥梁"，可视化本身就包括艺术性。所以，数据文化的科学性、大众性、可视性是统一的。

3. 数据文化的整体性与渗透性的统一

数据活动（获取—处理—应用）过程是一个整体，数据文化贯穿数据活动的全部过程中，而数据文化具有很强大的渗透力，特别是在互联网、物联网、云计算、人工智能时代，数据文化更是广泛传播的、社会性的。所以，整体性与渗透性的统一是数据文化的重要特性之一。

（三）地图文化和数据文化的关系

1. 共同之处

地图文化和数据文化都是人类文明的承载体，是人类文化的重要组成部分；都属于科学文化的范畴；都具有时（间）空（间）统一，科学性、大众性、可视性（含艺术性）统一，整体性与渗透性统一等特性。

2. 各自特点

虽然地图文化和数据文化有如上所述共同之处，但还是有各自的特点。例如，地图文化具有几乎同人类文明相同的悠久历史，而数据文化如果从美国第一次人口普查算起，至今也只不过200多年的历史，相比较而言数据文化是一种新文化。地图文化强调时间坐标与空间坐标的统一性，而数据文化更强调全球性。地图文化的科学性、大众性和艺术性的统一，更多地指符号的可视化即形、理的统一，指揭示科学规律。而数据文化的科学性、大众性、可视性（含艺术性）的统一，更强调形、数、理的统一，即通过数据密集型计算发现知识；可视化的形式更加多样化，可视化设计更加复杂和更具创造性。

3. 相互联系

地图文化和数据文化是互补的。地图文化培育的是地图无处不在、无人不用的文化，是地图成为人们工作、学习、生活不可或缺的重要科学工具的文化；数据文化培育的是一切凭数据说话、一切靠数据决策的文化，是数据成为提高社会治理体系和治理能力现代化的核心驱动力的文化。地图文化活动过程中的可视化是以图形符号形式的地图（普通地图、专题地图、专用地图等）可视化，更具形理统一的直观性；数据文化活动过程中的可视化强调的是主题多变性、强交互性、形式多样化、快速性（事前而非事后）的形数理统一的数据、大数据、时空大数据可视化；不过，最好的数据可视化方式还是各种多样化、个性化、动态化的地图。所以，一定要利用好地图文化和数据文化的这种互补关系。

三　地图文化和数据文化的作用和意义

任何一个国家或民族都有自己的特殊文化，文化是国家或民族团结的纽带，中国的大团结和中华民族的大团结的灵魂是中华文化。地图科学和数据科学及其事业的发展也一样，需要有地图文化和数据文化这个灵魂。

（一）地图文化和数据文化是推动地图科学和数据科学不断发展的更基本、更深沉、更持久的力量

地图科学（或地图学）之所以能够经久不衰而且不断发展、与时代同步，从根本上讲就是因为有了地图文化的滋润；地图文化是地图科学的灵魂，是地图科学发展的根脉。什么时候、什么地域或国家背离了属于科学文化的地图文化，地图科学就会倒退，中世纪欧洲神学占统治地位时期地图学的倒退就是一个例子。中国地图文化的经久不衰，特别是中华人民共和国成立以来，我国地图科学和地图事业的快速发展，得益于地图文化的传承和弘扬。改革开放以来，地图科学的高水平发展和地图事业的高质量发展，屹立于世界地图科学和事业之林，更是得益于地图文化的创新。

数据科学是关于数据的科学，是研究和探索网络空间中数据奥秘的理论、方法和技术。数据科学在 20 世纪 60 年代提出，但这之前也有一个发展过程。数据文化的核心是一切凭数据说话、一切靠数据决策，是尊重事实，强调精准，推崇理性和逻辑。但数据文化的兴起与发展也有一个过

程。涂子沛所著《数据之巅——大数据革命，历史、现实与未来》从美国第一次人口普查开始，将美国数据文化的形成和发展过程分为"小数据之历史"和"大数据的崛起"两个阶段。前者，在时间坐标上归纳为"初数时代（奠定共和）→内战时代（终结奴隶制的灯塔）→爆发（镀金时代三重崛起）→量化（进步时代的浪潮）→抽样时代（统计革命的福祉）"，该书作者也以中国往事（第一次现代意义的人口普查）→兵家和数据（中国历史上的吉光片羽）→尘封的瑰宝（中国的数据可视化先驱）→思考中国话题（民族复兴能否量化）→世纪之间（日本行，为什么我们不行），论述了那个时代中国数据文化的相对滞后；同时，在时间坐标上分为开放时代（国内开放的历程和来自中国的组织创新）→大数据时代（通向计算型的智能社会）→智慧城市（正在拍打世界的浪潮），反映了中国数据文化的后发优势。尤其是进入 21 世纪以来，随着互联网、物联网、云计算特别是智能感知技术的发展，开启了一切皆可量化的进程，各国实施数字化战略，标志着一个新的时代的到来。正是在这样的背景下，中国的数据科学、数据文化得到了快速发展，在 2017 年 5 月举行的贵阳大数据博览会期间，全国科学技术名词委员会、贵阳市人民政府主办了大数据十大新名词发布暨《大数据百科全书》启动仪式，大数据十大新名词被称为"改变未来的十大驱动力"，它的发布标志着中国数据文化的后发优势。近几年来，这种后发优势正在转变为现实优势；而反观西方个别大国，对内白人至上主义导致的社会撕裂和种族冲突愈演愈烈，对外执行单边主义、霸权主义，干涉他国内政，造成世界许多地区动荡和混乱。

文化本质上是人类及其社会的品格，或一个国家及其社会的品格。数据文化本质上是人类及其社会对待数据（事实）的品格，或一个国家及其社会对待数据（事实）的品格。

我们要努力培育和弘扬地图文化和数据文化，为我国地图科学和数据科学的持续发展不断注入新活力。

（二）坚持文化自信，变后发优势为现实优势

这里，我们用数据（事实）讨论《数据之巅——大数据革命，历史、现实与未来》这本书中提到的几个问题。一是中国第一次现代意义的人口普查。现代意义的中国人口普查相对美国虽然晚了 100 多年，中国的数据

文化相对滞后，但占有后发优势。中华人民共和国成立后的历次人口普查积累的数据、历年的经济统计数据、城市人口变化数据等形成的大规模海量数据，为国家人口政策调整、产业结构调整和转型升级、户籍管理制度改革、城市治理体系和治理能力的现代化、精准扶贫等，都提供了科学依据。大数据正在成为人类取之不尽、用之不竭的战略性资源，人类正在此基础上建设一个智能型世界。在这个社会转型的紧要关头，中国作为最大发展中国家，基本形成了国家大数据战略体系，地区大数据发展格局初步形成，数据开放取得初步成效，大数据产业规模快速增长，以数据为关键要素的数字经济快速发展，历史赋予了我们前所未有的机遇，使我们占有了后发优势。二是兵家和数据。事实上，在中国漫长的历史进程中，兵家利用地图和数据指挥作战的案例数不胜数。远的如古代的《孙子兵法》中的所谓"度""量""数""称""胜"，是说战争的胜负可以通过国土面积大小、粮食资源的多少、军队的数量、双方实力的对比等数据来进行评估。《管子·地图篇》所云，"凡兵主者，必先审知地图"，公元前 168 年我国就有"驻军图"（长沙马王堆三号汉墓出土的三幅地图之一）。近代中国军事家充分使用地图和数据，利用地图进行作战部署、作战过程中利用地图指挥军事行动，进行战前侦察敌情、评估双方力量对比，实地勘测战场地形、制定攻守方案，是军事指挥员的必修课。三是中国的数据可视化先驱。在中国，类似欧美 1850～1880 年出现的经典数据可视化作品，直到 20 世纪 40 年代前后才开始萌芽，其先驱人物是地理学家陈正祥。他主张用地图说话，用地图反映历史，用地图描述政治、经济、文化、生态、环境等现象，他的许多作品被称为数据可视化的经典之作。中华人民共和国成立后，特别是改革开放以来的 40 多年，中国的地理学家和地图学家们在数据可视化领域取得了世界领先水平的成就，一大批高水平的国家、省区市地图集及地图文化作品在国际上获得好评和赞扬，多次获国际地图制图协会（ICA）大奖。由"尘封的瑰宝"到现代中国的数据可视化，这不正说明中国的地图文化和数据文化的后发优势吗？四是思考中国话题：民族复兴能否量化。在《数据之巅——大数据革命，历史、现实与未来》这本书中，作者论述了民族复兴能否量化争论的一个故事，这个故事源于国家发展改革委社会发展研究所杨宜勇先后于 2012 年 8 月发布 2010 年的中华民族复兴指数为 62.7%，2013 年 11 月发布 2012 年中华民族复兴指数为

65.3%。研究成果发布后，引起了"民族复兴能否量化"的争议。中华民族伟大复兴分为两个"一百年"。第一个百年，到2020年全面建成小康社会，这是有量化指标的。第二个百年分为两步走：第一步，到2035年，基本实现社会主义现代化；第二步，到21世纪中叶，建成富强民主文明和谐美丽的社会主义现代化强国。中华民族伟大复兴不仅有明确的界定和目标，而且有"十三五""十四五"等各个五年规划和进程安排；不仅有指标（量化），而且有具体措施。这正是中华民族伟大智慧的标志，是数据文化在新时代的弘扬。五是"世纪之问：日本行，为什么我们不行？"说的是美国人戴明的生产过程质量管理体系改变了二战后的日本。如果说戴明1950年的日本之行是日本的转折点，那么30年后的1982年6月24日晚黄金时段在全美播出的《日本行，为什么我们不行？》这部纪录片就是美国的转折点，引发了美国人对日本崛起的反省和改进。面对日本的崛起，我们中国人早在30多年前就问过自己："日本行，为什么我们不行？"事实证明，中国改革开放40多年来，无论在经济社会、国防军事领域都发生了翻天覆地的变化。中国的经济总量早就超过了日本，成为全球第二大经济体，而且仍处于中高速发展期；中国的科技同西方先进国家相比尚有差距，但正处于追赶和超越的进程中。这不正是中国坚持文化自信的后发优势的表现吗！当然，我们要登高望远、脚踏实地，要把"日本行，为什么我们不行"转变为"日本行，我们也行，而且将更行！"

（三）把握后发优势：把数据科学符号变成数据文化符号，同时数据文化反哺数据科学

大数据时代的到来，使我们面临着前所未有的机遇——后发优势，但是要在全球化竞争中把握住这种后发优势并不容易。国家之间的竞争，表面上看是科技竞争、经济竞争，但归根结底还是国民素质和文化的竞争，没有健康、理性、与时俱进的文化，一个国家就难以变得很强大。

在中国，大数据已成为国家战略，以贵阳国家级大数据中心为代表的一大批大数据研究院、重点实验室和企业正在蓬勃兴起。大数据是什么并不重要，重要的是大数据时代的到来改变了人们的思维模式、管理模式、商业模式。在大数据时代，每一个新名词的出现，都将预示着一种趋势，并极有可能成为改变未来的驱动力。大数据十大新名词，即块数据、主权

区块链、秩序互联网、激活数据学、5G 社会、开放数据、数据交易、数据铁笼、数据安全和数权法等，既揭示了大数据的时代特征，又反映了大数据的发展趋势，也代表了中国在实施大数据战略方面取得的成绩与经验，说明中国在推动大数据发展中抢占了理论创新、实践创新和规则创新的制高点，正在开启大数据时代的数据文化。尽管还存在某些问题，但是我们可以自信地说，中国一定能够把数据这个科学符号变成一个文化符号，将大数据这个高端精英们的话题变成一个大众的话题，使数据文化进入中国人的视野、融入中国人的意识和血脉。我们不仅要让大数据在中国大地上风生水起，更要让大数据落地生根、开花结果。我们要认识到，数据科学变成数据文化，数据文化反哺数据科学，是一项长期的艰巨的任务。

参考文献

[1]《中国测绘史》编辑委员会编《中国测绘史》（第一卷、第二卷、第三卷），测绘出版社，2002。

[2] 卢良志：《中国地图发展史》，星球地图出版社，2012。

[3] 徐永清：《地图简史》，商务印书馆，2019。

[4]〔美〕诺曼·思罗尔：《地图的文明史》，陈丹阳、张佳静译，商务印书馆，2016。

[5] 华林甫主编《中华文明地图》，中国地图出版社，2018。

[6] DK 公司编《伟大的世界地图》，齐东峰译，中国大百科全书出版社，2017。

[7] 涂子沛：《数据之巅——大数据革命，历史、现实与未来》，中信出版社，2014。

[8] 王家耀：《地图文化及其价值》，《地图》2015 年第 3 期。

[9]〔美〕苏珊·汉森：《改变世界的十大地理思想》，肖平等译，商务印书馆，2009。

[10]〔美〕丹尼斯·伍德：《地图的力量》，王志弘等译，中国社会科学出版社，2000。

文以载道　图以明志

——古地图研究随感

李孝聪[*]

【摘要】通过对劳拉·霍斯泰特勒教授观点的评论，从分析康熙、雍正、乾隆三朝编制《皇舆全图》的起因、覆盖范围的比较，结合文献史料，审视清前期测绘制图与清代政治史的关系。将古地图既视为研究的对象，同时又以古地图作为史料来探讨历史，这就为地图史领域提出了不要总是停留在技术层面的一种观察视角和运用地图图像探究历史的方法。

【关键词】古地图　史料研究　内容与方法

地图，历来受到人们的重视，在国家政权的统治或国家间的交往中，地图是中央和地方行政管理的工具，在边疆领土产生纠纷的时候，地图往往成为法理斗争的依据。在中国古代，长期没有明确的国界概念，统治者想要了解自己控制的疆域范围，单靠文字是解释不清楚的，需要使用地图来表现。所谓"国家抚有疆宇，谓之版图，版言乎其有民，图言乎其有地"①。不过，并非地图上画出来的地方就都是自己国家的领土，反之，图上没有表现的地方也不见得就不属于自己的国家所有。解读地图的关键是必须了解是什么原因导致某一幅地图的编制。用几个例子来说明笔者对地图史研究内容与方法的思考。

2012 年 4 月 25 ~ 27 日，在东北师范大学历史系与美国旧金山大学利玛窦研究中心合办的"远方叙事"会议上，美国芝加哥大学教授劳拉·霍

---

* 李孝聪，北京大学历史系暨中国古代史研究中心荣休教授，上海师范大学人文与传播学院特聘教授。

① 赵尔巽等撰《清史稿》卷二八三《何国宗传》，中华书局，1977，第 10186 页。

斯泰特勒（Laura Hostetler）的报告通过比较康熙、乾隆时期编制的《皇舆全图》覆盖区域的变化，认为清朝的皇家地图反映了中国具有扩张主义的倾向。会议主办方邀请笔者对她的报告给予评论，笔者认为海内外学界对康熙《皇舆全览图》的研究一直比较多，对雍正、乾隆时期的《皇舆全图》关注比较少，尤其对雍正朝绘制的地图，因披露的数量少，研究相对比较弱，而且从康熙、乾隆《皇舆全图》的现有研究成果来看，又多偏重于投影经纬度等测绘制图技术科学层面。

笔者对劳拉·霍斯泰特勒教授观点的评论，从分析康熙、雍正、乾隆三朝编制《皇舆全图》的起因开始，通过覆盖范围的比较，结合文献史料审视清前期测绘制图与清代政治史的关系，来阐释清王朝绘制《皇舆全图》的意图，解释三朝编制的《皇舆全图》覆盖区域为什么会越来越广阔。换句话说，将古地图既视为研究的对象，同时又以古地图作为史料来探讨历史，这就为地图史领域提出了不要总是停留在技术层面的一种观察视角和运用地图图像探究历史的方法。

一　康熙、雍正、乾隆三朝编制《皇舆全图》覆盖区域为什么会越来越广阔？

（一）康熙朝《皇舆全览图》

康熙二十八年（1689 年），中、俄在黑龙江雅克萨发生战事，战后清朝与俄国在尼布楚谈判时，由于清廷代表携带的中国传统画法绘制的舆图无法提供准确的黑龙江流域的地理情况，而俄国人拿出经过测绘的地图，虽然也并不很准确，但至少在双方控制地的表现上是很明确的。康熙皇帝得知后感觉很懊恼，于是动了进行一次全国大地测量的念头。从康熙四十七年起至五十五年止（1708～1716 年）历时近十年，中国官员和西方传教士一起完成了全国大地测量，编绘出《皇舆全览图》。届时由于掌控厄鲁特蒙古准噶尔部权力的策妄阿拉布坦对抗清廷，阻止清军进入哈密以西，因而天山南北地区未能测绘制图，康熙《皇舆全览图》最初的木刻版 28 幅地图，其西界仅到哈密，缺哈密以西的天山南北地区。此后的康熙五十八年（1719 年）《皇舆全览图》复刻本 32 幅地图，增加了《拉藏图》《冈底斯阿林图》《牙鲁藏布江图》《杂旺阿尔布滩图》4 幅。其中《杂旺阿尔布滩图》基本覆盖了天山东段南北的新疆大部分境域。在图上天山以北标出七台（今奇台县）、几母塞（今吉木萨尔）、乌鲁母齐（今乌鲁木齐）、盍吞（今奎屯）、京（晶河）、察罕鄂模（察罕塞拉木池？）、波罗塔拉鄂模（布勒哈齐池）等地。天山以南描绘了洛普鄂模（罗布泊）、塔里母（木）河，标出吐鲁番、苏巴西（苏巴什）、阿克苏等地名。该图可能系康熙五十六年（1717 年）富宁安分路进袭准噶尔策妄阿拉布坦时，费隐等人随军测绘，尽管画了经纬网，但是山川、城址的位置并不准确。康熙五十八年（1719 年），马国贤（Matteo Ripa）镌刻铜版拼接图呈给康熙皇帝时已经显示了这一测绘成果。

（二）雍正朝《皇舆全图》

雍正时期，中俄双方关于在哪里设立贸易地点产生分歧，再次引起了人们对地图的重视。沙俄希望在张家口设立贸易场所，清朝则希望贸易点距离北京要远一些，最后贸易地点确定在恰克图。在谈判交涉过程中，雍正皇帝对沙俄使节来华的路线不清楚，要求其弟怡亲王允祥向西方来华传教士宋君荣（Antoine Gaubil）了解俄国人从圣彼得堡经过喀山至恰克图来华时走的具体路线，绘制成图以备查阅。所以，雍正时期根据传教士的资料绘制的《皇舆全图》和《天下舆图》包括了西伯利亚甚至波罗的海等北方广大地区，但是图上画的那些地方并非就是中国的疆域。

雍正在位时期更着眼于治内的改土归流，为此不仅填补了康熙《皇舆全览图》内苗疆之空白，天山南北补充了一些道路和聚落，还画了若干小幅面的全国地图。雍正关注地图上已经颁旨归流的土府、土州以及其是否标志在新归属的省份内，也就是对其政令实施力度的关注。

（三）乾隆朝《皇舆全图》（内府十三排舆图）

类似的情况到了乾隆时期又再次出现。乾隆朝清廷两次用兵，平定天山南北准噶尔部及大、小和卓木之叛乱，乾隆二十四年（1759 年）终于完成将天山南北统一于清朝版图之内的大业。在两次用兵过程中，皆遣官分道测量，载入舆图，添画新辟土宇，以成昭代典章。第一次是乾隆二十一年（1756 年）第二次进军伊犁时，刘统勋、何国宗与西方来华传教士傅作霖（Félix da Rocha, 1713 - 1781）、高慎思（Joseph d'Espinha, 1722 -

1788）等奉上谕随军测量暑度，绘画地图，"所有山川地名，按其疆域方隅，谘询睹记，得自身所经历汇为一集"。第二次是乾隆二十四年（1759年）天山南路回部平定以后，傅作霖偕高慎思重赴新疆，与明安图等继续完成天山南路的测绘，于乾隆二十六年（1761年）绘成西域全图，交军机处方略馆，定名为《钦定皇舆西域图志》。可是由武英殿刊刻并写入《四库全书》的《钦定皇舆西域图志》所附地图却未画经纬网，此后由传教士蒋友仁（Michel Benoist，1715－1774）在原康熙《皇舆全览图》基础上，增补这些新绘制的新疆地图，以及新绘西藏等地图，编成由经纬网控制的《乾隆内府舆图》（又名《乾隆十三排地图》），镌刻成 104 块铜版刊印。乾隆朝《皇舆全图》的西界已经到达里海和黑海，为什么呢？当时，哈萨克请求内附，未被乾隆皇帝接受。乾隆皇帝认为：准噶尔诸部尽入版图，其山川道里，应详细相度，载入《皇舆全图》，以昭中外一统之盛。凡属准噶尔所属之回部之地，有与汉唐史传相合，可援据者，并汉唐所未至处，一一询之土人，细为记载，遇使奏闻，以资采辑。所以，乾隆朝《皇舆全图》也覆盖了从西天山至黑海之间，哈萨克、布鲁特及诸回部和土尔扈特部回归前的放牧地，同样这些地方并不视为清朝的疆域。

劳拉·霍斯泰特勒教授认为："在《皇舆全览图》中，长城以外的西北边界地区是空白的，准噶尔地区的地图，也只包含了几个地名、粗略的山脉和河流，还有很多空白的地区。因为清朝直到 1720 年才控制整个地区，1760 年后，清朝征服新疆后，清朝地图上这个地区的地名数量才剧烈增加。"我认为不能使用"征服"这个词，那是西方人非历史主义的观点。因为从汉唐以来，西域（即清朝的新疆）已经是中国管辖的疆域，清朝平定厄鲁特蒙古准噶尔部，使天山南北地区再次回归中国版图，恢复行使管辖权。

由此可见，对康、雍、乾三朝编绘《皇舆全图》的研究，一定要结合当时的历史背景来考察，而不能仅仅就地图覆盖的地域和内容来论说。

二 清末民国南海舆图

宣统元年（1909 年），两广总督张人骏着力经营西沙群岛，派广东水师提督李准、副将吴敬荣等率领清水师官兵及勘测人员 170 余人，分乘伏波、琛航、广金三舰巡视西沙各岛礁，命名岛屿，绘制地图，竖旗勒碑，以明示领土主权。七月，广东参谋处测绘科制图股根据李准巡海带回的测绘资料编印《广东舆地全图》，其中《广东全省经纬度图》显示了西沙群岛的 18 座岛屿。宣统三年（1911 年）清朝广东省府宣布西沙群岛划归海南岛崖州（治所在今海南省三亚市）管辖。清廷将李准巡海的成果反映在官方印制的地图上，明确显示西沙群岛归属中国广东省政府管辖，对中华民国前期的地图如何表现南海诸岛影响深远。

1933 年，法国人侵占中国南海的九小岛，引起中华民国政府的严正交涉和社会各界的关注，促使中国政府设立由内政部、外交部、参谋本部、海军部、教育部及蒙藏委员会等官方机构组成的中国水陆地图审查委员会，审定南海各岛屿、沙洲、暗沙、暗礁的名称。官方和民间都开始关注、探讨我国在南海的疆域范围，并通过地图来表现。1935 年 4 月，由民国海军海道测量局完成南海诸岛的实地测量，并于同年由中国水陆地图审查委员会公开出版了地图。这一国家行为，对南海诸岛的命名和公开测图、对中国民间出版单位绘制地图都产生很大影响，此后涌现出一批对中国南海海疆有新的描绘和标注的地图。1945 年世界反法西斯战争胜利以后，1946 年，作为同盟国的中国政府依照《开罗宣言》和《波茨坦公告》收复被日本侵占的南海诸岛，重新命名南海诸岛礁，驻军、勒石立碑。1947 年 11 月由内政部方域司编制《南海诸岛位置略图》，明确标绘出断续的海岛归属线；12 月内政部方域司制版。1948 年 2 月发行《中华民国行政区域图》，所附《南海诸岛位置图》对南海各岛屿名称和断续线有了固定的表现形式。凡是由中国政府编制的全国地图或南海诸岛图都是对中国领土和海疆主权的明确宣示。

三　以图明史，以图证史，以图补史

以上的一系列事例，都反映地图有这样的功能：以图明史，即用地图来表现历史的空间；以图证史，即用地图证明文字记述不清而实际存在的史实；以图补史，即用地图补充文献档案缺漏的史实。

所以，笔者用一句话来表明地图的作用，叫作"文以载道，图以明志"。文以载道，说的是用文章来表达一定的思想、道理，也可以理解为以文字记载历史人物事迹和典章制度。图以明志，则可以理解为用地图来表明国家的意志。譬如：疆域地图，表明国家对领土主权的拥有；政区地

图，反映国家对各级行政区域实施的管理；城市地图，表现国家经济和人口的发展以及城镇规划建设的形制。至于国家的名山大川、湖泊、沿海岛屿、道路津渡，以及人工修筑的长城和运河，都要在中国地图上表现出来，难道不是国家意志的表达吗？以图明史、以图证史、以图补史，是从历史学的角度来讲的；文以载道，图以明志，则是从地图的政治含意上的阐释。基于以上的原因，学界很重视对过去时代绘制的地图的研究。笔者认为古地图研究有两个层面需要把握。

（一）将古地图视为研究对象，属于地图史的研究层面

将古地图作为研究对象，首先需要分析地图编制的背景，阐述地图表现的内容，考订地图绘制的年代。这里的"年代"，实际上又有两层含义：第一层是制图人绘制或刻印地图的年代，第二层是地图内容反映的年代。一般而言，地图内容表现的年代要比绘制时的年代更早。当我们将地图作为研究对象时，应当十分清楚这两个"年代"的时间差，然而在现实古地图研究中却往往将其混淆。这是因为西方地图的绘制人、出版者和绘制年代，往往直接标注在地图上面，而中国古代地图大多没有，这就给我们做地图史研究带来很大困难，也需要地图史的研究者们多下功夫。

根据个人研究实践，笔者曾经提出判识古地图年代的几种方法。

第一，利用中国历代地方行政建置的变化，即沿革地理来确定成图的时代，考察地图上各级治所城市级别的升降，这是一般常用的也是行之有效的一种办法。此判识法之不足在于政令颁布远非速达，州县升降难为全国所知，有的州县早已改名而有的地方还在沿用旧称。故仅能判断图面表现的时代。

第二，利用中国王朝时代盛行的避讳制度，审查图内是否有因避讳而改写或缺笔的文字，进而判识地图绘制的时间上限，在较宽的时间尺度上判识是有意义的。

第三，有时上述两种判断方法都无法借鉴，则需要依靠历史地理学的知识来推考。譬如：通过观察平原河流渐变为曲流，经历裁弯取直，出现牛轭湖，再回复到直流的水文地理规律，对不同时期绘制的同一地区舆图进行比较。

第四，借助国内外图书馆藏品的原始入藏登录日期来推测成图的时间

下限，也不失为极富价值的手段。

第五，还有一点需要指出的是如何分析和解读彩色套印技术广泛运用之前的刊印本地图中的颜色。套色印刷用于制图以前，绝大多数木刻版、铜版镌刻印制的地图都是黑白单色，然而我们会发现许多刊刻本古地图上着色，这类色彩都属于使用地图者根据其当时的认知而用手涂上去的。所以，对刊刻本着色古地图应给予认真仔细的解读，而不能完全相信色彩的含义，这一现象最容易发生在对疆域、领土归属问题的解释上。我们研究近代彩色套印技术广泛使用之前的古地图时，应当对于地图上的颜色给予仔细的辨析，而不能擅自轻信，对历史问题给出结论。

总而言之，判识无题款的中国古地图的绘制年代，应当综合上述几种方法，并观察地图的整体风格、款式、色泽等，方能得出正确的判断。

（二）古地图研究的第二个层面是将古地图作为史料来研究历史问题

地图与文字档案、典籍一样，是当时的人绘制或刻印的，具有即时性，是第一手的史料。将地图作为史料来研究历史问题，属于历史学的研究层面，目前我们在这个层面的研究，相较于地图史层面，似乎更为欠缺一些，真正用地图作为史料来研究历史问题的，更凤毛麟角。将地图作为史料来研究历史问题，仅仅依靠地图是不行的，古地图研究必须与文献、典籍和档案结合起来相互参照勘合。古代中国的图书典籍是按经、史、子、集分类的，地图归于史部地理类，与典籍密不可分。例如，《元和郡县志》，书名最初是《元和郡县图志》，地图亡佚之后，才简称《元和郡县志》。又如，明代许论编绘的《九边图》，是与《九边图论》一起呈给嘉靖皇帝的。很多清朝官府编绘的地图，更是由各级地方官员以题本的形式逐级上报中央朝廷，或以奏折直送御前，文字叙述部分与地图原本是合为一体的。当时中央和地方官府对图档收贮时，没有将文字档和地图分开。可是，今天我国的图书馆、档案馆，却按照欧美国家的图书分类法，把文字部分、图画、地图或照片分开保存在不同部门。笔者曾在大英图书馆地图部参与中文地图编目工作一年，又曾两次前往美国国会图书馆地图部，帮助编辑中文古地图目录，发现两个图书馆都把地图和同一事项的文字资料分别收藏在不同的部门。这就带来了一个问题，即我们做地图史研究的人，可能往往只看到了地图，而忽略了与地图原本属于同一个整体的奏章、题本、呈文、奏折等相关文字资料，给古地图的考订工作带来许多困难和不确定性。所以，笔者建议收藏古地图的单位尽可能寻找与地图内容、时代、事项相近的文字资料，使之复原成完整的图文一体，然后再做数字化处理。笔者不赞成在没有深入探究制图背景的情况下，仅仅就图而论，诠释地图上的内容；笔者也不赞赏借助西方思想史的理论或当下图像史的分析方法，主观臆断地解读近代实测经纬网地图出现以前用传统形象画法绘制的中国古地图。

用传统方法绘制的中国古地图受到重视，开始于20世纪80年代，中国学者把原来深藏在档案馆、博物馆和图书馆书库内的地图用照相的办法披露出来，经过考订，编写成图文兼具的中国古代地图图录。倘若没有这一工作的开展，古地图的研究始终不能起步，古地图也许会一直沉睡在各地的图书馆、博物馆和档案馆里。这项工作的开创者，是已故的曹婉如先生及其研究团队，他们的工作成就即众所周知的三册《中国古代地图集》：第一册收入元代以前的地图，第二册收入明代的地图，第三册收入清代的地图。这三部中国古代地图集，从地图史角度选出有代表性、标志性或唯一性的地图，所选地图印出比较清晰的图像，进行文字著录，内容涉及地图的编绘者、编绘年代、内容、绘制手法和收藏地。对一些有代表性的重要古代地图，写出了研究性的论文。这一具有开创性的工作，学术价值非常高，为中国地图史研究开启了一个方向。在谈到中国古地图研究时，我们不能忘记曹婉如先生及其团队所做的工作和取得的成就。

长期以来，地图被当政者视为关系国家领土主权利害的资料秘不示人。直到今天，我们国家绝大多数的图书馆、档案馆和博物馆，依然不肯把所收藏的古旧地图拿出来供学者们研究，更不用说向世人公开了。这就使得学者们无法在中国国内看到数量众多且完整的历代绘制的地图。所以，学者们不得不把古地图研究的目光转向海外。从20世纪90年代开始，流散在海外的中国古地图陆续被披露。诸如《欧洲收藏部分中文古地图叙录》，1996年，北京：国际文化出版公司；《美国国会图书馆藏中文古地图叙录》，2004年，北京：文物出版社；《英国国家档案馆庋藏近代中文舆图》，2009年，上海社会科学院出版社；《德国普鲁士文化遗产图书馆藏晚清直隶、山东县级舆图整理与研究》，2015年，济南：齐鲁书社；《重庆古旧地图研究》，2013 年，重庆：西南师范大学出版社；《南京古旧地图集》，2017 年，南京：凤凰出版社；《上海城市地图集成》，2017 年，上海书画出版社。这些地图集著录了海内外收藏的众多古旧地图，有的还以中、英文两种文字同时著录，不仅使国人首次获得海外收藏中文古地图的大量信息，而且由于便利了不懂汉字的外国学者阅读，从而引起海外学术界的重视。上述中国学者的工作不仅公布了海内外收藏的中文古地图，为怎样寻找和整理海内外收藏的中文古地图奠定了著录凡例，做了地图史层面的研究；同时，还以这些古地图为史料，研究了与地图内容相关的中国历史或历史地理问题，对以地图为媒介的中外文化交流史研究也很有助益。

今天来看，虽然还有不少外国的图书馆、博物馆的古地图收藏没有被披露，但并不是任何一座海外藏图单位都值得将其所藏中文古地图编纂成图录。今后，再做此类调查工作，需要关注中文古地图收藏比较丰富的机构，譬如俄罗斯圣彼得堡东方图书馆、日本各馆的藏图。至于藏图不多而且缺乏特色的外国藏图机构的地图，不一定值得全部出版，因为其藏品可能与已经出版的图录有很多重复的地图。这就需要有志于此项研究的学者下功夫去了解海外藏图机构藏品的来源和特色。另外，某些私人藏图也值得关注，特别是一些罕见的有代表性的藏图。

今后，关于古地图的研究，应该加强对现存古地图的分类整理与研究，用地图研究历史的工作，更需要加强和深入。利用古地图研究中国行政区划的演变，用古地图研究中国的边疆问题，用古地图研究中国的海疆问题，用古地图复原中国历代道路和城市结构，特别是有关中国国家核心利益和政治、经济、文化的内容，亟待分析阐述。国家已经出版了谭其骧先生主持编纂的八卷本《中国历史地图集》，《中华人民共和国国家历史大地图集》专题各卷也正在陆续出版。过去这些历史地图集的编绘主要是利用典籍文献，没有来得及参考古地图表现的内容，今后要补上这项工作。此外，近年来地理信息系统（GIS）的应用逐渐广泛，如何利用 GIS 推进古地图的数字化整理，需要地理学者和历史地理学者进一步做细致踏实的工作，期待这项工作取得进展。

加强中外地图文化交流史的研究，是地图史研究不可或缺的一个层面。要了解外国人不同时期绘制中国地图的资料来源，探究外国人曾经看过并利用了哪些中国古地图的资料。我们应该加强同一地域、同一时代、同一主题内容的中国地图与外国地图的比较研究，分析其中的共同点和差异，探索外国制图师对中国的观察视角。

古地图是客观的历史存在，越来越受到人们的重视，即使地图上的某些内容与今天的认识并不相适合，也没有必要藏起来不许阅览。尤其是批量印制的地图，国内藏起来不许人们看，难道外国就没有收藏吗？所以，对客观存在的古地图没有必要采用不敢正视现实的"鸵鸟政策"。反而应当充分研究那些似乎不合时宜的地图，努力分析有哪些内容对我们不合适，为何出现这个问题，以取得正确的阐释。

随着人们出行的增多，地图已经成为人类不可或缺的伴侣。古地图的整理与研究工作方兴未艾，需要几代人不断的努力，需要更加细致、踏实、务实的工作。

中国古地图上反映的宇宙观

王树连*

【摘要】 在描述古地图的文献和流传下来的古代地图上，或隐约或清晰地反映出不同时代的人们的地理视野，以及对宇宙的总体看法，包括对所见世界直观、理性的推断，以及对未知世界的猜测。

【关键词】 同心圆　天圆地方　浑天说　日心说

地图是客观世界的摹写与抽象。但是，正如学者葛兆光在《中国思想史》中所说，"地图作为一种书写，它却只是给了阅读者一个绘制者眼中的世界，这世界的大小、上下、方位、比例，都渗透了绘制者的观念"。这里所说的观念就是制图者的宇宙观，或者说是制作地图的那个时代的流行的宇宙观。我们知道，宇是指空间，即古人所说的上下四方，宙是指时间，即古人所说的古往今来。因此，从宇宙观的角度说，地图是对特定时间的地理空间的描述。事实上，在描述古地图的文献里，在流传下来的古代地图上，或隐约或清晰地反映出不同时代的人们的地理视野，以及对宇宙的总体看法，这包括人们对所见世界的直观、理性的推断，以及对未知世界的猜测。

一　同心圆宇宙观

中国古代地图特别是先秦时代地图，在相当高的程度上反映了同心圆

---

* 王树连，男，河北省枣强县人，原解放军某部高级工程师。多年致力测绘科技期刊出版及测绘历史研究，著有《中国测绘教育史》《中国古代军事测绘史》，合著《中国测绘史》（第一卷）等。

宇宙观。葛兆光在《中国思想史》中指出：同心圆宇宙观是说"空间是一层一层的同心圆，天体围绕北极旋转而成一个圆，地则类似井或亚字形的一个方，天地都有一个中心，这个中心是超越时空而存在的一个点，那就是这个永恒的不动点、同心圆的圆心……这种知识背景还被类推或衍伸到各个知识和思想领域"。许倬云在《科学与工艺——谈李约瑟之中国文明史》中也说："中国人总认为宇宙秩序有条有理，时间从零点开始，而宇宙结构是一层层的同心圆。"先秦著作《周礼》用"五服"描述了一个"回"字形的地理范围，其实质与同心圆类似，都是从中心向四面辐射。《周礼》称，帝王的都城是中心，周围五百里属于甸服（王畿），其外五百里属于侯服（诸侯领地），再外五百里属于绥服（绥靖地区），接着是五百里的要服（外族地区）与五百里的荒服（未开化地区）。这种自我中心的观念，影响久远。北宋的石介就说过："天处乎上，地处乎下，居天地之中者曰中国，居天地之偏者曰四夷，四夷外也，中国内也。"一直到清代，仍然有人宣扬"坤舆大地以中国为主"。国外也有类似的观点，李约瑟说："亚里士多德和托勒密僵硬的同心水晶球概念，曾经束缚欧洲天文学思想一千多年。"

这种根深蒂固的观念在古代地图上有明显的反映，其表现如下。一是重笔描绘华夏大地（特别是中原地区）。大禹划华夏为九州，继而铸九鼎，鼎上镌有各地的物产、山水。《九鼎图》是目前所知的远古时代的天下图，反映了王权所至的范围，表明了远古人实际的地理视野。秦始皇灭六国之后绘制的《天下大图》，晋代裴秀按照制图六体的方法绘制的《禹贡地域图》，实际上都是华夏大地的地图。在相当长的时期内，在地理概念上，实实在在地存在于人们头脑中的"天下"与九州几乎没有什么区别，于是，古代天下地图常常是对包括东夷、西戎、北狄、南蛮在内的源于《禹贡》描述的"中国"。二是详细绘制华夏，简略绘制周边。在古代地图上，华夏大地居于中心，进行详细绘制；华夏大地的周边国家则概略绘制，而且常常是呈现缩小绘制的趋势。在张骞出使西域后的汉代的舆地图上，在裴秀依据古天下大图缩绘的《方丈图》上，在唐代贾耽绘制的《海内华夷图》上，这种绘制特点反映得比较明显。比如贾耽在献《海内华夷图》的表章中说"中国以禹贡为首，外夷以班（注：汉代班固）史发源"。在宋代依据《海内华夷图》刻石的《华夷图》（现存于西安碑林博物馆）上记有"其四方蕃夷之地，唐贾魏公（即贾耽）图所载，凡数百余国，今取著闻者载之"。在《华夷图》上，周边地区的"蕃夷之地"居然简略到只有国名，而没有版图范围。这说明两个问题：一方面，古代绘图者只能比较真实地反映了解的地理范围，而对陌生的地理区域只能简略描绘；另一方面，也反映了古人把华夏的中原地区（今河南洛阳附近）视为"地中"（大地中心）的观念，这种观念是同心圆宇宙观的变种。

二 天圆地方宇宙观

天圆地方的宇宙观古称盖天说，在先秦时期十分流行，如曾子在《大戴礼记》中所说"诚如天圆而地方，则是四角之不掩也"。到了秦汉时期，就更加系统化了。有人称，在西汉时期成书的《周髀算经》是盖天论的代表作。书中形容天圆如同盖着的草帽，地方如同方形的棋盘，并且记述了对太阳视运动的观测与计算，绘制了《盖天图》。清代科学家梅文鼎说："《周髀算经》虽未明言地圆，而其理其算已具其中矣。《周髀》言北极之下以春分至秋分为昼，秋分至春分为夜，盖惟地体浑圆，太阳绕地行，才能如此。"盖天说是对视野所及范围内直观现象的描述，不能解释许多天象。但是，随着天文观测的发展，它也在不断地完善自己。晋代的虞耸著《穹天论》时就指出"天形穹隆如鸡子，幕其际周接四海之表，浮于元气之上，譬如覆盆"。盖天说影响深刻而久远，是中国古代最有代表性的宇宙观。直到清代还有人宣扬天和地好像"两碗之合，上虚空而下盛水，水之中置块土焉，平者为大地，高者为山岳，低者为百川，载土之水即东西南北大海"。

"制图六体"是天圆地方的宇宙观在地图编制上的直接反映。晋代的制图学家裴秀在《禹贡地域图》的序言中提出了划时代的"制图六体"。他说："制图之体有六焉。一曰分率，所以辨广轮之度也。二曰准望，所以正彼此之体也。三曰道里，所以定所由之数也。四曰高下，五曰方邪，六曰迂直，此三者各因地制宜，所以校夷险之异也。"一般认为，分率是指地图比例尺，通常用计里画方的方法去确定比例尺；准望是指方位或定方位，起到"正彼此之体"的作用；道里及高下、方邪、迂直是指距离及对距离的改正，目的在于求"鸟道之数"——水平直线距离。可见，"制图六体"没有包含科学制图必需的投影改正方面的内容。也就是说，制图时没有顾及地球的曲率，而是把大地看作一个平面。古人用测量日影长短的方法推算相距遥远的两地的距离，也是基于大地是一个平面。古人知道，步量得来的"道里"受到地形"高下"路线"方邪、迂直"的影响，并不是地图上所需要的直线距离，于是千方百计地加以改正，但是得到的仍然是大地平面上的距离，而不是地球表面的球面距离。"制图六体"在具体工艺上则是计里画方。计里画方的方格网与西方经纬线网体现的观念不同。西安碑林藏宋代刻石《禹迹图》是留存最早采用以计里画方工艺绘制的地图。所以说，作为中国古代的制图传统的"制图六体"及其计里画方工艺反映的是天圆地方的宇宙观。

三 从浑天说（地心说）到日心说

天圆地方的盖天说不能解释许多现象，于是在汉代出现了浑天说。其代表性的观点是："浑天如鸡子，天体圆如弹丸，地如鸡子中黄，孤居于内。天大而地小。天表里有水。天之包地，犹壳之裹黄。天地各乘气而立，载水而浮。"这是张衡在《浑天仪注》中对浑天说的形象而扼要表述，并且制作出浑天仪来证明浑天说。把大地看作圆形的蛋黄，已经在一定程度上抛弃了天圆地方的传统看法，而把地球看作一个球体。浑天说对人们无法用眼睛看到的地平以下部分做了比较正确的推断，所以东汉末的蔡邕说"惟浑天近得其情"。浑天说及其表征天象的方法对于中国古代天文学有深远的影响，被认为是百世不易之道。浑天说把大地看作一定意义上的球体。这种认识更接近于科学，遗憾的是，人们并没有把对地球形状的科学认识引入制图学。

1513 年，波兰天文学家哥白尼提出了日心说，证明了地球是围绕太阳公转，本身还进行自转。1519—1522 年，葡萄牙航海家麦哲伦完成了绕地球一周的航行，用事实证明了地球是球形的。1569 年，荷兰科学家墨卡托第一次设计出把地球表面描绘到平面上的方法，称为墨卡托投影。墨卡托投影是等角正圆柱投影，它假想用一个圆柱切于地球赤道上，根据角度不变的条件，用数学方法把地球的经纬线转换到圆柱面上，然后将圆柱面展开为平面。这样就把互相正交的经纬线展绘到了平面上，这种科学方法延续到今天仍然在应用。这些科学知识在明末陆续传入中国。1584 年，利玛窦在广东肇庆制作了《坤舆山海全图》，在知府王泮的支持下刻印出来，这是中国第一幅反映球形大地的地图。利玛窦在地图的说明中指出："地与海本是圆形，而合为一球，诚如鸡子，黄在清内，有谓地为方者，乃语其定而不移之性，非语其形体也。"1602 年，利玛窦与中国学者李之藻一起绘制了著名的《坤舆万国全图》，图中绘出了经纬线，内容更加详尽。中国学者李之藻在《题万国坤舆图》指出："谓海水附地，共作圆形，而周围俱有生齿，颇为创闻可骇。"天文学者熊三拔在《表度说》中也说："是时天圆地小之说初入中土，骤闻而骇之者甚众。"可以说，以日心说、大地如球为代表的科学宇宙观震撼了中国知识界，冲击了中国传统的宇宙观。一些开明敏感的科学家比如徐光启等逐渐地接受了科学的宇宙观，并且在地图绘制中表现出来。

万历四十一年（1613 年），章潢编写《图书编》，其中收入了《昊天浑元图》《九重天图》，这些图上把地球画成一个分成四瓣的西瓜，每瓣 9 行，共 36 行，对应 360 度。明朝末年，潘光祖编制了《舆地图考》，其中的《东西两半球图》，放弃了计里画方的方法，采用了利玛窦传入西法，绘出了经纬度。这说明，明朝末年，大地如球的观念已经初步为知识界所接受。

明朝末年，是中国传统的宇宙观与传入的西洋宇宙观并存的时期。守旧的学者还信奉中国传统的宇宙观，西洋宇宙观还没有深入人心。因此，在进行经纬度点测量时，不得不采用了中国传统方法与西洋方法两种方法测量。到了清代，日心说、地球论已经占主导地位，西法测图已经通行。康熙年间，朝廷组织了全国范围的经纬度点测量，为制图时绘制精确的经纬线奠定了基础。经过多年的努力，在 1719 年绘制成《皇舆全览图》。该图"为全图一，离合凡三十二帧，别为分省图，省各一帧"。李约瑟认为，《皇舆全览图》"不但是亚洲当时所有的地图中最好的一幅，而且比当时所有的欧洲地图更好更精确"。《皇舆全览图》标志着中国传统的宇宙观在测量领域基本退出了历史舞台。《乾隆内府皇舆图》采用经纬线直线斜交的圆锥投影，范围涵盖中华大地、波罗的海、地中海、北冰洋等广大区域。《乾隆内府皇舆图》的成功，标志着中国首次实测全国地图的大业告成，也标志着中国的制图学者完全接受了基于西洋宇宙观的制图方法。

参考文献

[1] 王树连：《中国古代军事测绘史》，解放军出版社，2007。
[2] 〔英〕李约瑟：《中国科学技术史》，科学出版社，1976。

（本文原载《中国测绘》2004 年第 5 期，收入本书时编者有删改）

浅谈图像如何入史

——以中国古地图为例

成一农[*]

【摘要】包括地图在内的图像的史料价值并不在于图面内容，而在于图像所反映的其与其被绘制的社会、经济以及文化之间的关系，对图像这些方面史料价值的思考才能更为深入地挖掘图像与众不同的史料价值，也才有可能从一些不同的侧面回应重要的史学问题。当然，对图像史料价值的挖掘，需要我们发挥自己的想象力，需要我们对历史有着更为广泛和深入的认知，这些都涉及研究者的史学素养。"史料不是救世主"，如果有"救世主"的话，那么也是作为研究主体的我们。

【关键词】图像史学　古代舆图　以图证史　史学理论

近年来，随着中国史学的发展，越来越多的以往被忽视的史料被纳入史学研究的视野中，如民间文书、简帛等，其中当然也包括图像史料，但与其他新史料相比，虽然图像史料同样得到了研究者的推崇，但这一领域一直没有取得太多引人注目的研究成果，更未能产生一些具有影响力的或者颠覆性的成果。上述现象，也引起了一些学者对"图像入史"的焦虑。

长期以来，中国的古代地图基本被从"科学"的视角进行研究，由此"地图"被看成一种科学的、客观的材料，但这一视角近十多年来在学术界中越来越受到质疑①，随之，地图日益被看成一种主观性的材料，地图

---

* 成一农，男，北京人，云南大学历史与档案学院研究员。

① 参见〔美〕余定国《中国地图学史》，姜道章译，北京大学出版社，2006；成一农：《"非科学"的中国传统舆图——中国传统舆图绘制研究》，中国社会科学出版社，2016。

也就成了一种"图像"。本文即以地图为例，对"图像入史"的问题进行一些初步讨论。

一 "地图入史"的瓶颈

将地图作为史料进行史学问题研究，早已得到中国古地图以及地图学史研究者的认同，也确实存在很多以地图为史料进行的史学研究。从研究方法的角度来看，这些研究基本局限于"看图说话"，即试图从地图的图面内容中发掘出以史学研究所忽视的内容，从而力图对以往的历史认知进行修订、增补，甚至重写。但问题在于，留存至今的古地图基本是宋代之后的，尤其集中在明代晚期和清代，而这一时期也是文本文献极为丰富的时期。与此同时，虽然明代晚期，尤其是清代留存下来大量与水利工程、军事行动、海防、边防以及皇帝出行等所谓"重要事件"存在直接联系的地图，但这些"重要事件"并不缺乏文本文献的记载。因此，中国文献和地图的留存情况，决定了仅仅从地图的图面内容来挖掘史料价值的话，那么注定不可能对已经通过文本文献获得的历史认知进行重写，甚至重大的修订，而只能在细节上进行补充，由此也就注定这样的"地图入史"必然不会得到学术界的太大重视。此外，根据研究，中国古代的很多地图是根据文本文献绘制的，或者在绘制时就存在与之配套的说明文字，只是后来因为各种原因两者分离开来，由此在对文本材料已经进行了广泛发掘的今天，中国古代地图与文本之间这样的关系进一步弱化了地图图面内容的史料价值。

为了弥补这一缺陷，一些研究者意识到，与文本文献相比，作为图像的地图的史料优势在于其对地理要素及其空间分布描绘的直观性，因此将同一时代的多幅地图并置在一起，可能可以发现某一时代某些地理要素的空间分布情况；或者可以将不同时代的一系列地图并置在一起，则有可能可以发现某一地理要素随着时代的演变而发生的变化。

当然，也有学者利用古地图作为史料，对学界主流所关注的问题进行了讨论，如葛兆光在《宅兹中国》一书中阐述了中国古代地图中对于异域的想象、对于世界秩序的想象。又如管彦波的《中国古代舆图上的"天下观"与"华夷秩序"——以传世宋代舆图为考察重点》，提出"古之舆图……是时人表述其所认知的政治空间、地理空间和文化空间的一种最直接的方法"，由此对宋人在地图中表达的天下秩序和天下观进行了挖掘。不过问题在于，葛兆光和管彦波的研究虽然利用古地图研究了史学主流所关注的问题，但他们所解决的问题在以往已经通过传世的文本文献得出了相似的结论①，因此他们利用古地图进行的研究只是对既有结论的佐证和细化。

总体而言，以往"地图入史"的研究，从方法而言多集中在"看图说话"，从研究的问题而言，或集中于以往通过文本文献已经得出了结论的问题，或集中于学界主流不太关注的问题。因此要真正使得"地图入史"，那么必须解决上述这两个问题。

二　走到地图的"背后"

始于 1977 年的《地图学史》丛书项目的主编戴维·伍德沃德（David Woodward，1942—2004）和哈利约翰·布莱恩·哈利（John Brian Harley，1932—1991）主张将地图放置在其绘制的背景和文化中去看待，由此希望能将古地图和地图学史的研究与历史学、文学、社会学、思想史、宗教等领域的研究结合起来②。这一主张得到了学界的广泛认同，由此也造就了《地图学史》丛书的巨大影响力③。当然，从目前已经出版的几卷来看，这套丛书的撰写者对地图史料的挖掘主要还是集中在地图的图面内容，只是将地图图面内容的形成、演变与历史进程以及宗教、文化和社会的变化联系起来进行分析，但即使如此，也已经引起了国际学术界对古旧地图以及地图学史研究的重视。

笔者认为伍德沃德和哈利的主张是完全正确的，但所谓的"将地图放置在其绘制的背景和文化中去看待"并不是局限于对图面内容的发掘，而是不仅要挖掘图面内容形成的社会、文化背景，而且还要将地图本身作为一种物质文化和知识的载体，并将其放置在其形成的各种背景中去看待和分析，由此才能有可能挖掘地图独有的史料价值。下面以一系列存在明代后期直至清代相互之间有着渊源关系的地图为例进行分析。

---

① 如唐晓峰《从混沌到秩序：中国上古地理思想史述论》，中华书局，2010。

② 关于这一项目以及项目的意图，参见 https://geography.wisc.edu/histcart/。

③ 参见这套丛书的中文书评，成一农：《简评芝加哥大学出版社〈地图学史〉》，《自然科学史研究》2019 年第 3 期。

这一系列地图，目前可以见到最早的就是明嘉靖三十四年（1555 年）福建龙溪金沙书院重刻本的喻时的《古今形胜之图》，因此可以将这一系列地图命名为"古今形胜之图"系列地图。

表 1　"古今形胜之图"系列地图的子类以及资料来源

分类	子类之间的主要差异	资料来源	图名
第一子类		地图是对《广舆图叙》"大明一统图"谱系"舆地总图"子类的改绘；图面上的文字来源于《大明一统志》	明喻时《古今形胜之图》（嘉靖三十四年重刻本）
			明章潢《图书编》"古今天下形胜之图"（文渊阁四库全书本）
			明陈组绶《皇明职方地图》"皇明大一统地图"（明末刻本）
			明朱绍本、吴学俨等《地图综要》"华夷古今形胜图"（明末朗润堂刻本）
			日本京都大学藏未有图题的地图（绘制时间大致在清代末期）
第二子类	与第一个子类相比，较大的差异在于：1. 增加了地图下方的文字；2. 绘制的地理范围有所扩展，包括了欧洲和非洲；3. 地图图面上的文字注记也存在显著差异	地图除了是对《广舆图叙》"大明一统图"谱系"舆地总图"子类的改绘之外，还受到了传教士地图的影响；图面上的文字来源于《大明一统志》；地图下方的文字可以追溯至桂萼的《广舆图叙》	《乾坤万国全图古今人物事迹》（明万历二十一年［1593 年］南京吏部四司正己堂刻本）
			《（天下）分（野）舆图（古今）人（物事）迹》（康熙己未［1679 年］）
			《历代分野之界　古今人物事迹》（1750 年日本刻本）
第三子类	与第二个子类相比，这一子类增加了地图左右两侧的文本以及地图下方第二行的文字；地图所涵盖的地理范围更为广大，涵盖了南北美洲和南极；且重写了图面上的文字注记	地图除了是对《广舆图叙》"大明一统图"谱系"舆地总图"子类的改绘之外，还受到了传教士地图的影响；地图下方第一行的文字可以追溯至桂萼的《广舆图叙》；第二行的文字和地图两侧的文字可能来源于当时流传的一些类书；图面上的文字来源于《大明一统志》	《天下九边分野人迹路程全图》（明崇祯十七年［1644 年］金陵曹君义刊行）
			《大明九边万国人迹路程全图》（原图为王君甫于康熙二年刊行，"帝畿书坊梅村弥白重梓"，但"重梓"时间不详）

如果按照传统的"地图入史"的研究方法，那么这一系列地图的图面内容没有太多新奇之处，因为无论是地图还是文本基本都来源于常见的资料，所以除了可以谈谈传教士地图的影响以及当时中西文化交流这样"老生常谈"的问题之外，似乎没有太多可以分析的内容。但如果离开图面内容，"走向图面背后"的话，那么可谈的内容就会立刻变得丰富起来。

第一，地图绘制文化的视角。明代利玛窦等传教士绘制的地图，其绘制使用的数据是经纬度数据，并运用了将地球的球体投影到平面上的几何换算，且有着相对准确的比例尺；而中国古代地图根本没有比例尺，更谈不上经纬度和投影了，由此一来，从现代人的视角来看，传教士绘制的地图与中国古代地图在技术上似乎是无法融合的。

这一系列地图中的《大明九边万国人迹路程全图》展现了解决这一现代人看来似乎无解的问题的方式。在这幅地图上，传教士地图上的经纬线全都被删除了；虽然南、北美洲和南极上的很多地名保留了下来，但它们的形状被大幅度地剪裁、缩小、扭转甚至变形。这种处理方式在认为地图应当是客观、准确的现代人看来是完全"不合法"的，但请记住进行这些处理的是中国古人，而在中国古人的脑海中，地图是为了达成各种目的而主观构建的，同时准确并不是绘制地图的目的，因此这种处理方式完全符合中国古代的地图绘制文化。经过这番处理之后，这些图形就与一幅以"中国"为主要表现对象且涵盖了欧亚非的中国传统地图完美地结合起来。而且，这种中西地理知识的融合，在图面上看不出有任何突兀之处。

如果进一步引申的话，我们可以得出下述具有意义的结论：现代的、客观的、准确的地图虽然有其优势，但有时我们基于某些目的而希望在地图上突出某些信息，同时淡化某些信息，以及将各种不同种类的信息混合在一起，而这些功能对于现代地图而言实现起来较为困难，但对于中国古代地图而言则是轻而易举的事情。

第二，文化史的视角。虽然中国古代地图学史的研究者都承认地图是用来使用的，但对"使用"的认知基本停留在通过地图获取地理信息上，这实际上窄化了中国文化对于地图功能的理解。就《古今形胜之图》系列地图而言，以往的研究者基本都认为这一系列地图属于"历史地图"或者

"读史地图"①，显然这样的认知局限于地图的用途在于获取信息这一狭隘的认知上。

通过对这一系列地图内容分析，我们可以发现：首先，这类地图上记载的历史事件过于简单，基本都是属于常识的"著名事件"，如《古今形胜之图》中北京旁边注记为"我太宗徙都此，国初曰北平布政司"，南京旁边的注记为"我太祖定鼎应天"，用于读史显得过于简单了。其次，在这一系列地图的第二、第三子类的地图中充斥着文字错误，以《天下九边分野 人迹路程全图》为例，在地图下方对北直隶的描述中"大宁都司"被误写为"大宁郊司"；对云南的政区记述中文字错误极多，如"秦之分野"被写为"奉之分野"，"芒市"被误写为"芸布"，"干崖"被误写为"子崖"，等等。最后，"古今形胜之图"系列地图上的很多知识是过时的，如地图下方文字记载的人口、税收数据可以追溯至成书于嘉靖初年的桂萼的《广舆图叙》，也即这套数据对应的时间最晚就是嘉靖初年，但这套数据在直至清朝康熙年间的地图上依然被抄录。如果说上述这些数据由于没有太多的时间标记，所以无法被直观地看出是"过时"的话，那么对于政区的呈现则明显是"过时"的。如前文所述，这一系列的地图的底图使用的是可以追溯至桂萼《广舆图叙》的地图，因此主要表现的是明代嘉靖时期的政区。到了清代，政区变化非常剧烈，与明代存在本质上的区别，虽然这一系列地图的清代刊本确实进行了一些调整，如将南直隶改为江南，但不易进行全局性的改变，由此当时已经裁撤的各个都司在地图上依然被保留下来，要解决这一问题除了改换底图之外，似乎别无他法，但这种情况并未发生。因此，上述证据说明，这一系列地图的受众很可能是基层大众，甚至可能是不太识字的人。

由此我们可以进一步推测，在基层人士以及粗通文字的普通民众中，这些地图的功能除了获得一些最为基本的历史、地理方面的知识之外，更主要的是被用来张挂，以凸显其所有者的"渊博学识"的功能。

不仅如此，地图的这种功能在西方也是存在的，如欧洲在文艺复兴时

---

① 如《中华舆图志》将《古今形胜之图》分类为"历史地图"，参见《中华舆图志编制及数字展示》项目组《中华舆图志》，中国地图出版社，2011。笔者也曾认为这一系列地图属于"读史地图"，参见成一农《从古地图看中国古代的"西域"与"西域观"》，《首都师范大学学报（社会科学版）》2018 年第 2 期。

期某些权贵的图书馆中收藏的大开本的、有着豪华装饰的航海图集，这些地图集显然不会被用于航海，而主要被用作权贵们知识渊博的标志以及他们崇高地位的象征。

进一步引申的话，书籍和地图首先是一件物品或者商品，因此对于制作者、使用者、购买者、观看者而言，出于不同的目的，其功能是多样的，可以用于出售、展示、猎奇、炫耀、投资、学习，而传递知识只是功能之一，或者承载知识只是达成其某些目的和功能的手段。基于此，我们通过地图揭示了一种以往被忽略的但又重要的文化现象。

第三，知识史的视角。以往知识史的研究一般都将书籍中蕴含的知识，认为就是书籍针对的对象所掌握的知识，这一点在民间类书的研究中尤其普遍①。但从上文文化史视角的分析来看，这一认知显然是存在问题的。作为知识载体的书籍、地图以及其他各类图像，传递知识只是它们的功能之一，或者只是服务于制作这些物品的某些目的的功能之一，因此在研究中，我们不能假定知识载体的制作者、使用者、购买者、观看者都能以及希望理解或掌握这些知识，也不能假定知识载体的制作者、使用者、购买者、观看者都在意其上所承载的所有知识。民间类书中蕴含的知识可能更应当首先被看成民间以及最初编纂者认为对于民间而言有价值的知识，当然这里的"价值"并不只是"学习价值"。

而与本处所讨论的问题存在密切联系的可能就是知识的表达形式，大致而言知识的表达方式至少包括如下方面：表达内容时所用的语言，如汉语、法语等；语言的组织方式，如白话文、文言文；措辞，如是否典雅，是否掺杂大量俗语；刊刻或者手写的水平高低，如是否存在大量的错字，书法是否精美；各要素在载体上的布局是否美观，是否符合阅读习惯等。如前文所述，《古今形胜之图》系列地图，无论是地图还是文本，其内容都源自上层士大夫的已经系统化的知识，但三个子类地图所针对的对象则存在明显差异。第一类，即《古今形胜之图》，刊刻较为精良，且其中文字错误极少，因此就目前所见在当时的一些所谓高级知识分子的著作中曾

---

① 如吴慧芳《万宝全书：明清时期的民间生活实录》，花木兰文化出版社，2005；王尔敏：《明清时代庶民文化生活》，岳麓书社，2002；方波：《民间书法知识的建构与传播——以晚明日用类书所载书法资料为中心》，《文艺研究》2012年第3期。

经作为插图存在。第二、三子类的某些地图虽然刊刻也较为精良，但大部分刊刻较为粗糙，且存在大量显而易见的文字错误，这些错误应当不是最初的撰写者造成的，而是刊刻者造成的，同时这些地图的购买者只是粗通文理，甚至不识字的普通民众，而且如前文所述，随着时间的流逝，两类地图在内容上也是过时的，甚至错误的。当然，需要说明的是，这里并不是说，知识的表达形式造就了地图针对的对象的差异，因为很可能是因为销售对象，使得书商自觉或者不自觉地选择了水平不高的刻工以及沿用了在内容上过时的知识。

我们可以进一步得出如下结论：在知识缺乏分类、创新性不大以及知识总量有限的古代，在各个阶层之间流通的知识，在内容上确实会存在差异，但也有很大部分是重合的，尤其是那些儒家、佛教和道教的基本知识，在印刷术普遍运用的时代更是如此。不过这些知识在各阶层中流行时，其内容的表达形式和载体应当是存在差异的。最终的结论就是，决定了某种知识的流行群体的不仅是其内容，还有其表达形式，甚至载体等各种因素。由此，我们通过古地图的分析揭示了以往知识史研究中存在的一个重要错误认知，且对知识史研究中一个重要的问题进行了初步探讨。

三　提出"正确"的问题

除了我们看待"地图"的视角需要改变之外，我们还应提出"正确"的问题，但所谓"正确"的问题，不是指问题本身是"正确"的，而是指提出的问题应当涉及历史学界关注的热点、前沿，或者对学科具有颠覆性的问题，简言之，即属于"重要的问题"。在此以前文提到的葛兆光和管彦波的研究为例进行分析。

葛兆光和管彦波的研究，基于某些全国总图和寰宇图图面内容，分析了中国古代的"天下观"和"华夷观"，即中国古人认为天下是由"华""夷"两部分构成的，其中"华"在政治、经济和文化上居于主导地位，而"夷"则处于从属地位。当然，这样结论在之前的研究中早就存在，因此他们的研究并没有使得古地图的史料价值凸显出来。

"中国历史上的疆域"长期以来是史学以及相关领域研究的重点。由于"中国"古代关于"国家""疆域"等术语的概念，与今天对这些术语的认知，分别建基于两套完全不同的话语体系以及对世界秩序的认知之上，因此存在根本性的差异，而以往的研究或者使用这些术语偏向现代的含义来认知古代，或者没有意识到这些术语古今概念的变化，因此，实际上目前急需从中国古代对世界秩序的角度来分析中国古代的"疆域观"。由于"疆域观"和"世界秩序"属于地理认知的范畴，而如果通过文本来叙述和复原地理认知是相当困难的，但在这方面地图就有着天然的优势，下面对此进行简要论述。

除了几幅出土于墓葬的地图之外，中国古代保存下来的地图最早是宋代的，历史地图集也是如此。目前已知在清末之前大致绘制有 7 套历史地图集。在古代"天下观"和"疆域观"的研究中，以往都忽略了历代绘制的历史地图集，但历史地图集在这一研究中的重要性在于，其除了要表达现实政区之外，更为重要的是，要追溯以往，因此绘制历史地图集时，最基本的工作就是要选定一个用来在其上绘制之前历史时期地理事物的空间范围，而这一被选定的空间范围在很大程度上代表了绘制者心目中认定的正统王朝所应"有效"管辖的地理范围。

我国现存最早的历史地图集就是成书于北宋时期的《历代地理指掌图》，共有地图 47 幅，除了几幅天象图和《古今华夷区域总要图》之外，所有地图绘制的地理空间范围基本一致，大致以《太宗皇帝统一之图》为标准，东至海，南至海南岛，西南包括南诏，西至廓州，西北至沙州，北至长城，东北至辽水。而《古今华夷区域总要图》，与《太宗皇帝统一之图》相比，在所表现的空间范围上，增加了辽东和西域部分，而且在整部《历代地理指掌图》中只有《古今华夷区域总要图》绘制有这两个地区，从图名中的"华夷"来看，这显然是绘制者所关注的"天下"，但这并不代表宋人只知道这些"夷"，也即并不是宋人的"天下"只有那么小，对此可以引唐晓峰的解释，即"他们知道，在天的下面，除了中国王朝，还有不知边际的蛮夷世界。只是对于这个蛮夷世界，中国士大夫不屑于理睬"①。此后直至清代后期的历史地理图集，甚至清末民国初年杨守敬的《历代舆地沿革险要图》的绘制范围大致都是如此。而这一地域范围，与"九州"范围非常近似。同时，一个显而易见的问题就是，在今人看来汉、唐、元极为广大的疆域，在中国古代的历史地图集中并没有得以明显的呈现。对此似乎只能解释为绘制者只关注于"九州"所对应的"华"地的历

---

① 唐晓峰：《从混沌到秩序：中国上古地理思想史述论》，中华书局，2010，第 295 页。

史变迁，由此可以认为中国古人实际上并不在意王朝对"夷"地的控制，在他们眼中正统王朝的应"有效"管辖的以及应当在意的土地只是"华"，也即"九州"和"中国"，而对历代王朝是否控制"夷"地则并不在意，毕竟在中国古代的"天下观"中，只要"四夷来朝"就可以了。

除了历史地图集之外，中国古代还存在大量的"总图"和"天下图"，对此笔者在《"实际"与"概念"——从古地图看"中国"陆疆疆域认同的演变》一文中已经进行过分析①，该文虽然分析的是"疆域认同"，但实际上分析的是"疆域观"，即历史上正统王朝所应领有的土地，结论为："通过对宋代以来'全国总图'的分析可以认为，从宋代至清代前期，虽然各王朝统治下的疆域范围存在极大的差异，但各王朝士大夫疆域认同的范围则几乎一致，基本局限在明朝两京十三省范围，只是在明代开始将台湾囊括在内。清代康雍乾时期，虽然先后在内外蒙古、台湾、新疆和西藏确立了统治，但疆域认同上的变化只是将清朝的发源地东北囊括在内，并且最终将台湾囊括在内，内外蒙古、新疆和西藏只是出现在以体现王朝实际控制范围为主要内容的官绘本地图中，较少出现在私人绘制的地图中，因此可以认为这些地区依然未被主流的疆域认同所囊括。疆域认同的转型开始于19世纪20、30年代，这一时期绘制的'全国总图'越来越多的将内外蒙古、新疆和西藏囊括在内，不过与此同时，'府州厅县全图'或以'直省'为主题的地图，依然将这些区域以及东北排除在外，由此显示在当时士人的疆域认同中，这些区域与内地省份依然存在细微差异。光绪中后期，新疆、台湾、东北地区先后建省，此后绘制的'全国总图'基本都将这些区域以及西藏、内外蒙古囊括进来，由此形成的疆域认同一直影响到了今天。"②

除了"全国总图"之外，中国古代还存在一些"天下图"，如著名的明初的《大明混一图》和在清朝中后期流行的《大清万年一统地理全图》系列，以及上文提及的明代后期在民间广泛流传的不太著名的《古今形胜之图》系列地图和上文提及的《历代地理指掌图》的《古今华夷区域总要图》。它们总体特点非常明确，即将正统王朝所在的"华"地放置在地图的

---

① 成一农：《"实际"与"概念"——从古地图看"中国"陆疆疆域认同的演变》，《新史学》第19辑，大象出版社，2017，第254页。

② 与其他论文相近，该文依然混淆了"疆域"一词在古今概念上的差异。

中心，且按照今天科学地图的角度来看，其不成比例地占据了图面的绝大部分空间，绘制得非常详细，是全图绘制的重点；同时将"夷"地放置在地图的角落中，绘制得非常粗糙、简略，同时，在两者之间并没有标绘界线。囊括了欧亚非的地图居然命名为"大明混一图"，在今天看来是无法理解的，因为这远远超出了"大明"实际控制的地理空间范围，但放置在中国古代"华夷观"之下就完全是合理的，因为"大明混一图"体现了古人的"天下观"，即由"华"居于主导地位之下的"华夷秩序"以及"普天之下莫非王土"。

综上而言，可以认为在中国"华夷"构成的"天下观"以及"普天之下莫非王土"的观念下，古人的"疆域观"实际上有三个层次：第一个层次就是囊括"华夷"的"普天之下"，是正统王朝在名义上领有的地理空间范围。第三个层次则就是"九州""中国"，"九州""中国"是正统王朝所应当直接领有的地理空间范围。此外，在两者之间还存在一个实际的第二层次，即王朝实际控制的地理空间，大致而言，在这一层次中，王朝应当（必须）占有"华"地，然后通常还占有一些"夷"地，或者与周边某些"夷"地存在明确的藩属关系。

由此，在中国古代的"天下观"下，"天下"只有一个正统王朝，即使是分裂时期，也必然只有一个"正统王朝"，因此根本不可能存在现代国家秩序下有着平等关系的主权国家的概念，也就根本不可能存在现代意义上的"疆域"的概念，而只有多个层次的"疆域观"，但要强调的是，这里的疆域是不具有主权概念的。以往关于中国古代疆域的研究实际上从出发点上就是存在问题的，即因为中国古代没有现代"疆域"的概念，那么也就不存在"中国历史上的疆域"这样的问题，所以论述近代之前"中国历史上的疆域"本身就是错误的①。

---

① 需要说明的是，目前"天下观"和"疆域观"研究中的很多术语都是外来的，如"国家""疆域""国界"等。虽然这些词语"中国"古已有之，但需要记住的是，正是在近代，在接触到西方的近现代形成的"主权国家"、主权国家意义下的"疆域"等概念时，试图用"中国"古已有之的、在概念上接近的词语来翻译和表达这些术语，简言之，是用"中国"古代的词语来表达着西方现代的概念。这样的翻译，虽然表面上看起来没有问题，但运用到研究中则带来混乱，即在研究"中国"古代的问题时使用这些术语，会让研究者和读者有意无意地误认为这些词语表达的现代含义在古代也是存在的。这显然是有问题的，而且这也是目前几乎所有关于"中国古代疆域"研究存在的根本性问题的最终根源。

中国古代的疆域长期以来是学界关注的问题，更是近年来的研究热点，上述对中国古代"疆域观"的分析虽然依据是地图的图面内容，但对于这一重要问题得出了完全不同于以往的认知。

四　总结

总之，"图像入史"的关键不在于图像，而在于作为研究主体的我们。史料不会自己说话，图像史料也是如此，我们看待它们的视角越多，它们能告诉我们的也越多。反言之，如果我们看待它们的视角是传统的、单一的、固化的话，那么它们告诉我们的大概也只是那些我们已经知道的东西。当然，我们也要学会提出"正确"的问题，是"问题"决定了需要运用的"史料"以及对"史料"的运用方式，而不是相反。提不出"正确"的问题，再多的史料也是无用。上述认知实际上不仅适用于图像史料，也适用于文本史料。历史研究的进步，史料的挖掘和累积永远只是基础，史料不可能引导史学的发展和革命，引导史学发展以及革命的只有我们自己，我们的思想和认知能力。

"史料不是救世主"！

（本文原载《安徽史学》2020 年第 1 期，收入本书时编者有删改）

制图六体实为制图"三体"论

韩昭庆[*]

【摘要】 制图六体指分率、准望、道里、高下、方邪及迁直，是我国最早的制图原则。本文从后三体与前三体的叙述方式明显不同、古文的文法、历史文献中对后三体的记载，以及古人的解释等四个方面分析论证，后三体实为前三体的补充解释。前三体实为制图的三个原则，即方位、比例尺以及图上距离，后三体则是补充解释图上距离需要考虑实际路程会因道路随地势起伏、弯曲而发生变化的情况，以解决把三维立体转换到二维平面的问题。此外，对六体的地位进行了评述。

【关键词】 晋代 制图六体 制图六体的地位

一 有关制图六体的研究和质疑

制图六体源自西晋裴秀著《禹贡九州地域图·序》，现存最早记录始自唐代，一条载于《晋书》卷35《裴秀传》[1]，另一条载于欧阳询《艺文类聚》卷6[2]。当时并没有出现"制图六体"这一专有名词，《晋书》里写作"制图之体有六焉"[1]，《艺文类聚》则是"今制地图之体有六"[2]，直到清代末年在朱正元的《西法测量绘图即晋裴秀制图六体解》才出现"制图六体"的名称[3]。1958年，王庸在我国第一部关于地图史的专著——《中国地图史纲》[4]中也用"制图六体"来归纳裴秀的制图理论。很长时期以来，制图六体被认为是中国地图学史上一个重要的制图理论，长期指导着中国古地图的绘制，而制图六体的作

---

* 韩昭庆，女，贵州大方人，博士，复旦大学历史地理研究中心教授。

者裴秀则被李约瑟（J. Needham，1900—1995）称为"中国科学制图学之父"[5]。①

　　但是近年来对制图六体的地位及其作者的质疑之声不断，早在 1981 年，卢良志就曾针对有的学者把准望理解为"计里画方"，或者倡导有"分率"必然"画方"的说法提出质疑，他认为把"计里画方"的起始归结为西晋的裴秀，一无史料可据，二推测论证不充分。基于实物的证据，他认为"计里画方"的运用最早见于现存的南宋石刻地图《禹迹图》[6]。辛德勇的研究从准望的阐释入手，得出制图六体实际上表述的是绘制地图的四道基本工作流程，而且认为裴秀采取倒叙的方式来论述，故"很难从纯粹科学的角度，来理解裴秀这段话，只能把它理解为一种文学性很强的铺张描述"。此外，从裴秀文中对"道里"语义的分析，也可看出"裴秀本人对于制图方法的隔膜"。一直到清初的地理学家大多根本无法理解裴秀的"制图六体"，可是绘制地图的方法，却一直沿承上古以来的旧规而没有发生改变，即"另有一技术层面的传统和传承途径，并不依赖裴秀的理论阐释而存在"。实际上委婉地否定了裴秀的制图六体在具体指导绘图中的作用。不过，针对刘盛佳、陈桥驿等学者对裴秀创立"制图六体"的质疑甚至否定，辛德勇从《水经注》原文的整体逻辑关系分析，肯定了裴秀的地位，即"制图六体"应当是裴秀依据绘图技术人员准备的相应材料，铺叙修饰成文，裴秀叙述"制图六体"的意义，更多地体现为用文字记录了古代的地图绘制原则，使文人了解地图绘制原理，并自觉地加以运用。[7]

　　余定国对以往中国地图学史的研究方法和思路提出诸多质疑，其中他对制图六体也有不同的看法。他注意到，裴秀是紧接在他对考证研究作为研究工作证明手段的描述之后，才开始解释制图六体的，即在裴秀的地图学理论中，虽然定量方法是一个很重要的部分，但是在实际应用上，裴秀好像十分依赖文字的材料，所以把裴秀认为是中国地图学的开山者或者是继承了"科学的"也就是定量的地图学传统，并不完全正确，因为裴秀在运用数字的同时，也运用了文字考证的方法。[8]

---

① 有关"制图六体"的研究成果颇丰，这里仅涉及具体的讨论观点，不一一列出以往研究，有关研究参见文中引述的论文。

以上对制图六体地位的看法只是针对以往对其过高评价的一些温和的反思，2015 年初丁超发表的文章[9]则是直截了当地指出："在既有的中国科学技术史叙事中，裴秀及制图六体获得了与其实际贡献并不相称的崇高地位和价值。"

笔者认为，以上质疑很大程度上是基于对制图六体内容的释义而产生的。换言之，要评价制图六体的地位如何，首先需要正确理解制图六体的内容。

二 制图六体内容再辨析

据《晋书·裴秀传》记载①：

（裴秀）又以职在地官，以禹贡山川地名，从来久远，多有变易。后世说者或强牵引，渐以暗昧。于是甄摘旧文，疑者则缺，古有名而今无者，皆随事注列，作《禹贡地域图》十八篇，奏之，藏于秘府。其序曰："图书之设，由来尚矣。自古立象垂制，而赖其用。三代置其官，国史掌厥职。暨汉屠咸阳，丞相萧何尽收秦之图籍。今秘书既无古之地图，又无萧何所得，惟有汉氏《舆地》及《括地》诸杂图。各不设分率，又不考准望，亦不备载名山大川。虽有粗形，皆不精审，不可依据。或荒外迂诞之言，不合事实，于义无取。大晋龙兴，混一六合，以清宇宙，始于庸蜀，采入其阻。文皇帝乃命有司，撰访吴蜀地图。蜀土既定，六军所经，地域远近、山川险易、征路迂直，校验图记，罔或有差。今上考《禹贡》山海川流，原隰陂泽，古之九州，及今之十六州，郡国县邑，疆界乡陬，及古国盟会旧名，水陆径路，为地图十八篇。制图之体有六焉。一曰分率，所以辨广轮之度也。二曰准望，所以正彼此之体也。三曰道里，所以定所由之数也。四曰高下，五曰方邪，六曰迂直，此三者各因地而制宜，所以校夷险之异也。有图象而无分率，则无以审远近之差；有分率而无准望，虽得之于一隅，必失之于他方；有准望而无道里，则施于山海绝隔之

---

① 着重点为笔者所加。据唐代《艺文类聚》文，括号内的"定于准望，径路之实"系脱漏之字。

地，不能以相通；有道里而无高下、方邪、迂直之校，则径路之数必与远近之实相违，失准望之正矣，故以此六者参而考之。然远近之实定于分率，彼此之实（定于准望，径路之实）定于道里，度数之实定于高下、方邪、迂直之算。故虽有峻山巨海之隔，绝域殊方之迥，登降诡曲之因，皆可得举而定者。准望之法既正，则曲直远近无所隐其形也。"

制图六体出现于西晋，唐代的贾耽（730～805 年）制图时，也谈到裴秀创立六体之说，并把六体与中国最古老的书籍之一的《九丘》并列，认为"几丘乃成赋之古经，六体则为图之新意"[10]。而他制图时，"夙尝师范"。由此可知，贾耽对六体的评价是非常高的，而且在制图时曾经参考过裴秀的作品。他当时对六体内容的理解似乎不成问题，故没有专门解释。

明代的徐光启曾提到过六体，并以"准望"为首，但是也没有解释六体的含义，[1] 清代的胡渭（1633～1714 年）是第一位诠释制图六体的学者：

分率者，计里画方，每方百里五十里之谓也。准望者，辨方正位，某地在东西，某地在南北之谓也。道里者，人迹经由之路，自此至彼里数若干之谓也。路有高下、方邪、迂直之不同。高谓冈峦，下谓原野；方如矩之钩，邪如弓之弦；迂如羊肠九折，直如鸟飞准绳；三者皆道路夷险之别也。[11]

胡渭认为，分率即后世的计里画方的方法，后三体指道路的位置和形状。

但是当代学者对六体的研究，除了王庸[4]的解释与胡渭的接近[2]，其他学者多把制图六体中"六体"的关系等同起来看待，如陈正祥认为，制图六体指六项制图的原则，分率即比例尺，准望即方位，道里解释成"交

---

① 具体内容见后。
② 王庸认为：分率即比例尺，准望即方位，道里是人行道路的实际里数，高下、方邪和迂直是由于地势的高低和道路之邪正、曲直而影响道里的远近；六体当中，最主要的是分率和准望，因为比例和方位正确了，那么由于高下、方邪和迂直而影响道里之差，都可以从分率和准望去校正它们。参见王庸《中国地图史纲》，生活·读书·新知三联书店，1958。

通路线的实际距离",高下就是地势高度,方邪是指山川分布走向,迂直似指地面起伏而必须考虑的措施问题[12];李约瑟则把六体释为六个测量的动作[4];卢良志也对六体进行了分别阐释,分率即比例尺,准望即方位,道里即物与物之间的距离,高下即相对高程,方邪即地面的坡度起伏,迂直即实地的高低起伏距离与平面图上距离的换算[6]。而《中国测绘史》[13]则把六体分成三项来解释,其中分率和准望各为一项,剩下的道里、高下、方邪和迂直同列一项,道里指距离或测定距离,因为地势起伏、道路曲折,人们行走的路程和其水平距离并不一致,而图上要用水平距离确定相对位置,就要对"路程"加以改正。故把分率释为比例尺、准望释为方位、道里释为距离,是名词;另三体则成了动词,分别释为以高取下、以方取斜和以弯取直,这种解释实是综合了清代学者胡渭[11]和现代学者李约瑟[5]的看法。辛德勇[7]另辟蹊径,从制图六体的"体"字的解释入手,以准望为六体之首,进行阐释,把六体释为制图中的四道工序。

丁超依照曹婉如[14]、辛德勇[7]的研究方法,把制图六体文本转化为图表,对其三重释义及其相互之间的关系进行分析,认为制图六体涉及的核心问题只有两个,分别是解决距离问题的"分率""道里"及"高下""方邪""迂直"五体和解决方位问题的"准望",但是对于六体之间的关系及内容的分析仍有商榷的余地。[9]

多数学者对于制图六体中前三体的解释并没有异议,最让人费解的是后三体的含义及其与前三体的关系。笔者[14]虽曾指出后面三体(加着重号部分)每次出现总是在一起的,但是在解释它们的意思时,也与多数学者一样,把它们和前三体相提并论,并把六体解释为六个要素,这种解释与别人一样也有些牵强。此次承蒙《中国科技史杂志》邀约,让笔者重思前疑,在对六体的文章布局、与六体产生同时代的文献中类似文法的比较、古代文献中单独出现六体时的释义,以及早期学者对六体的解释等方面进行研究之后,确定了制图六体实制图三体的看法。三体指分率、准望和道里,是制图的指导原则。后面三体与前面三体并不在同一层面上,指的是位于各种地形地貌上的道路,即裴秀序文中所指的"夷险"之处,是对前三体的补充。具体分析如下。

其一，前已述及，后三体总是以连体的形式出现在文本中，与前三体的记述方式明显不同。

其二，根据古文的文法，制图六体中的前三体与后三体处在不同的层面上，其中前三体是主体，后三体是补充说明，这是为当代学者所忽略的，但对于理解制图六体却是极关键的一点。

我们现代人在阅读六体时，很自然地会把六者的关系看成是平等的，实际上，后三体与前三体之间存在主次关系。从前述胡渭的解释，可以看到这点，清人朱正元也指出后三者与前三者是从属关系，"夫分率者，绘图之法也。准望者，测经纬度度也，道里者测地面之大势也。高下、方邪、迂直者，测地之子目也"[3]。王庸[4]也认识到这点，但是都没有进行过专门的论述。王庸之后的学者由于忽略了古文的行文逻辑，把它们生搬硬套放置到同一层面上，这样就出现解释不通的现象。

如果我们对比研究一些古文的文法，会发现古人把不同内容、不同层次的事件放在一起是很常见的事。下面以后人对"诗六义"和"礼记"的辨释为例来分析。

《诗大序》记载，"故诗有六义焉，一曰风，二曰赋，三曰比，四曰兴，五曰雅，六曰颂"[15]。而此前的《周礼·春官·大师》已有"大师教六诗"[16]的记载，与六义的内容和排列顺序一致。于是后人对"六义"或"六诗"就产生了"六诗皆体"和"三体三用"两种看法。"六诗皆体"即把六体的性质解释成一样，所谓"三体三用"，即以风、雅、颂为周初诗歌的三种体裁，以赋、比、兴为它们的表现手法。后一种看法已获得许多学者的认可，[17]故虽然诗有六体，且同时放于同一语境中，但表示的却是两种不同的内容。

又如《礼记集解》记载："服术有六，一曰亲亲，二曰尊尊，三曰名，四曰出入，五曰长幼，六曰从服。"[18]服术是古代宗法社会制定丧服的依据，按血缘关系的远近、社会地位的尊卑等分六种情况。其中从服又分六种情况："从服有六，有属从，有徒从，有从有服而无服，有从无服而有服，有从重而轻，有从轻而重。属从、徒从说见小记……愚谓从服有六，实不外乎属从、徒从而已，其下四者皆属从之别者也。"[18]第一种是属从，即因亲属关系而为死者服丧，如儿子跟从母亲为母亲的娘家人服丧；第二种是徒从，即非亲属而为之服丧，例如臣子为国君的家属服丧。而后四种皆是对第一种情况的补充,^① 但皆归为从服之下。依此推理,制图六体中的三体皆是对"道里"的补充说明,故今天解释其含义时,不应平等对待六体,从而归纳为六条原则或原理之类。

其三,为了正确理解后三体,我们还可以离开制图六体的文本,到别的历史文献中去找寻高下、方邪和迂直出现的段落或句子,再根据上下文推断它们各自的意思。检阅文献,我们发现明代何汝宾的《兵录》中对士兵的挑选有这样的规定:"知山川险易、形势利害、水草有无、道路迂直、溪河深浅者为一等,名曰乡导,可使指引道路,涉渡关津。"^[19]即熟悉当地地理环境的兵为一等兵。这里把迂直与道路放到一起,形容道路弯曲顺直的情况。明代另一篇文献也有类似的记载:"夫边围之敌必须用其边兵,何则?盖边兵生长边陲,惯于战斗,知敌人之情状,识道路之迂直,且复屡经战阵,目熟心定。"^[20]

把迂直与高下连在一起用来表示地势的相关记载为:"且鲁桥一带地势高亢,展滩不易为力,近改入师家庄,已多济一闸而流尚涓涓。白马上源宽处止与仲家浅闸对不里许,且地势独窄。若导令入仲家浅,较之鲁桥、师家庄迂直、高下、远近之势自不侔矣,易细流为洪流,一便也。"^[21]这里把白马上源和仲家浅与鲁桥和师家庄的地势做比较以显示二者地势和路程的不同。

方邪又可写作方斜,在元代李冶著的一部数学著作——《益古演段》^[22]中共出现 17 次。在该书中,方斜指的是直角边和斜边。用到地图上,实是指应考虑把斜坡画到平面上去的问题。

其四,应参考古人的释义。我们作为熟悉白话文的现代人,在读古文时,会在不知不觉间受到现代文章结构的影响,从而容易按照以今推古的思路去阅读、理解古文。其实回到三四百年前,通过当时人的视角,无疑会有助于我们理解六体的意思。如明人徐光启在谈到六体时,就把它们分了层次:"裴彦秀制地图,图体有六,其法以准望为宗,以考高下方邪迂直之校,以定道里,以设分率。其说以为峻山巨海、绝域殊方、登降诡曲,皆可得而定者,斯则准望之为用大矣。"^[23]他对六体的理解是准望为六体中最重要的原则,通过对高下、方邪、迂直等校正,然后才定道里和分率。这个

---

① 这里受到复旦大学哲学学院郭晓东教授的启发,在此表示感谢。

顺序已不是裴秀文中六体的顺序了，即裴秀文中的顺序还是可变通的。

基于以上四点的分析，笔者[14]认为，后人在解释六体时如果把六体分出层次，即可正确理解六体之意。实际上，清代的胡渭和五十年前的王庸对制图六体的解释都是比较接近原义的，只是随着时间的推移，他们的观点在被后人继承的过程中出现了一些理解偏差。

由此，制图六体可以解释成制图有三个原则，即方位、比例尺以及地图上的距离。图上距离需要考虑实际路程会因道路随地势起伏、弯曲而有变化，即要解决把三维立体地理实体转换到二维平面的问题。

三　制图六体地位的再定位

制图六体内容弄清楚之后，制图六体地位的认识至少要从两个方面来考虑：其一，它是否被用于实践？其二，它在中国古代地图绘制史上是否得到传承？

对第一问题的解答可从两个角度进行。其一，同一时期成书的《海岛算经》表明，当时的人们已可以通过移动简单的测量工具矩、绳和表的位置观察目标物，再根据表高、矩长及它们移动的距离等已知数字以及相似直角三角形对应边成比例的关系，计算出远处海岛的距离，高度，城池的长宽、周长，深谷的深度以及这些地物与测地的距离等。[24]其二，虽然裴秀主持绘制的《禹贡地域十八图》已佚，我们已经无法依靠原图来探讨这个问题，但是可以利用我国目前发现的古代实测地图来进行讨论。现存最早古地图有甘肃天水放马滩地图和长沙马王堆地图，但是前者系先秦时期地图，距离裴秀时代较为久远，后者系西汉时期或者稍早一些的地图，离裴秀时代较近，可以用此图进行一些讨论。

按照张修桂的研究[25]，长沙国桂平郡深平防区（今湖南省江华瑶族自治县沱江镇）是马王堆《地形图》测绘的起始点，并由此分别从几个方向，特别是东方测出若干导线和支测点，进行全图的测量和绘制，所以图上深平的定位相当精确，防区东部的精度也很高。这些结论是在实测深平至图上八个县城的方位角与深平今天的所在地沱江镇至相应地点的方位角进行比较的基础上得出的。文中的古今地形图方位角比较显示，《地形图》的东半部从深平至桂阳、龁道、泠道，所测的方位角相当准确，误差在3°之内，其中桂阳的方位角则是绝对精确，没有误差。由深平至营浦、南平的方位角误差在 7°之内，也是基本正确的。到春陵、桃阳和观阳三县的方位角误差很大，它们的定位纯属示意性质。由此可以认识到，西汉初期的测绘技术已达到相当高的水平，按照图上地名之间的距离与今天 1∶50 万地形图上量算的长度的对比关系，可以折算出《地形图》的比例尺大致为十八万分之一，相当于一寸折十里。[25] 虽然马王堆《地形图》没有也不可能达到现代测量技术要求的水准，但它无疑具有一定的量测性，且风格简约，类似今日地形图。此外，马王堆《地形图》对山脉的绘制，在很大程度上体现了制图六体的内容，因为该图实为把三维立体的山脉"压平"转绘到平面上的地图，在转绘的过程中还考虑到了山脉的走向，正应合了"登降诡曲之因，皆可得举而定者"。由此可以认为，制图六体在当时的地图绘制中得到运用。①

我国最早系统记载地图内容的《管子·地图》篇成书于战国时期（前 475～前 221 年），这篇不到百字的文字告诫带兵打仗的军官在开战之前首先应该熟记作战地点的地图，这种地图的内容包含地表特征、行军路程、城池大小、土壤肥瘠和植被覆盖等信息。马王堆《地形图》的出现也为《管子·地图》篇提供了实物佐证。再结合汉晋时期的数字水平和相应的测绘工具的记载，当时绘制的地图尤其是军事地图确已形成一套自成体系的绘制理论。正如《中国测绘史》总结的一样，制图六体除了没有提出经纬线和地图投影外，几乎提到了制图学上应考虑的所有主要因素[13]。

遗憾的是，这种简约的风格除了在宋代《禹迹图》系列图中再次出现外，似乎没有为后代继承下来，因为此后到清代康熙时期绘制的《皇舆全览图》之前，现存绝大多数中国古地图都带着明显的山水画痕迹，甚者，连清代后期的军事地图也是如此。如防汛图的绘制几乎一样，一般仅勾勒出独立的房型物、旗杆、瞭望塔以及三个圆锥形的墩台，有的用几条简单的弯弯曲曲的画线勾勒出周围的山峰和河流，更多的信息由旁注的文字提供。营汛图表示的范围较大，地图符号种类也较多，光看营汛图，仍如风景画一般，似乎意义不大，倒是图中的文字注记最为详细。[26] 这些地图足以让后世学者对于制图六体在中国古代地图绘制史上的地位产生疑问。此外，从"制图六体"的记载分布于《四库全书》中经、史、子、集四部来看，也可以看

① 张修桂也认为，裴秀所总结的制图六体，在这幅实测地形图上，早就都有体现。

出，至少在乾隆之前，人们对"制图六体"的性质还没达到统一的认识。

　　针对以上情况，笔者认为，西晋及西晋以前，古人曾经有一套量化绘制地图的方法，但是该技术却湮灭人间，没有流传下来。到宋代，这种较为准确地绘制较大范围内地理实体的技术似乎又得到复兴，此后再次消失。之后，三百年前又发生过一次，康熙五十六年（1717年）完成绘制的《皇舆全览图》，由于主要是由法国传教士主持完成的，随着康熙末年开始的"礼仪之争"实行的禁教中止了中西文化交流，这项绘制技术也随着传教士的离开渐渐消失，直到清末才再次传入，并经由政府的倡导、测绘部门的成立、专业人士的形成，才重新利用。故以此类推，制图六体叙述的测绘过程和绘制方法应该是存在的，它是史载中国地图学史上最早的测绘原则的地位也不言而喻，只是因为一些原因，发生了中断，缺乏代代相传，这些技术也无法在前面技术的基础上得以改进。康熙早就指出，不同的是中国人发明了测量方法后，后世不存，而西方人则在此基础上"守之不失，测量不已，岁岁增修，所以得其差分之疏密，非有他术也"[27]。而胡渭也谈到这点，"昔人谓古乐一亡，音律卒不可复。愚窃谓晋国一亡，而准望之法亦遂成绝学"[11]。这或许正是我们与西方科技史的最大区别。是什么原因造成这种区别，则应当置于更加广阔的中国科技史中进行论证。

参考文献

[1]（唐）房玄龄：《晋书》卷35《裴秀传》，中华书局，2011。

[2]（唐）欧阳询：《宋本艺文类聚》卷6，上海古籍出版社，2013。

[3]（清）朱正元：《西法测量绘图即晋裴秀制图六体解》，（清）陈忠倚编《皇朝经世文三编》卷9，光绪石印本。

[4] 王庸：《中国地图史纲》，生活·读书·新知三联书店，1958。

[5]〔英〕李约瑟：《中国科学技术史·东方和西方的定量制图学》第5卷第1册，《中国科学技术史》翻译小组译，科学出版社，1976。

[6] 卢良志：《"计里画方"是起源于裴秀吗?》，《测绘通报》1981年第1期，第46~48页。

[7] 辛德勇：《准望释义——兼谈裴秀制图诸体之间的关系以及所谓沈括制图六体问题》，唐晓峰主编《九州》，第4辑，商务印书馆，2007，第1~18页。

[8]〔美〕余定国：《中国地图学史》，姜道章译，北京大学出版社，2006，第109~115页。

[9] 丁超：《晋图开秘：中国地图学史上的"制图六体"与裴秀地图事业》，《中国历史地理论丛》2015 年第 1 期，第 5 ~ 18 页。

[10] （五代）刘昫等：《旧唐书·贾耽传》卷 138，《列传第八十八》，中华书局，2011，第 3784 页。

[11] （清）胡渭：《禹贡锥指》，邹逸麟整理，上海古籍出版社，1996，第 122 页。

[12] 陈正祥：《中国地图学史》，商务印书馆，1979，第 12 页。

[13] 《中国测绘史》编辑委员会：《中国测绘史》第 1 卷，测绘出版社，2002，第 106 ~ 110 页。

[14] 韩昭庆：《制图六体新释、传承及与西法的关系》，《清华大学学报（哲学社会科学版）》2009 年第 6 期，第 110 ~ 115 页。

[15] （汉）郑玄，（唐）孔颖达：《毛诗正义》，阮元校刻《十三经注疏》第 2 册，艺文印书馆，2001，第 15 页。

[16] （汉）郑玄，（唐）贾公彦：《周礼注疏》，上海古籍出版社，2010，第 880 页。

[17] 彭声洪：《诗六义辨说》，《华中师院学报（哲学社会科学版）》1983 年第 4 期，第 108 ~ 118 页。

[18] （清）孙希旦：《礼记集解》，中华书局，1998，第 912 页。

[19] （明）何汝宾：《兵录·选士总说》卷一，明崇祯刻本。

[20] （明）黄训：《名臣经济录·兵部·丘浚·列屯遗戍之制二》卷 43，清文渊阁四库全书本。

[21] （清）傅泽：《行水金鉴·运河水》卷 132，清文渊阁四库全书本。

[22] （元）李冶：《益古演段》，《丛书集成初编》第 1279 册，中华书局，1985。

[23] （明）徐光启：《漕河议》，（明）陈子龙《明经世文编》卷 491，明崇祯平露堂刻本。

[24] （魏）刘徽：《海岛算经》，（唐）李淳风注，乾隆武英殿聚珍版丛书本。

[25] 张修桂：《马王堆地形图绘制特点、岭南水系和若干县址研究》，《历史地理》第 5 辑，上海人民出版社，1987，第 130 ~ 145 页。

[26] 韩昭庆：《中国近代军事地图的若干特点——兼评〈英国国家档案馆庋藏近代中文舆图〉》，《历史地理》第 26 辑，上海人民出版社，2012，第 457 ~ 462 页。

[27] （清）康熙：《三角形推算法论》，《圣祖仁皇帝御制文集》第 3 集，卷 19，清文渊阁四库全书本。

（本文原载《中国科技史杂志》2015 年第 4 期，收入本书时作者有些许修改）

从地图史透视中国"现代性"问题

——从晚清民国川江航道图的编绘谈起

李　鹏[*]

【摘要】20 世纪以来，中外地图史学者对近代中国地图传统走向西方现代性的诠释方式，主要分为"科学主义"与"人文主义"两种路径。本文以晚清民国川江航道图的编绘转型为研究个案，力求突破此前对中国传统舆图过分"科学化"的阐释体系，进而从近代中国知识与制度转型的角度分析传统中国地图绘制的"现代性"过程。可以说，近代西方现代测绘技术与制图体系的在华传播，是一场由西方测绘专家与本土地图绘者共同参与的复杂的"在地化"知识生产。因此，对中国地图史研究"现代性"问题的理解，不能简单地停留在论证中国地图"传统"如何被动适应西方"现代性"的历史合理性，更应揭示中国本土"传统"在"现代性"语境下主动抵抗与积极创构的过程。

【关键词】地图史　现代性　科学主义　人文主义　川江航道图

引子：中国地图史研究的"现代性"认识危机

20 世纪以来，中外地图学者对中国地图史发展脉络的诠释方式，通常以西方测绘技术为基础的科学制图学作为评价标准。这种"以今度古"的观察视角，建构出一部"科学性、准确性不断提高的发展史，或者说是一部不断追求将地图绘制得更为准确，以及不断朝向科学制图学

---

* 李鹏，1985 年生于山西长治，陕西师范大学西北历史环境与经济社会发展研究院助理研究员。

发展的历史"。① 换言之，这种"科学主义"的理论预设，常常以数字化或精确化程度作为参照，将历史时期中国地图绘制的演化路径，简单地化约为一种线性发展模式，一种不断向前的历史方向论，一种基于"进化论"的西方优越信念。② 自 20 世纪 50 年代王庸先生《中国地图史纲》出版以来，海内外陆续有多个版本的《中国地图学史》相继问世，如李约瑟、陈正祥、卢良志、喻沧、廖克等学者均从"科学主义"出发，去探寻中国地图编绘变迁的科学性问题。③

然而，自 20 世纪 90 年代开始，这种"科学主义"的研究范式开始受到外国学者的质疑，特别是美籍学者余定国对中国传统地图史中"人文价值"的重新评价后，引发了中外学者对中国传统地图价值的热议。④ 单就近年来国内研究现状而言，通过葛兆光、李孝聪、唐晓峰、吴莉苇、潘晟、成一农等学者的相关研究，逐渐形成一种从思想史、文化史、知识史的角度，重新阐释中国地图学史的"人文主义"路径。从问题意识的角度看，上述两种研究路径，无论是"科学主义"还是"人文主义"，其理论预设的根本出发点都可归于中国"现代性"问题。

先就"科学主义"来讲，论者多先预设一套衡量中国传统地图进步的标准与一个西方测绘制图的"现代性"目标，在这里，中国传统制图学是落后的、缓慢发展的、必须放弃的"地方性知识"，只有通过向西方学习"先进"的、"科学"的、"普世性"的测绘制图学知识，中国地图学才能完成其现代性的变迁。可以说，这种以西方"科学主义"为价值评价标准的地图史书写，其在处理中国地图史"传统"与"现代性"的关系问题

① 参见成一农《"科学"还是"非科学"：被误读的中国传统舆图》，《厦门大学学报（哲学社会科学版）》2014 年第 2 期。

② 关于"线性发展历史观"，参见王汎森《近代中国的线性历史观——以社会进化论为中心的讨论》，《近代中国的史家与史学》，复旦大学出版社，2010，第 29~68 页。

③ 参见王庸《中国地图史纲》，生活·读书·新知三联书店，1958；〔英〕李约瑟：《中国科学技术史》（第五卷·地学卷），《中国科学技术史》翻译小组译，科学出版社，1976；陈正祥：《中国地图学史》，香港商务印书馆，1979；卢良志：《中国地图学史》，测绘出版社，1984；喻沧、廖克编著《中国近现代地图学史》，测绘出版社，2008；喻沧、廖克编著《中国地图学史》，测绘出版社，2010。

④ 参见姜道章《二十世纪欧美学者对中国地图学史研究的回顾》，《汉学研究通讯》1998 年第 17 卷 2 期，总第 66 期；《近九十年来中国地图学史的研究》，《华冈理科学报》1995 年第 12 卷。

上，往往采取一种严格的两分法，这种假设"就像跷跷板一样，中国的近代化因素越来越多，它的传统因素就自动地变得越来越少"。① 因此，这种"科学主义"的中国地图史观，往往认为中国地图学"传统"是向西方测绘方法学习的障碍，必须革除"传统"的负面影响，"现代性"因素才能确立，故其对近代中国地图编绘传统的丧失是持积极的乐观态度。就其本质来看，则是西方现代性思想中"西方中心论"以及"冲击–回应"观点在中国地图学史研究中的实际运用。②

与之相反，在"人文主义"学者眼中，传统中国地图学是植根于中国本土文化实践的独立知识系统，特别是传统山水地图绘法和"制图六体""计里画方"等中国本土制图标准，不仅体现了中国传统地图学的审美性特征，更是西方"现代性"科学制图标准的"本土"体现。③ 在这里，中国地图学的"传统"有着不言自明的价值优先性，是值得珍视的文化遗产。与"科学主义者"对中国传统地图学的负面评价不同，"人文主义者"试图通过重新审视中国地图学"传统"，来解构中国传统地图走向西方"现代性"的必然性。认为这是近代西方帝国扩张下话语霸权运作的产物，故其本质是一种针锋相对的"反西方中心论"逻辑，因此难免受到中国本土学者的"民族主义"式的追捧。

这种截然相反的态度，反映出目前学界对中国地图史研究"现代性"问题的莫衷一是，即中国地图绘制"传统"与西方"现代性"测绘地图之间的关系问题。④ 从某种程度上讲，上述两种对中国地图学传统的悖论式

① 〔美〕柯文：《在中国发现历史——中国中心观在美国的兴起》，林同奇译，中华书局，2002，第 90 页。

② 需要指出的是，持这种"科学主义"观点的多是中国本土地图史学者，但从其问题意识的阐释看，则不可避免地接受这种"西方中心论"思想。笔者认为，这是新文化运动以来中国知识精英激进反传统思潮下，"唯科学主义"传播的持续性影响。参见〔美〕郭颖颐《中国现代思想中的唯科学主义（1900—1950）》，雷颐译，江苏人民出版社，1998。

③ 〔美〕余定国：《中国地图学史》，姜道章译，北京大学出版社，2006，第 30、45 页。

④ 近年来，夏明方先生对中国"现代性"问题进行了一系列反思，特别对当前中外学界"从中国发现历史"的思潮进行了评价。参见夏明方：《十八世纪中国的"现代性"建构——"中国中心观"主导下的清史研究反思》，《史林》2006 年第 6 期；《十八世纪中国的"思想现代性"——"中国中心观"主导下的清史研究反思之二》，《清史研究》2007 年第 3 期；《一部没有"近代"的中国近代史——从柯文三论看"中国中心观"的内在逻辑及其困境》，《近代史研究》2007 年第 1 期。

评价，也反映出 20 世纪以来中外学者对中国"现代性"问题的认识危机。这种认识危机的表现为："科学主义者"对中国"现代性"问题的处理，基本上采用"由今度古"的方式，即以西方"现代性"的标准去裁量与规训中国传统。"人文主义者"则试图"由古度今"，反对用西方"现代性"标准去评价中国"传统"，中国的"现代性"只能"从中国历史本身的历史传统去追溯甚至去定义其现代性"。①

基于上述认识，在本研究中，笔者以晚清民国川江航道图的编绘为研究个案，并从以下两条线索展开分析：一方面，从地图编绘的技术转型与知识建构出发，分析"传统"川江航道图志与西方"现代性"测绘地图体系之间的复杂纠葛过程；另一方面，从绘图背景的制度变更入手，力求揭示晚清至民国川江航政变迁与航道空间的转型路径，进而分析不同历史条件下，川江航政、航道制度变迁对地图编绘实际运作的影响。换言之，本文从近代知识与制度转型的角度，深入思考近代川江航道图编绘的"现代性"问题，力求突破中国地图史研究"科学主义"与"人文主义"两分论的局限。

一 晚清民国川江航道图编绘的知识建构过程

在西方学术语境中，所谓"地方性知识"（local knowledge），不是指任何特定的、关于区域特征的知识，而是在特定地域上产生的一套"本土性"的价值观念与符号系统。② 这种"地方性"的价值观念与符号系统，往往与特定的地方文化、传统与习俗等因素联系在一起，成为与西方启蒙运动以来所倡导的"普遍性知识"（科学系统）相对立的知识类型。③ 然而，在近代西方启蒙主义哲学概念中，"普遍性知识"必须超越"地方性知识"，如果没有"普遍性知识"，全部被获得的知识只能是碎片般的经历而不是"科学"。④ 因此，自近代以来的西方启蒙思想中，"普遍性知识"

---

① 参见梁其姿《医疗史与中国"现代性"问题》，余新忠主编《清以来的疾病、医疗和卫生——以社会文化史为视角的探索》，生活·读书·新知三联书店，2009，第 3 页。

② 参见盛晓明《地方性知识的构造》，《哲学研究》2000 年第 12 期。

③ 〔美〕克利福德·吉尔茨：《地方性知识：阐释人类学论文集》，王海龙等译，中央编译出版社，2000，第 219～220 页。

④ 杨念群：《再造"病人"：中西医冲突下的空间政治（1832—1985）》第 2 版，中国人民大学出版社，2013，第 581 页。

一直强调高于"地方性知识"。① 而就近代中国而言,在西方所谓科学的"普遍性知识"的冲击和影响下,伴随制度体系的变异,中国本土传统所固有的"地方性知识"开始发生转型。

1. 晚清川江航道图编绘的"地方传统"

川江航道水势险峻,乱石横江,危险异常。特别是三峡航段险滩密布,稍有不慎,即有船难之患。自晚清以来,为使川江往来船主认明水径,有关川江航道信息的搜集与整理日益增多。在此基础上,川江航道图的编绘也逐渐发展成一项专门之学,不仅绘制有《巴东县长江图》等公文类航道图,还进一步编纂了《峡江救生船志》《峡江图考》等著作类内河航道图志,详细刻绘了川江水道险滩程途,无论上水下水,皆可顺逆浏览。② 从性质来看,上述川江航道图的编绘,无论是从知识来源、知识形式还是生产主体来讲,都不脱离中国古代地图学的"地方传统"。

首先从知识来源看,晚清传统川江航道图的编绘可以凭借的知识资源有三种:一是传统中国的三峡地志文献,二是官员画工的实地勘察与探访资料,三是民间口述木船航行技巧与险滩知识。这些知识来源的性质,实际上是架构在传统文化语境与地方文化实践上的本土性知识建构,呈现出的是一种"多系并存"的知识来源谱系③,并贯通精英知识体系与底层知识体验之间的壁垒。值得注意的是,《峡江救生船志》《峡江图考》等关于传统川江木船行舟技巧、滩形水势认知等内容的记载,不仅有关于船工水手对川江险滩水势的行话称谓,还涉及川江木船行舟的操作规则,不仅系统收录川江木船组织的称谓结构,还涉及川江行船的信仰空间与专有名词,堪称是传统时代峡江木船水运的技术总结。由此可以说,舟人可以从

---

① 参见李鹏《追寻多样化的"地方"图景——从王笛先生西南腹地研究"三部曲"谈起》,《中华文化论坛》2012 年第 3 期。

② 有关传统川江航道图编绘的历史谱系,笔者博士学位论文《晚清民国长江上游航道图志的历史考察》(西南大学,2015)有详细论述,此处不赘述。

③ 地图史上"多系并存"概念,系由日本著名地图史家海野一隆先生提出。在其《地图的文化史》一书中,作者认为:"地图内容并非单向进化,虽处同一时代、同一社会,但所据信息及处理方法的各不相同,导致了地图事实上的多系并存现象。"笔者此处借用此概念,来喻指传统川江航道图在知识来源上的多样性。参见〔日〕海野一隆《地图的文化史》,王妙发译,新星出版社,2005,第 5 页。

图1　《峡江救生船志》万县附近航道图

中了解权威化的行船经验与操舟技术，尽管这种知识形态只是地方性或经验性的，却是一目了然或简单明了，其意义不言自明。

　　再就知识表现形式来看，《巴东县长江图》《峡江救生船志》《峡江图考》等传统川江航道图主要采用的是中国传统山水画绘法，这种艺术性的手法，对地理空间的组织呈现出流动性的特征，有利于从多样性的视觉角度表述地方景观的丰富性。换言之，这种山水画式的传统川江航道图，以高度形象化的图绘符号展示川江航道的地理形势，因此，这种带有"地方"色彩的航道地图基本上是描述性的，不仅表现出中国本土"地方传统"对地理景观的经验式、流动性、感觉化的主体性体验，还关系到阅读者的观看方式，进而将读者参与同地点、片段连缀起来的水道地理景观之中。正如姚伯岳先生所言，传统中国山水画地图采用的是一种"移点透视"的原则，"一个画面接一个画面地连续观看，视点也相应地随着移动，似乎人也置于图画之中，随着画面的移动而移动"①。可以说，这种独属于传统中国舆图绘制的表现效果，直接用实形图画表示，令人感觉非常舒适和自然。

---

① 　姚伯岳：《论清代彩绘地图的特点和价值》，《中国典籍与文化》2007年第4期。

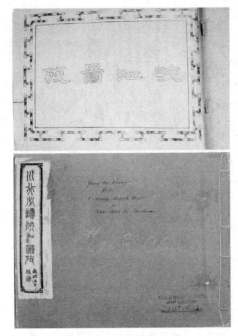

图 2　《峡江图考》书影

最后就生产主体来说，无论是《峡江救生船志》的作者贺缙绅，还是《峡江图考》的作者国璋，都是传统中国大一统王朝背景下地方政府官员或地方知识精英，这就有力反驳了姜道章所言中国传统山水画式的地图作者都是博学通儒的观点，而这类地图更多是地方技术性官僚与地方知识精英的重新创作。① 需要指出的是，由于地方精英的审美需求，在上述充满实用性的川江航道图中，还大量出现非实用性的观赏性景观与审美性的文字注记。这种地方性风景名胜景观的标绘与诗词注记，不仅仅是文人士大夫之间附庸风雅的山水审美，其背后展现的是地方精英对峡江景观的无限热情与自我标榜，进而获得某种情感上的慰藉与心灵上的共鸣。

总之，以往学界对传统川江航道图的研究往往以西方制图学作为衡量标准，对晚清国人绘制的传统航道图多予以批评，认为其没有数学基础，

---

① 参见姜道章《论传统中国地图学的特征》，《自然科学史研究》第 17 卷第 3 期。另外，就中国传统地图作者是技术性官僚的看法，参见潘晟《地图的作者及其阅读——以宋明为核心的知识史考察》，江苏人民出版社，2013，第 53 页。但潘晟忽略了传统地方画工与地方知识精英（或士绅）在传统地图绘制中的重要作用。

科学性不够，有欠准确。应该说，这种过分追求"精确化"的研究范式存在一定的局限性，因为川江传统航道图本身植根于中国传统舆图绘制的经验土壤，具有较强的实用性和社会文化方面的价值。相比之下，西方测绘而成的航道图则需要专门的地图学者或制图专家，往往需要专门训练方能看懂图绘内容。而川江传统航道图的独特价值就在于通过山水写意的手法，同时配以大量注解文字，穿插介绍晚清川江航运时事与俚俗传说，颇为形象地总结了长期流行在民间的川江航行经验。①

2. 近代西方人川江航道测绘中的"科学宰制"

近代西方人（包括日本）对川江航道的地图测绘，始于1861年英国布莱基斯顿等人测绘的《扬子江汉口至屏山段航道图》，此后英、法、日等国以及近代中国海关洋员均对川江航道实施了大规模的地图测绘。其中，由1869年英国海军测绘的《岳州—夔州航行图》、1898年法国天主教传教士蔡尚质编绘的《上江图》、1916年日本海军水陆部编绘的《扬子江水路志》（第一卷）、1916年海关洋员蒲兰田船长编绘的《川江航行指南》等，都代表了近代川江航道地图测绘中"科学主义"的勃兴。② 同时，作为"帝国的工具"，近代西方人通过对川江航道的地图测绘，进一步完成对川江内河航运的地理编码与知识生产，最终服务于本国在长江上游地区的利益。因此，就上述地图编绘的知识来源、知识形式、绘制主体来讲，无不浸染了"科学宰制"的话语霸权。

首先，从知识来源看，近代西方长江上游航道地图编绘中，其最重要的特征就是采用西方现代科学测绘技术，首先测定长江上游航道的经纬度数据，进而以此为基础绘出相对精确的内河航道图。这种基于实地测绘数据的精确制图，其知识基础是西方近代数学、天文学、测绘学等科学分支的应用与实践，因此被归类于"科学"的"普遍性知识"体系。其"科学性"的表现形式有二。

一是广泛运用先进仪器进行天文观测，在此基础上确定经纬度数据；同时，在无法进行天文观测的地方，则采用罗盘观测的方式，进而推算某

---

① 参见笔者《晚清民国川江航道图编绘的历史考察》，《学术研究》2015年第2期。

② 就近代外国人对川江航道的测绘过程，参见笔者《近代外国人对长江上游航道的地图测绘》，《中国历史地理论丛》2017年第2期。

地的经纬度数据。这样，经纬度测量点分布范围越广泛，测绘数据也就越精确，这完全符合近代西方科学追求量化统计的原则。

二是在测绘过程中严格遵循规范化的绘图程序与测绘流程，首先是依据经纬度数据绘制河道草图，然后再通过考察资料进行修正，经过多次修改方可成图，以确保测绘数据的准确性与地图编绘的精确度，这完全符合西方科学特定的操作规程与标准化的验证方法。①

由此可以说，这种数字化的测绘技术与标准化的制图程序，彰显的是西方近代的科学知识体系，其本质是按照近代西方"科学"化的地图学标准，对长江上游航道地理知识的再生产。

其次，从知识表现形式来看，建构在科学测绘基础上的近代川江测绘航道图，在地图内容的表现方式上，亦追求西方"科学"话语的广泛应用。具体言之，近代西方人（包括日本人）在川江航道地图的测绘实践中，由于视大地为球形，故需采用地图投影与天文量度来确定航道的空间位置。同时，要精确标示川江航道的地理信息，这就需要相对精确的科学计算数据，因此，图中内容多以经纬度与比例尺为坐标体系，通过地图投影的方式来展示航道地理的图幅大小与实际比例。

此外，在近代外国人所绘地图的内容表示上，全部采用西方标准化的绘制手法与几何化的图例系统，通过对川江航道空间的平面化与均质化呈现，建构出一种以西方"科学"制图标准为参照的"现代性"航道图制作体系。② 这种以平面数据控制为基础的地图呈现方式，表现的是专业技术人员的科学认知与均质化的平面空间，这与中国传统中山水画地图的视觉效果与平面化的空间观念迥然不同。

最后，近代川江航道图的绘制主体非常复杂。不仅包括英法等老牌殖民帝国，更有新兴的日本等后发资本主义国家；不仅有代表官方意志的各国海军人员作为航道测绘的主体，更有商人、传教士、学者、技术专家等

---

① 英国地理学家大卫·利文斯通在研究近代西方科学知识的传播过程时指出：近代西方科学的广泛成功，至少部分归因于仪器复制、观察者训练、操作规程传播和方法标准化等空间策略。由此观之，近代西方地图学中"科学"知识的生产，部分亦归因于上述因素。参见蔡运龙等《将科学置于地方，科学知识的地理》，收入蔡运龙、〔美〕Bill Wyckoff 主编《地理学思想经典解读》，商务印书馆，第 391～399 页。

② 〔美〕余定国：《中国地图学史》，蒋道章译，北京大学出版社，2006，第 199～244 页。

其他人员对长江上游航道的私人测绘,后期更是有"半殖民"特征的中国海关洋员参与其间。制图主体的多样性也反映出近代西方人(包括日本人)在长江上游地区扩张其帝国利益,进而搜集川江航道地理信息与地图情报的迫切性。

可以说,近代西方测绘与地图制作技术在川江航道图上的应用,是一次典型的"现代性"事件,由于西方近代地图学的特征就是趋向数字化、标准化与定量化,具体表现为以科学测绘为技术基础、以经纬度为空间控制标准、以地图投影及晕滃法为绘制技术的科学绘图机制,其本质是对川江航道地理空间的数字表达。这种科学化的川江航道地图与测绘技术标准的确立,实际上是对经验性的中国传统川江水道图志编绘的否定,更意味着以西方科学标准为参照的川江航道知识体系的现代性建构。

3. 近代国人对新式川江航道图的"本土回应"

地图作为表达地理环境的空间图像,除去本身对客观事物的反映外,也是一种空间记忆与地理想象。[①] 应该看到,近代西方人(包括日本人)所测绘的现代川江航道地图,以其精确的测绘技术与制图理念,适应了近代川江行轮兴起这一大背景。特别是借助于近代海关体制化的组织力量,西方现代测绘制图的知识与方法开始传入长江上游本土航运业,逐步取代中国传统的山水写意航道图知识系统。然而,这种在"科学主义"话语霸权之下的"空间渗透",难免会让本土知识精英产生不适之感,因此,本土知识精英依据自身对西方行轮知识与地图绘制的理解,在具体操作时,仍是习惯从传统知识资源来解决问题。

就民国时期川江航道图编绘的新旧交替来看,这种"旧瓶装新酒"的做法亦屡见不鲜。1916 年 11 月,北洋政府陆军部成立"修浚宜渝险滩事务处",委任刘声元为处长,川江航道险滩的整治工作随即展开。1917 年 5 月,"修浚宜渝滩险事务处"在第一期工程竣工后,为更好地规划川江航道第二期整治工程,刘声元特选"专门测绘人员,上下宜渝,穷探曲折,绘峡江全图六十三幅,滩险分图计四十幅",这也是清末以来国人对川江航道的首次系统测绘。在上述工作基础上,最终编纂成《峡江滩险志》一书。此后,重庆地方精英杨宝珊编纂《最新川江图说集成》一书,此书版

---

① 葛兆光:《古地图与思想史》,《中国测绘》2002 年第 5 期。

面规格为 24.6cm × 20cm，分上下两卷，封面上方还标示英文书名——
Guide to Upper Yangtze River Ichang – Chungking Section，于 1923 年由重庆中
西书局石印出版。

《最新川江图说集成》在内容体系上主要沿用晚清国璋所绘《峡江图
考》之内容，但又增加若干新式川江航道信息与行轮知识资料。《峡江滩
险志》一书不仅充分借鉴近代西方测绘与科学制图的技术优势，还保留中
国传统航道图编绘之精华，在体例上更为完善，内容上更为"本土化"，
在某些方面比近代西方人测绘的川江航道图志更具实用价值，成为民初以
降国人建构现代川江航道图志本土谱系的一次成功尝试。无论是在地图测
绘精确性上，还是在航道标绘科学性上，《峡江滩险志》都开国人测绘川
江航道之现代性先河；同时，又借鉴中国传统地志书写之体例规范，适应
了本土川江航运人士的阅读观感与知识背景。

及至 20 世纪 30 ~ 40 年代，伴随本土测绘专家在川江航道测绘中作用
日渐加强，这些专业人员大都受过专业训练，因此在制订川江航道测绘计
划和制图标准上，有了很大的发言权。由他们测绘的川江航道地图，无论
在成图手段、图式系统、测制规范上都与西方相差无几。在此基础上，
"科学主义"方成为国人测绘长江上游内河航道图的核心理念与集体诉求。
由此"地方"开始让位于"空间"，而伴随"地方性知识"的逐步消退，
"普遍性知识"最终单向存在。①

二　晚清民国川江航道图编绘的制度背景

1. 传统王朝国家体制下的"地方实践"

传统王朝国家体制下，中国地图绘制的机制与功用往往具有特殊的文
化含义。特别是在明清时期，在官僚体制文书行政的运作下，地图生产不
仅是王朝大一统疆域内政治管控、政务往来的施政工具与决策凭证，还是
王朝国家统治合法性构建中官方权威与政府权力的象征。②

---

① 参见笔者《晚清民国川江航道图编绘的历史考察》，《学术研究》2015 年第 2 期。
② 有学者已经提出类似的观点，指出传统王朝体制下文书行政对地图绘制的重要影响。参
见席会东《清代黄、运河图研究》，北京大学历史地理学专业博士学位论文，2011；潘
晟：《宋代地理学的观念、体系与知识兴趣》，商务印书馆，2014，第 101 ~ 288 页。

图3 《峡江图考》宜昌附近航道图

晚清传统川江航道图志的绘制者非常注重"地方"观念的表达，诸如《峡江救生船志》《峡江图考》等著作类内河航道图志，基本上属于王朝国家体制下的"地方"绘图实践，多是政府部门公文行政与地方官员实施管理下的产物。贺缙绅《峡江救生船志》以及国璋《峡江图考》都是从地方政府施政或地方社会建构的内在脉络出发，通过"自上而下"的模式，特别是对川江险滩水文与行船经验的图像书写，着力审视川江内河航政运作中"地方性知识"的传造与传播机制，其背后展示的是传统川江木船水手纤夫船工等普通民众的地方感觉与地方认同。

2. 近代西方殖民扩张下的"空间控制"

作为近代西方帝国殖民扩张中"空间控制"的组成部分，西方殖民者发展出一套针对东方社会的空间控制技术。这种空间控制的首要方法，就是通过轮船、铁路、电报等技术手段，力求创造出一个网络化的界面，通过不同资源在网络节点的快速移动，用来管理、监督和改造东方国家"传统"。西方诸国还通过地理信息的知识积累来对东方国家的"地方"传统进行解码，即通过地理测绘与地图绘制等情报搜集，对空间地理信息进行加工比照和分类存储。

近代西方殖民国家（包括日本）在长江上游的帝国扩张过程中，不断以开辟川江行轮航线为切入点，通过对川江航道地理信息的重新编码，进而发展出符合其扩张利益的科学化的空间控制。从某种程度上讲，这种空

图4　近代日本编绘《扬子江水路志》内影

间控制的技术实践也是以英国为首的西方殖民者（亦包括日本）在华构建其空间殖民秩序的有效手段。

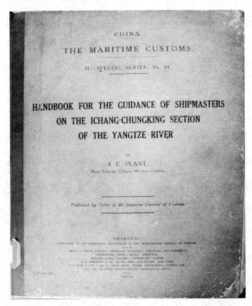

图5　蒲兰田《川江航行指南》（旧海关出版物）书影

具体而言，近代英国商界扩展中国西部市场的强烈意图与英国政府试图将缅甸、印度与中国长江流域联系成弧形势力范围的战略企图，共同促成英国积极测绘川江航道的实践活动。19 世纪后半期英国测绘川江航道的直接目的就是开辟川江行轮航线，并最终服务于其在华利益空间的扩张。而近代法国人对川江航道的测绘，其本质亦是服务于法国在中国西南地区的国家战略。特别是与英国在长江上游战略利益的空间争夺，是近代法国人从事川江航道测绘的动力，并直接服务于法国试图建立川江轮运航线的计划。此外，作为后发殖民国家，近代日本编译与测绘川江航道图的意图，早期多是服务于其商业利益，后期则更注重服务日本军队对华作战的军事需要。

与此同时，近代中国海关作为"半殖民性"的"国际官厅"，其在川江航道的广泛设置，日益成为近代西方殖民利益空间扩张的有效保障。特别是在长江上游巡江工司的高效运作下，通过一系列不间断的内河航标设置、航行章程的制定以及航行布告的发布，逐步建构起一种档案化、严密化的数据统计方式以及现代航道监控体系，从而改变了过去川江内河航道空间管控的地方模式，使得川江航道管理与航政建设呈现出"档案化"的特征，即通过日常化、严密化的数据统计方式以及现代航道监控的空间建构，进而对长江上游航道情形进行动态跟踪，这就改变了过去王朝国家体制下传统川江内河航政建设的地方模式，逐步建构起现代性的川江内河航道空间格局。

三 现代民族国家建构下的地图政治

清末民初，在中外航权竞争的利益驱动下，为抗拒西人对川江轮运航业的觊觎，由川省政府倡导、地方绅商共同创办的川江轮船股份有限公司，成为长江上游航运史上第一家本土的商业轮运公司。之后，川江本土轮船航运公司"经营者风起"，其发展速度异常惊人。在川江华商轮船运输业的快速发展下，由于轮船运输对航运线路、航路水深、航行测度等都有不同需求，航运方式转型必然要求中国传统航道图在内容编绘上做出变革。

川江航界本土绅商在国家意识和地方关怀的二重奏中，成立了"修浚宜渝滩险事务处"，将"地方"航道整治工程的建构纳入"国家主权"的话语体系之中。这种在国家体制内寻求问题解决途径的做法，也为本土测绘人员编绘本土川江航道图志提供了制度支撑与资金保障。

在 20 世纪 30～40 年代"抗战建国"的大背景下，为保障川江航行安全，中国本土各类航政机构对长江上游展开了一系列大规模的航道测绘，逐步累积了相当规模的不同种类的川江内河航道地图。在国家权力的支持下，有着官方背景的诸多水利机构（如前述扬子江水利委员会、导淮委员会）等通过制度化的运作模式，保障了大规模航道测绘工程实施中人力、资金、技术、组织上的需求。同时，伴随国家政权对长江上游地区的强化管理，川江航道测绘已经变成一项国家行为，并完全由中央政府主导，成为战时国家政权建设的重要一环。

余论：重思中国地图史研究的"现代性"问题

在现代性的条件下，中国地图编绘的技术、知识体系几乎完全不同于传统旧有的制图原则，呈现出"传统与现代性"之间巨大的断裂性。20 世纪以降，无论是持"科学主义"，还是持"人文主义"，中国地图史学者都把中国传统地图学与西方现代制图学视作一种二元对峙的不同知识形态，认为两者之间存在一种不兼容性，"科学主义"以西方测绘技术与科学地图学为参照标准，对传统中国地图学形成一种负面评价；"人文主义"则试图寻找中国传统地图学的独立价值与构成要素，以对抗西方"现代性"制图学的普世逻辑。

就晚清民国川江航道图编绘的历史轨迹看，不仅清晰可见中西方对川江航道讯息处理的空间差异，同时也反映两种不同文化理念的碰撞、交互与融合的过程。以中国山水写意绘法为主的传统航道图知识谱系和以西方测绘技术为基础的现代航道图知识系统，两种地图在绘制的背景、目的、技术等方面都呈现不同的方向。① 笔者虽以西方现代制图技术的影响程度划分清代民国川江航道图编绘的演进阶段，但仅仅认为这是一种客观性的事实，在科学话语渗透的条件下，积极反思此前地图史研究"传统"与"现代"的二分阐释框架，才是笔者隐含的目的所在。从传统时代的"多系并存"到近代社会的"科学宰制"，所反映的不仅是西方测绘制图体系

① 冯明珠等：《笔画千里：院藏古舆图特展》，台北故宫博物院，2007，第 14～16 页。

的最终胜利,背后实则伴随晚清以来民族主义与科学主义的话语竞争以及川江航运近代化的复杂纠葛过程,因此,简单地采用"传统/现代"判定"落后/先进",不仅有失武断,更无助于对川江航道地图编绘现代性过程的深层阐释。①

　　然而,无论怎样强调中国地图学"传统"的自足性,都无法改变近代以来中国地图编绘逐渐纳入西方测绘制图体系的普遍性事实。我们需要考察的核心问题是:中国地图学"传统"在西方"现代性"制图体系的冲击下,如何在不断建构的过程中发挥自身的活力,亦即"传统"如何在"现代性"语境中成为一种资源。② 基于上述思路,本文认为近代中国地图学对西方现代测绘技术与制图体系的认同与接受,并非简单地是一个"他者"的渗入与移植过程,而是一场由西方文化传播者与本土地图绘制者共同参与的复杂的"在地化"知识生产过程。

　　从中国地图编绘现代性建构的视角看,我们需要在总体把握中国地图学传统的基础上,从制度变迁与知识建构的不同面向出发,重新审视西方"科学"地图学体系进入中国的过程,以及由此引发的中国传统地图编绘的变化和所造成的具体状况及其发展趋势。

　　（本文原载《形象史学》2018 年第 1 期,收入本书时编者有删改）

---

① 参见李鹏《晚清民国川江航道图编绘的历史考察》,《学术研究》2015 年第 2 期。
② 笔者此处论述,系受杨念群先生对中国"传统"与"现代性"关系论点之启发。参见杨念群《中层理论——东西方思想会通下的中国史研究》,江西教育出版社,2001,第 17～20 页。

拼图游戏：理论模型与地图史上的西沙群岛

丁雁南 *

【摘要】拼图是一种源自 18 世纪儿童地理教育的益智游戏。本文将
"拼图游戏"视作一个理论模型，尝试给出在整体不完全、细节有缺失的
情况下，构建地理知识和地图谱系的一种思路。将其引入研究实践中，本
文对部分基于地图史的帕拉塞尔（西沙群岛）历史地理学术观点提出商
榷。在地图上同时绘出长条状帕拉塞尔与三角状浅滩区的做法，始见于 17
世纪中期荷兰东印度公司的官方地图。这是兼顾继承葡萄牙人地理知识和
表现荷兰人自身发现的折中做法。它在欧洲和中国的传播曾导致学者提出
"古 Pracel"概念。研究显示，它是对地图史和相关地理知识谱系的误读。
荷兰人的三角状"pruijsdrooghten"是地图史上最早对西沙群岛局部的正确
描绘，但他们并未继续探索。对帕拉塞尔的测绘最终由英国东印度公司完
成。本文也讨论了"拼图游戏"理论模型的适用性和局限性。

【关键词】帕拉塞尔（西沙群岛）　拼图游戏　理论模型　地图史
荷兰东印度公司

本文讨论中外古地图上对帕拉塞尔（Paracels，即中国西沙群岛）的表现方
式，聚焦 17 世纪中期荷兰东印度公司的一批古地图的地物表现方式，以及其
在欧洲和中国的传播。运用"拼图游戏"的理论模型，勾勒古地图上帕拉塞尔
的演变过程，勘正既往的西沙群岛历史地理叙事中的两个"帕拉塞尔"谜题。

---

* 丁雁南，男，安徽合肥人，理学博士，复旦大学历史地理研究中心副研究员，主要从事
城市历史地理和地图学史研究。

一 拼图：从地理游戏到理论模型

拼图是一款经久不衰、老少皆宜的益智类游戏。同它的流行程度相比，拼图游戏的地理学背景却是个冷门知识。它通常被认为是由英国制图师约翰·斯皮尔伯里（John Spilsbury，1739—1769）发明的。从 1767 年起，斯皮尔伯里售卖一种"切块谜题"（dissected puzzle）。具体来说，他给木片粘上地图，然后分割木片，游戏者需要熟悉拼图零块上的内容，以及边缘上的线条——它们通常是边界、河流、交通要道等——再将零件拼合成一张完整的地图（见图 1）。尽管斯皮尔伯里的故事流传甚广，研究显示，拼图游戏真正的发明人是法国人博蒙夫人（Madame de Beaumont，1711—1780）。[①] 1748—1762 年她寄居伦敦，其间曾担任贵族的家庭教师。她是目前能证实的最早的——不晚于 1759 年——制作拼图游戏的人。

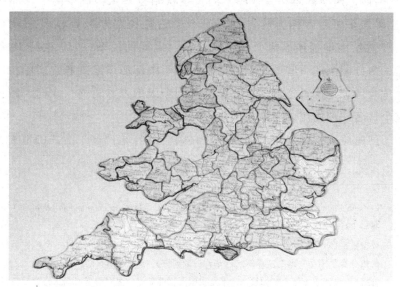

图 1　约翰·斯皮尔伯里的英格兰与威尔士地区拼图游戏，1767 年

注：文中涉及的外文引文除已标注的外，均由笔者翻译。

资料来源：英国维多利亚与艾伯特博物馆（Victoria and Albert Museum），http://collections. vam. ac. uk/item/O1404258/dissected‑puzzle‑spilsbury‑john/，2019 年 12 月 10 日访问。本文根据该馆非商业目的使用网站图像的相关条款而采用。

---

① Martin Norgate, "Cutting Borders: Dissected Maps and the Origins of the Jigsaw Puzzle," *The Cartographic Journal* 44. 4 (2007): 342–350.

地图史研究在原理上与拼图游戏有相似的地方，已有学者以后者来象征它。[①] 不管是理论上还是实际上，古地图及相关资料都极难被完全拥有。在承认学术研究会受资料限制的前提下，"拼图游戏"理论模型为追求准确和严谨指出了方向。将丰富的细节用拼图的方法拼接在一起，再加以阐释或批判，距离历史的真相就不会太远。

二　两个"帕拉塞尔"？地图史研究的经典谜题

所谓两个"帕拉塞尔"是指在西沙群岛历史地理研究中出现过的一个学说。它的现实依据是，在大量西方古地图上的南海里曾有一个靠近今越南海岸的长条状帕拉塞尔（Paracels）以及它的多个变体。尤为特别的是，有些图上在大约今天我国西沙群岛位置也绘有一组岛礁。直观上，它与靠近越南海岸的帕拉塞尔同时存在。我们知道，西沙群岛的西文名是 Paracels。因而，西沙群岛和古地图上的长条状帕拉塞尔构成了两个"帕拉塞尔"。韩振华将后者称为"古 Pracel"/"古帕拉赛尔"，[②] 或"旧帕拉塞尔"。[③] 他清楚地描述了两个"帕拉塞尔"之间的关系："19 世纪 20 年代以后，西方国家的一些地图就不再靠近越南中部海岸之处画出旧帕拉塞尔这个危险区了，而是把它向东北移，移到今天的西沙群岛。这时，帕拉塞尔这个地名才开始用以指称我国西沙群岛。"[④]

为何南海古地图上会出现两个并存的、都与帕拉塞尔有关的地物？丁

---

①　Kenneth Field, "Cartography is a Big Jigsaw Puzzle," *The Cartographic Journal* 44. 4（2007）: 287 – 291.

②　韩振华：《古"帕拉赛尔"考（其二）——十六、十七世纪至十九世纪中叶外国地图上的帕拉赛尔不是我国西沙群岛》，《南洋问题研究》1979 年第 5 期。

③　韩振华：《西方史籍上的帕拉塞尔不是我国西沙群岛——揭穿越南当局张冠李戴鱼目混珠的手法》，载谢方、钱江、陈佳荣主编《南海诸岛史地论证》，香港大学出版社，2003。原载《光明日报》1980 年 4 月 5 日。

④　韩振华：《西方史籍上的帕拉塞尔不是我国西沙群岛——揭穿越南当局张冠李戴鱼目混珠的手法》。对韩振华来说，"旧帕拉塞尔"同西沙群岛之间似乎并不是截然无关的两个独立地物，因为在同一篇文章里，他提道"英国船长罗斯和穆罕等人于 1817 年结束了对海南岛和西沙群岛的一系列调查之后，西方国家的图籍才开始把帕拉塞尔的范围向北延伸。这时，我国西沙群岛才开始被列入帕拉塞尔范围之内"。这展示的是一个帕拉塞尔范围的"液态"迁移过程。参见下文对"地名迁移"的讨论。

雁南曾将其归因于 1698 年法国"海后号"（Amphitrite）船员的发现。① 此外，英国水文学家亚历山大·达林珀（Alexander Dalrymple，1737—1808）在 1786 年出版的一份回忆录里，提道"我根据'海后号'（一艘护送耶稣会士去中国的法国护卫舰）上绘制的平面图［在我的地图里］插入了'三角形'"②。

不过，最近的研究显示，17 世纪中期荷兰东印度公司在南海地区和中国沿海进行了广泛的水文测绘，成果体现在公司制图师约翰·布劳（Joan Blaeu，1596—1673）以及他的助手约翰内斯·文绷斯（Johannnes Vingboons，约 1616—1670）所绘制的地图中。可以确定的是，荷兰人不晚于 1666 年已在长条状帕拉塞尔以外、更远离海岸的位置，发现了一组呈三角状分布的浅滩（见图 2）。在荷兰东印度公司的地图上，这组浅滩被称作"普鲁伊斯浅滩"（Pruijs Drooghten）。

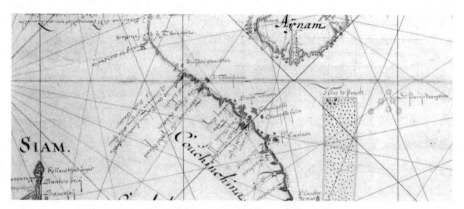

图 2　约翰·布劳的 Carte de laMer de Chine 局部，1666 年。

资料来源：法国国家图书馆（Bibliothèque nationale de France）。图片来源：澳门科技大学图书馆网站，http：//lunamap. must. edu. mo/luna/servlet/detail/MUST~2~2~1142~1574，2019 年 6 月 6 日访问。本无图名，此处使用的是法国国家图书馆的检索信息。

---

① 丁雁南：《地图学史视角下的古地图错讹问题》，《安徽史学》2018 年第 3 期。

② Alexander Dalrymple，*Memoir of a Chart of the China Sea*，London：George Bigg，1786，p. 9. First edition 1771. 按：在达林珀 1771 年的《南海地图》（*Chart of the China Sea*）上在今西沙群岛的位置绘有多个岛礁，除了 Amphitrite 之外还有 E. of Lincoln，显然都是来自船名。此外还有无名岛礁，是故他的"三角形"（Triangles）用的是复数。又，本文涉及不少地图实为海图（chart），为行文方便统称地图。

同航海先驱葡萄牙人一样，荷兰人严密地管理东印度公司的地图。尽管如此，荷兰人的南海地图在英国和法国仍有一定程度的流传。牛津大学博德利图书馆收藏有一幅约翰·桑顿（John Thornton，1641—1708）的地图，其中的三角状区域被直观地命名为 Triangles。这幅绘制于约1701 年的地图明显是以某一幅荷兰东印度公司的地图为母本。桑顿的仿作不止一张，法国国家图书馆收藏有 17 幅桑顿地图。这批地图的来源不详，有可能是 1703 年底法国人在马六甲附近海域从英国商船"坎特伯雷号"（Canterbury）上截获的。① 此外，可以确定的是 1698 年"海后号"上所用的南海地图出自荷兰人之手。总之，尽管很多细节尚不清楚，但是在 17 世纪末 18 世纪初的欧洲流通着一批荷兰东印度公司地图或它们的仿制品。这些地图上同时表现了源自葡萄牙人的长条状帕拉塞尔和源自荷兰人的三角状区域。它们的传播范围非常有限，甚至连达林珀也未曾见到。

三　中文古地图上的长沙和矸罩

仿制荷兰人地图的行为不限于英国人。中国第一历史档案馆收藏有三幅 18 世纪的中文地图，分别是康熙朝由施世骠进呈的《东洋南洋海道图》、由觉罗满保进呈的《西南洋各番针路方向图》，② 以及乾隆朝由法国传教士蒋友仁（Michel Benoist，1715—1774）绘制的《坤舆全图》。③

---

① Monique de la Roncière, "Manuscript Charts by John Thornton, Hydrographer of the East India Company (1669 – 1701)," *Imago Mundi* 19 (1965): 46 – 50.

② 关于施世骠和觉罗满保的两幅地图的进呈时间，韩振华认为分别是 1717 年和 1721 年，见韩振华《十六世纪前期葡萄牙记载上有关西沙群岛归属中国的几条资料考订，附：干豆考》，《南洋问题研究》1979 年第 5 期。李孝聪认为是 1717 年和 1716 年，参见李孝聪《中外古地图与海上丝绸之路》，《思想战线》2019 年第 3 期。德国学者林珂（Elke Papelitzky）认为都 1717 年。韩文的附录里提供了目前所知最早的地图照片，不过他似乎将施世骠的《东洋南洋海道图》误作觉罗满保的《西南洋各番针路方向图》。由于该馆的地图利用政策，学者们通常无法见到原图，只能依据照片进行研究。

③ 笔者所指的是收录在《"锦瑟万里，虹贯东西"：16—20 世纪初"丝绸之路"档案文献集萃》图录中的蒋友仁《坤舆全图》。该展系由国家档案局和北京大学联合，于 2019 年 9 月在北京大学展出。截至目前，图录尚未公开发售，笔者仅能从照片中看到该图局部。该图有两个版本，分别绘制于 1760 年和 1767 年。参见邹振环：《蒋友仁的〈坤舆全图〉与〈地球图说〉》，《北京行政学院学报》2017 年第 1 期。展览图录收录的版本不详。

  李孝聪指出，《东洋南洋海道图》和《西南洋各番针路方向图》二图"有着相似的形式和覆盖范围，均画出了东海、南海海域的主要岛屿，其中南海西部海域画了一块由棕黄色长带状密集点组成的沙滩，注记'长沙'，这种表示法在以往的中国古代舆图中从未出现过"[①]。具体到画法，"从地图样式分析，显然是依据18世纪以前欧洲人地图上用虚构的线条围合起长带状群点沙条表示危险区的画法而摹绘的"[②]。陈佳荣和朱鉴秋，以及李孝聪，曾分别抄录、整理二图上的地名和文字注记。[③]

  韩振华认为这两幅地图是翻译自葡萄牙人。[④] 林珂则认为它们显然摹绘自17世纪中期的荷兰地图。[⑤] 二图上都绘出"长沙"，在"长沙"东边绘有一个小三角状区域，标注"矸罩"。林珂注意到，施世骠图上的"矸罩"，要比觉罗满保图上的同样区域更接近荷兰地图里的原型。后者甚至不构成一个三角形。这是她判断施世骠图系在觉罗满保图之后绘制的依据之一。

  如果说，这二图反映的是18世纪初清朝官方已经通过某种渠道获得了荷兰人的南海地图和地理知识；那么，蒋友仁的《坤舆全图》则是延续利玛窦、南怀仁等耶稣会士的传统。从图上的注记看，他是在南怀仁《坤舆全图》的基础上添加了西域新测绘地区，并且用"西来所携手辑疆域梗概"予以增补。[⑥] 值得注意的是，蒋友仁在图上标注"巴拉色尔诸岛"，而三角形区域标为"眼镜"。显而易见，所谓"眼镜"是对同时代法语地图里用来称呼三角状区域的 lunettes 的直译。

  不管是"矸罩"还是"眼镜"，荷兰人在南海发现的这组岛礁辗转进

① 李孝聪：《从古地图看黄岩岛的归属——对菲律宾2014年地图展的反驳》，《南京大学学报（哲学·人文科学·社会科学版）》2015年第4期。

② 李孝聪：《中外古地图与海上丝绸之路》。

③ 陈佳荣、朱鉴秋：《中国历代海路针经》，广东科技出版社，2016；李孝聪：《中外古地图与海上丝绸之路》，《思想战线》2019年第3期。

④ 韩振华：《十六世纪前期葡萄牙记载上有关西沙群岛归属中国的几条资料考订，附：干豆考》，《南洋问题研究》1979年第5期。

⑤ 上述观点来自笔者与林珂博士的个人通信，2020年1月22日。

⑥ 朱鉴秋、陈佳荣、钱江、谭广廉：《中外交通古地图集》，中西书局，2017，第258页。

入了中文世界。然而，学者们对它的所指和地理学意义却有着不同的看法。韩振华认为，"矸罩即葡文 Cantão 或 Canton 的对音"，意即广东。而所谓"'广东诸岛'（Ilhas da Cantão）是指包括我国西沙群岛在内的一群大大小小的岛屿，北至广东珠江口外的海上诸岛，南至西沙群岛的'二大巨石'——高尖石和石岛"。"矸罩"或"干豆"包括在广东诸岛内，"指下八岛（今永乐群岛）"。[①]

周振鹤根据其在闽南方言中的发音，将"矸罩"释读为"瓶礁"。[②]地理学家曾昭璇曾指出，西沙群岛有不少是环礁，具有周边高、中间低的特殊地形，海南渔民又称之为"筐"或"塘"，例如"大筐（华光礁）、二筐（玉琢礁）、三筐（浪花礁）"。[③] 以"筐"指代环礁地形，和瓶子的瓶口颇有类似、可比之处。考虑到在进呈《东洋南洋海道图》和《西南洋各番针路方向图》二图时，施世骠为福建水师提督，觉罗满保为闽浙总督，虽然他们不至于亲自绘图，但假若画工是闽南人当不意外。他们摹绘荷兰人地图的时候，在"长沙"已经被长条状帕拉塞尔"占用"的情况下，荷兰地图上的 pruijsdrooghten 没有现成的汉语地名对应，故而以闽南语里的"瓶礁"——"矸罩"——来标注是合乎逻辑的做法。

四　基于"拼图游戏"理论模型的思考

"拼图游戏"理论模型的核心优势在于它提供了一个运用逻辑和经验，整合零散不全的信息片段，获得一个可信度较高的全局图景（full picture）的办法。在地图史研究中应用"拼图游戏"理论模型，不是简单照搬教学方法上的"拼图方法"，而是从中汲取一种启发式的（heurisitc）镜鉴。

审视两个"帕拉塞尔"提法的发生史，古地图上明明白白地画着两个地物，将它们如实描述出来似乎不可能是错误的。理论上，仅凭史学的考

---

① 韩振华：《十六世纪前期葡萄牙记载上有关西沙群岛归属中国的几条资料考订，附：干豆考》，《南洋问题研究》1979 年第 5 期。

② 上述观点来自笔者与周振鹤教授的个人通信，2020 年 1 月 10 日。

③ 曾昭璇：《中国古代南海诸岛文献初步分析》，《中国历史地理论丛》1991 年第 1 期。

证方法，是无法否定两个"帕拉塞尔"的。这需要跳出直观印象，通过深度阅读，将其解读为地理知识进步过程中的一个阶段性特征。正如后世所看到的，关于帕拉塞尔的准确地理知识，是要到近代水文测绘的出现才可能获得。[①]

从 16 世纪欧洲人初入南海，到 19 世纪关于帕拉塞尔的谜团最终解开，其间欧洲人绘制的包含南海地区的地图数量巨大，再加上东亚、东南亚各地那些受到或未受到欧洲影响的本土地图，对帕拉塞尔或长沙、石塘的表现可谓各有特色。实际上，在曾昭璇之先，文焕然和钮仲勋已经确定"'石塘'、'长沙'等这一类地名的起源是与南海珊瑚岛的形态与成因有关的"。他们认为，早期"西方及日本图籍中的'帕拉塞尔'、'万里石塘'、'万里长沙'等，显然是受我国的'石塘'、'长沙'这一类地名的影响，所指究系何地，亦应根据其地理位置进行具体分析"[②]。

相对于韩振华认为"古 Pracel"和"坝葛鑛"实有所指，李孝聪则不那么肯定。他指出，往来于马来半岛与中国广东之间的欧洲船员明白"西沙群岛与交趾半岛（今越南）沿海小岛之间的区别，那些沿海小岛屿和南海中的'I. de Pracel'（帕拉塞尔）没有联系"[③]。他更援引亚历山大·达尔林普尔（即 Alexander Dalrymple，笔者译作达林珀）的 1771 年地图，指出图上"靠近越南近海用点线围合的'Paracels'"，同"其右上方（东北方向）……另外一处标记'Amphitrite'的群岛，显然这两者并不是同一地点"[④]。至此，他似乎已在推导出两个"帕拉塞尔"的轨道上。然而，李孝聪认为"'Amphitrite'群岛与我国西沙群岛位置相近，由此可以说明西方人想象中所谓的'Paracel Is.'（即帕拉塞尔群岛）不是我国的西沙群岛，而且并不真实"[⑤]。

---

① 丁雁南：《1808 年西沙测绘的中国元素暨对比尔·海顿的回应》，《复旦学报（社会科学版）》2019 年第 2 期。

② 文焕然、钮仲勋：《石塘长沙考》，韩振华主编《南海诸岛史地考证论集》，中华书局，1981，第 159 页。

③ 李孝聪：《中外古地图与海上丝绸之路》，《思想战线》2019 年第 3 期。

④ 李孝聪：《中外古地图与海上丝绸之路》，《思想战线》2019 年第 3 期。

⑤ 李孝聪：《中外古地图与海上丝绸之路》，《思想战线》2019 年第 3 期。

　　西方人地图上的长条状帕拉塞尔虽然不符合地理现实，但却并非没有地理学意义。16 世纪早期葡萄牙人进入南海，他们最早在地图上的南海里绘出一个巨大的浅滩区域并命名为帕拉塞尔。① 17 世纪以前荷兰人关于东印度的地理知识很大程度上是继承自葡萄牙人的，这当然包括模仿葡萄牙人的地图。当 17 世纪中期荷兰人在航海实践中发现了"普鲁伊斯浅滩"——这是属于他们自己的地理知识——他们便在地图上添加了这个地物。不过，现有文献不足以说明荷兰人是否曾对葡萄牙人地图上那个巨大的"帕拉塞尔"产生过怀疑，或是进行过水文调查。他们也没有马上把它删除。其结果就是长条状帕拉塞尔与三角状"Pruijs Drooghten"，或"triangle"、"lunettes"、"croix de St. antoine"、"cordon de St. antoine"，以及"Amphitrite"等名字不同但均位于今西沙位置的一组岛礁的长期并存。值得一提的是，在英国东印度公司执行 1808 年南海测绘前夕，英国人已经清楚它们不是两个地物。② 至此，对帕拉塞尔的地理发现终告完成。

　　若是把关于南海的地理知识和地图演化的过程视作一次拼图，那么可以得出两点观察。首先，荷兰人扮演的是承上启下的角色。如果说英国人通过赋予帕拉塞尔经纬度、岛礁名称、地形地貌描述，最终完成了地理上的发现（geographic discovery），那么荷兰人完成的算得上是地图上的发现（cartographic discovery）：他们最早在地图上较为精确地绘制了今天西沙群岛的一部分。他们填上了地图史上从葡萄牙人到英国人、从前近代到近代

---

① 一般认为一位名为弗朗西斯科·罗德里格斯（Francisco Rodrigues）的葡萄牙领航员于 1511 ~ 1513 年在马六甲绘制的南海海图上绘出的大片浅滩（Ilhas allagadas）即为帕拉塞尔的原型。参见 Jose Manuel Garcia, "Other Maps, Other Images：Portuguese Cartography of Southeast Asia and the Philippines（1512 - 1571），" inIvo Carneiro de Sousa（Ed.）*The First Portuguese Maps and Sketckes of Southeast Asia and the Philippines 1512 - 1571*, Lisbon：Centro Portugues de Estudos do Sudeste Asiatico（CEPESA），（2002）：11 - 29；Ivo Carneiro de Sousa, "The First Portuguese Maps of China in Francisco Rodrigues' Book and Atlas（c. 1512），" *Revista de Cultura* 41（2013）：6 - 20；以及 William Arthur Ridley（Bill）Richardson, "Asian Geographical Features Misplaced South of the Equator on Sixteenth - century Maps," *Terrae Incognitae* 47（2015）：33 - 65。

② 1806 年詹姆斯·霍斯伯格（James Horsburhg）在伦敦出版《南海地图，页 1》（*China Sea*, sheet 1），其中已经不存在两个独立的长条状和三角状地物，取而代之的是一组三个同心的卵形曲线所包裹的零星的岛礁。这幅地图指导了 1808 年的南海测绘。

的时间线上最关键的一块"拼图"。

其次，荷兰人错过了完成拼图的机会。当 17 世纪中期荷兰人在地图上添上"三角"这块正确拼图的时候，本可以顺手移走葡萄牙人留下的那块错误拼图。但他们没有去核实二者之间的关系，只是给了它一个全新的名字"Pruijs Drooghten"，而把地理发现的光荣留给了英国人。

五　结论

所谓"古 Pracel"或"旧帕拉塞尔"的提法，是中国地图史研究里最经典、最重要的错讹之一。它的经典性体现在反映了解读古地图时的常见误区，它的重要性在于构成了西沙群岛历史地理叙事中的关键一环。韩振华及其团队制造的这个概念有其非常特殊的时代背景。但是现有的资料，特别是参与 1808 年南海测绘的人员，如詹姆斯·霍斯伯格、丹尼尔·罗斯、菲利普·摩恩等，其私人通信、航海日志、著作中未见支持这一提法的地图或文本。"古 Pracel"的提法不符合欧洲人的地图学观念和习惯。无论是像韩振华那样认为"古 Pracel"确实存在，还是像有些学者那样认为它是想象的产物，"古 Pracel"都预设了同帕拉塞尔（今西沙群岛）对应且并存的"二元"。这对于发展出地图投影和经纬度坐标的欧洲地图学来说是不兼容的：一个地物对应的是一组坐标，而不可能是两组。从经验的角度，在相关欧洲古地图上也没有同时标示过两个帕拉塞尔。

另外，19 世纪初英国人确定了帕拉塞尔的经纬度，他们对西沙各岛礁的命名在国际上沿用至今。这个过程不应被解读为"'I. dePracel'标记逐步移向我国的西沙群岛，在新编制描绘中国海的地图上，删除了那种用点线围合表示的想象中的危险区域'Paracel Bank'的画法"。[①] 现有的文献不支持"移向"或"迁移"的表述。诚然，古地图上的长条状帕拉塞尔和西沙群岛共有一个 Paracels 的西文名，但必须高度谨慎地将其理解地理知识进步过程中的产物，是对于帕拉塞尔这个"一元"认识的精确化。这个过程的实质不是简单的地名上的移用，而是新的地理知识获取方式近代水

---

① 李孝聪：《中外古地图与海上丝绸之路》。类似的观点最早见于吴凤斌：《驳南越阮伪政权〈白皮书〉所谓拥有我国西、南沙群岛主权的论据》，《南洋问题研究》1979 年第 4 期。他用的词组是"地名迁移"。

文测绘所带来的革命性改变。

笔者认为，17 世纪中期荷兰东印度公司船只在南海航行过程中发现了我们今天所知的西沙群岛。[①] 但是，当他们在地图上描绘这组新发现的岛礁时，没有勘正葡萄牙人地图上那个比例夸张、位置错误的"帕拉塞尔"。二者并存的地图表现方式从荷兰传播到英国、法国，直至中国的朝堂。

本文尝试提出并应用"拼图游戏"理论模型。对于任何一个已通过真伪检验的地图史资料来说，它必定同某一给定专题有着或强或弱的联系。"拼图游戏"理论模型基于对于全局图景的假设，可以用于指导对各个零件或曰元素间相互联系的分析，并且以吻合度和一致性来检验拼合的结果。

（本文为国家社会科学基金重大研究专项《航海日志整理与西沙群岛主权研究：以 1808 年英国东印度公司南海测绘为中心》、复旦大学引进人才科研项目《历史地理学视角下的〈海军纪事〉（1799—1818）研究》阶段性成果）

---

① 韩振华判断是永乐群岛，而达林珀认为是 Amphitrite，亦即今宣德群岛。永乐群岛（Crescent group）和宣德群岛（Amphitrite group）共同构成了西沙群岛（Paracels，或 the Paracel Islands）。

地图晕滃法在中国的传播与流变

张佳静[*]

【摘要】地图绘制中的晕滃法最早出现在 18 世纪初的欧洲，并通过地图和书籍两种途径向中国传播。中国人绘制的晕滃地图最早出现在同治年间，在中国的小比例尺晕滃地图中，晕滃符号比较统一，而在大比例尺地图中，晕滃符号类型多达 7 种。洋务派组织翻译的译著《行军测绘》和《测地绘图》最早介绍了晕滃法的原理和绘制方法，此后中国人的著作中也对其有介绍，晕滃法的名称在民国时期确定下来。因为自身的缺陷和印刷技术的发展，晕滃法逐渐消失。

【关键词】地图　晕滃法印刷术　技术传播　地图学史

在地图中表示地势高低起伏的方式有多种，已经使用过的或者正在使用的方法有：描景法（写景法）、晕滃法、晕渲法、等高线法和分层设色法。本文回顾晕滃法的出现，探讨其在中国传播后的应用与变化，并讨论其消失的原因。

一　晕滃法简介

18 世纪初，随着近代测量仪器和技术的提高，对海拔高度的测量日趋精准，而象形画法已经无法在地图上表示地势的起伏程度和准确高度，于是欧洲人开始寻找更为科学的地图绘制方法。晕滃法也因此应运而生，与其同时代出现的还有晕渲法和等高线法。

晕滃法也叫晕滃线法。这种方法主要的表达要素是近于平行的短线，

---

* 张佳静，中国科学院大学人文学院讲师。

用这种线的粗细疏密程度来表示地面坡度的缓急。在坡度低平和缓的地方，用细长而稀疏的线条表示；坡度陡峭急峻的地方，用粗短而密集的线条表示。这样，在图中看起来，坡度低平的地方颜色明亮，而坡度陡峭的地方颜色阴暗。

晕滃法最早出现在帕克（C. Packe，1687—1749）的《东肯特地区自然地理图》[8]（*A New Philosophico-chorographical Chart of East Kent*，1743年；见图1）中，用来显示河谷地区的地表形态。

图 1　1743 年帕克采用晕滃法绘制的《东肯特地区自然地理图》（局部）

资料来源：http：//www. geolsoc. org. uk/en/Geoscientist/August% 202012/Rare% 20Map% 20Christopher% 20Packe% 201743。

卡西尼家族为法国的地形测量做出了重要贡献，在 1756～1793 年出版的厚达 182 页的比例尺为 1∶86400 的法国地图——《卡西尼地图》①（*Carte de Cassini*）中，使用了晕滃法来表示台地陡坡。[5,9,11]

这个时期的晕滃法是在地图上画出像羽毛一样的细线，根据它的稠密来表示地形的倾斜。这种早期晕滃法随意性比较大，对晕滃线条的粗细、疏密都没有严格要求。

---

① http：//achft. ville-fachesthumesnil. org/ancie_01. php.

1799 年，奥地利军人莱曼（LehmannJ，1765—1811）在他的著作 *Darstellungeinernueun Theorie der Bergzeichnug der schiefen Flächen im Grundriss oder der Situationszeichnug der Berge*（《一个用倾斜法在平面图中表示地形的新理论的介绍》）[12] 中明确提出了根据倾斜度来调整羽毛密度的科学方法[5]，晕滃法也因此有了统一标准。莱曼假设光线垂直照射在水平面上的受光量为 1，则在有坡度的倾斜面上受光量为 $H = 1 \times \cos\alpha = \cos\alpha$（$\alpha$ 为倾斜角），以此算式为基础，将晕滃线的宽度与晕滃线间空白的宽度之比与地形坡度建立对应关系。

晕滃法因其绘制方便，表现地表形态直观、形象而受到当时人们的推崇，逐渐走入人们的视野，成为 19 世纪广泛采用的表示地形起伏的方法之一。但是到 19 世纪后半叶，晕滃法逐渐让位于更科学的等高线法，现在已经很少使用。

早期晕滃法不能完全依据莱曼的比例尺准确绘制，所以在本文中，作者关注广义的晕滃法，其中包括晕滃法的早期形态——仅仅用线条来表示地形的起伏的晕滃法。

二 晕滃法在地图中的传播与应用

中国一直使用由来已久的笔架式或三角式山形符号表示地形，但随着中西交流的不断深入，国内出现了不少使用晕滃法绘制的地图，使得国人开始关注并学习这种新的地形表示方法。

（一）西方人绘制的晕滃法地图

国内最早出现的使用晕滃法的地图是由西方人绘制的，根据绘制地点和所绘区域不同，可以分为两类：由西方人带来的晕滃法地图和西方人在中国绘制的晕滃法地图。

第一类笔者暂无幸得见。国家图书馆善本特藏部舆图组编制的《舆图要录》[13] 中收录了多幅凯里（J. Cary，1754—1835）、芬德雷（A Findlay，1790—1870）等 19 世纪欧洲著名制图大师绘制的地图，而那个时代晕滃法在欧洲极其普遍，由此可以推断这些图极有可能使用了晕滃法。这些在域外绘制并传入中国的西文地图是晕滃法在中国传播的一种形式，至于有何作用尚待考察。

第二类外国人在中国绘制的晕滃法地图，笔者目前所见最早的是费希特（De Guignes Fecit）于 1792 年绘制的《澳门平面图》（见图2）。该图表现清乾隆时期葡属澳门租界的范围、土地利用和闸关、炮台等建筑布局。纸本设色，不仅有图例和比例尺，而且用晕滃法表示地形，属于测绘较准确的澳门地图。1922 年由格雷戈里（E. Gregory）绘制的《京畿四郊游览全图》[14]，其中的山脉均用晕滃法表示。这幅图描绘了当时的北京周边地区，即现在的北京郊区。图中的比例尺、方向、图例、经纬度等要素一应俱全，并且使用彩印印制。

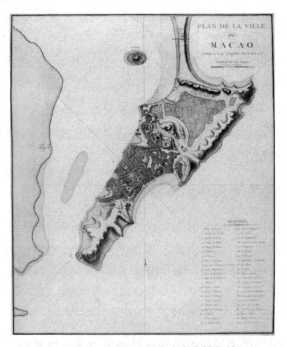

图 2　澳门平面图（现藏广东省博物馆）

1841 年，钦差大臣、两广总督琦善因沙角、大角炮台失陷，背着清朝政府与英国全权代表义律议定《穿鼻草约》，割让香港。英国方面则不待条约正式批准签字，就片面宣布《穿鼻草约》成立，并于正月初四强行占领香港。英国军舰硫磺号船长卑路乍（E. Belcher）奉命对香港岛及其附近一带的水域进行测量，并制成《香港和附近一带水图》[15]，该图运用晕滃法来表示地形，并使用直射晕滃法。1856 年，法国人绘制的《大屿山北部航道图》[15]则以斜射晕滃法绘制。

1864 年英国驻台湾府副领事郇和（R. Swinhoe）发表在英国《皇家地理学会期刊》（*Journal of the Royal Geographical Society*）上的文章 "Note on the Island of Formosa"（《福尔摩沙岛简介》）附有《福尔摩沙岛略图》[16,17]，现收藏于台湾历史博物馆。在这幅图中，使用了直射晕滃法表示山脉。

1895 年，清政府将台湾割让给日本。就在当年，日本人绘制和译制了两幅台湾地图——《帝国大日本新领地部台湾地图》、《实地踏测台湾详密地图》[16]，前者为日本人嵯峨野彦太郎绘制，后者为英国前海军大尉沃尔特（J. Walter）原著、日本人松本仁吉翻译。从图中可以看出，日本人新绘制的地图要比翻译英国人的地图更加精确，这两幅图都使用晕滃法。

在笔者所见的西方人绘制的晕滃法地图中，除了个别草图外，几乎所有的成品图均采用了科学的晕滃法表示地形。这种标准的晕滃图为晕滃法在中国的传播提供了参考和指引。

（二）中国人绘制的晕滃法地图

在西方地图中使用了晕滃法的同时，中国人也在西学东渐的大背景下，开始尝试使用这种方法来表示地形。

笔者所见中国人绘制的最早的晕滃法地图是同治年间（1862—1875 年）的《厦门旧城市图》（图 3）[18]。但是该图采用很不标准的晕滃法符号——用大约平行的封闭的毛虫式的线条，绘出像章鱼触角一样的鸟瞰山形——只能算晕滃法的雏形。

笔者所见中国人绘制的最早规范使用晕滃法的地图是《清代会典图》中的《江南安徽舆地图》[19]和《湖北舆图》[19]。清光绪十二年（1886 年），清政府在北京成立"会典馆"，主持编纂《大清会典图》。光绪十五年（1889 年）通知各省测绘《大清会典舆图》，并限期一年将各省的省、府、县图各一份并图说呈送会典馆。光绪十六年（1890 年），会典馆补发通知，对各省所交之图做出明确规定和统一要求[20]，规定山仍作"笔架式"[21]，但此时清末杰出的地图学家邹代钧[22-26]（1854—1908 年）在给会典馆的上书中，介绍了法国和日耳曼的晕滃法，或许正是因为邹代钧的上书中提及了晕滃法，在后来各省呈送的舆图中，湖北省和安徽省采用了这种方法，显示出其先进性。《湖北舆图》（见图 4）和《安徽舆图》均于光绪二十一年

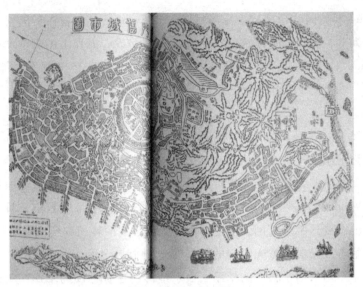

图 3　厦门旧城市图

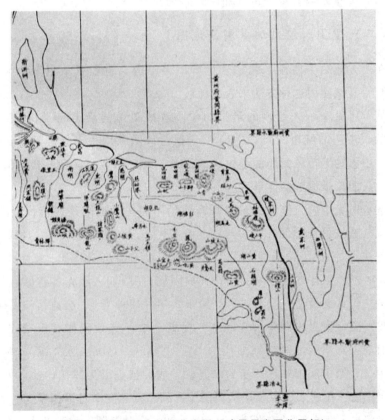

图 4　清会典图中的湖北舆图（武昌县舆图北局部）

（1895 年）呈送。在官方的测绘地图中使用晕滃法，这首先说明，官方主动采用了新式的绘图方法，其次，也说明在当时已经有受过这方面训练的绘图人才。

（三）晕滃符号的变化

地图因为比例尺不同，在图中要突出表现的事物也不同，大比例尺地图中往往突出地形地貌，对晕滃符号的精度要求较高；而小比例尺地图主要表示疆域大势，对地势起伏没有过高要求，所以对晕滃符号也要求不高。

在国人绘制的小比例尺地图中，晕滃符号基本一致。这与国外小比例尺地图中的表示方法相同。宣统元年（1909 年）上海商务印书馆出版的《大清帝国全图》的局部图（见图 5）[27] 已用晕滃法表示山脉走向。笔者所见其他的小比例尺晕滃法地图，例如《中国矿产全图》[28]，《二十世纪中外大地全图》中的《亚细亚洲全图》和《中国全图》[29]，《中外舆地全

图 5　大清帝国全图局部

图》中的《大地平方全图》《坤舆东半球》《坤舆西半球》《亚细亚》《皇朝一统图》[30]等小比例尺地图也都采用这种单层的晕滃线来表示山脉走向。

在小比例尺地图中，晕滃法只能表现山脉走向和大体位置，复杂的地形不用在图中体现出来，所以表现的符号比较单一，以示意为主，对晕滃法中所涉及的数理知识要求不高，不涉及精确的坡度、高度，所以晕滃法在这种图的运用，只是用单层的晕滃线来表示山脉走向，而不会布满密密麻麻的晕滃线。

而大比例尺地图往往以表示地形为主要目的，所以需要运用变化多样的晕滃符号。在晚清的一些地方志中，已经采用晕滃法来绘图，这是晕滃法传播到地方并应用于大比例尺地图的有力证据。例如：光绪十七年（1891年）的《上虞县志》、光绪二十五年（1899年）的《慈溪县志》，已采用了晕滃法表示山脉；绘于宣统元年（1909年）的《金华府总图》也采用了晕滃法表示地形[31]。但是在地方志中，地图中使用晕滃法没有形成统一的绘

图6　1903年《浙江全省十一府新地图（湖州）》局部

图7　1934年《北平四郊详图》局部

图8　1891年光绪《上虞县境全图》局部

图9　1909年《慈溪县境图》局部

图10　1909年《金华府总图》局部

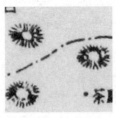

图11　民国《马平县全图》局部

图12　1903年《永城县境图》局部

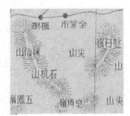

图13　20世纪40年代《浙江省公路路线图》局部

制标准,而是出现了五花八门、各种各样的表现形式。图 6~25 为笔者所见的中国大比例尺地图中出现的一些晕滃符号。按照绘制特点,这些晕滃符号大致可分成 7 种类型。

图 14 1902 年《浙江》局部

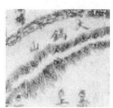

图 15 民国《东莞县十区全图(上幅)》局部

图 16 1940 年《上海附近详图》局部

图 17 1934 年湖北陆军测量局测绘《布敦沙巴克台》局部

图 18 1928 年《思明县禾厦区域略图》局部

图 19 1929 年《同安县方括图》局部

图 20 1931 年《厦门市道路规划图》局部

图 21 1935 年《广西农林试验场全图》局部

图 22 同治年间《厦门旧城市图》局部

图 23 1935 年《茶山境内全图》局部

图 24 1934 年《北平四郊名胜图》局部

图 25 1941 年《长兴县略图》局部

第一类:使用了科学的晕滃符号,采用多级晕滃线,晕滃线的粗细、疏密、长短变化明显,晕滃线的宽度与晕滃线间空白的宽度之比与地形坡度有对应关系。例如图 6 和图 7。

第二类:使用多级晕滃线,晕滃线有粗细、疏密、长短变化,但变化不够明显，每级晕滃线之间过渡比较生硬，但总体还是具备了晕滃法的基本特征，比较接近科学规范的晕滃符号。从图中的符号能看出山脉的起伏变化，只是没能严格按照晕滃尺的要求绘制。例如图 8、图 9、图 10①和光绪三十二年（1906 年）的《卫辉府附近总图》②。

第三类：使用了放射性的单层晕滃线。此种晕滃符号只能表示出山脉的具体位置，而不能从其中看出山脉的走向、坡度。在这一类符号中，又可以细分为三种。

（1）内部近乎圆形而中空，向周围发散放射线，近似圆形，形态类似菊花状。例如图 11 和图 12。

（2）晕滃符号内部中空，但不是呈圆形，而是按照山脉的走势呈现长条形，周围布满放射的短线。这种符号其实主要应用在小比例尺地图中。例如图 13、图 14 和图 15。

（3）中空的面积较大，周围布满放射的短线，短线环绕的范围内表示山脉或地势高的地区。例如图 16、图 17③，以及光绪三十四年（1908 年）或其后不久绘制的《安徽省城厢图——安庆府城》[36]、20 世纪 30 年代的《德清县图》[31]。

第四类：使用连续的多层晕滃线，均匀分布、没有粗细及深浅的变化。从中可以看出山脉的方位、走向，但是不能从中看出山脉的陡缓。例如图 18、图 19 和图 20。

第五类：使用有间隔的多层晕滃线。这种类型与第四类相似，不同之处在于使用的多层晕滃线之间有一定间隔，这种晕滃线可以表示山脉方位和走向。如果把这些短线连接起来，就类似于地图中的等高线。例如图 21。

第六类：使用单层晕滃短线，按照山脉的走向，绘出山脊、山谷等，像是一幅山脉的鸟瞰图。例如图 22 和图 23。

第七类：异型晕滃符号。笔者见到两种异型的晕滃符号：

---

① 原书中说明《金华府总图》辑自宣统元年印制的康熙二十二年（1683）《金华府志》，但作者考证此图不是绘制于康熙年间，而是在重新印制过程中补充增加的图。

② 此图藏于中国地图出版社资料室。

③ 此图藏于中国地图出版社资料室。

（1）在晕滃线条的一边加上与晕滃线垂直的曲线，类似于不连续的等高线，但既没有标出高程也没有形成连续闭合的曲线。例如图24①。

（2）使用连续的花朵型放射状线条的集合，从中能只看出山势的位置，其他地理信息都无法从中获得。例如图25。

上述七类晕滃符号的特征见表1。

表1　七类晕滃符号特征一览表

类　型		晕滃线层数	晕滃线条粗细变化	晕滃线条疏密变化	晕滃线条长短变化	晕滃线与坡度是否具有数理关系	图中显示的地理信息	精确度
第一类		多层	明显	明显	明显	是	山脉的方位、走向、起伏变化、大约高度	高
第二类		多层	不明显	明显	明显	否	山脉的方位、走向、起伏变化	高
第三类		单层	不明显	不明显	明显	否	山脉的方位、走向	中
第四类		连续的多层	不明显	不明显	不明显	否	山脉的方位、走向	中
第五类		有间隔的多层	不明显	不明显	不明显	否	山脉的方位、走向	中
第六类		单层	不明显	不明显	明显	否	山脉的方位、走向	低
第七类	异型一	多层	不明显	不明显	明显	否	山脉的方位、走向	中
	异型二				不明显		山脉的方位	低

三　晕滃法在书籍中的传播与变化

晕滃法在书籍中的传播也是一个非常重要的途径。

（一）"洋务运动"时期晕滃法的初步引入

1868年，英国人傅兰雅（John Fryer，1839—1928）任职于成立不久的江南制造局翻译馆。1868—1870年，傅兰雅多次为江南制造总局订购书籍、科学仪器和日用器具。在他所订购的书籍清单中，不仅有弗劳尔（Flower L.）的《行军测绘手册》（*Marching Out, A Manual of Surveyingand*

---

① 该图出现在《北平四郊详图》（见图7）的左下角，为同一年绘制。

Field Sketching）、连提（Lendy A. F. ）的《行军测绘》（A Practical Course of Military Surveying），还有有休格斯（Hughes W. ）的《地图集轮廓》（Hughes's Outline Atlas），以及伯格汉（Berghans H. ）、司徒斐那格（Stulfinagel F. ）著的《墨卡托投影世界地图》（Charts on the World on Mercators Projection），等等。[38]

A Practical Course of Military Surveying[39]出版于 1869 年。就在当年，它已出现在 6 月 3 日傅兰雅为制造局订购的物品清单中。随后，由傅兰雅口译、赵元益笔述，对其进行翻译，并命名为《行军测绘》，并于 1873 年出版。在《行军测绘》中，介绍了三种不同的晕瀓线绘制方法。书中首先对三种绘制法进行了评价：

> 法国之法能令所画之图准而清，日耳曼国之法能令所画之图准，英国之法能令所画之图清。[40]

然后逐次进行介绍：

> 法国之法，将平剖面界线之间，用垂线补其空处，则共距与垂线之比，若与斜面之比。平剖面界线必留于图，而面之浓淡，以下法得之。如图寅卯与寅"卯"为平剖面界限，甲乙丙丁为所补之垂线，其相距甲丙，等于甲乙，所成之方形，以甲"乙"线平分之，则成长方形甲甲"乙"乙和长方形甲"乙"丁丙①，再平分之。则所得之垂线之端，其相距为四分之一。用此法或画图或刻板，工夫极易而甚速。[40]

在法国之法中首先介绍了绘制原理，即在平剖面界线（即等高线）之间补垂线。然后详细讲述了补垂线的要求。先在图中绘出线段甲乙，再绘出线段丙丁，但要使线段甲乙之长等于线段甲丙，然后再找出线段甲丙的中点甲′、线段乙丁的中点乙′，连接可得垂线甲′乙′，然后再平分甲甲′、乙乙′、平分甲′丙、乙′丁，并分别连接它们的中点得到垂线。以此类推。然后对绘图中遇到的一些细节问题，进行了补充说明。画完垂线后，须擦

---

① 在傅兰雅翻译的书中和英文原书中均为"长方形甲乙甲′丁"，有误，因为"甲乙甲丁"是平行四边形，而不是长方形，应为"甲乙丁丙"。

去图中的平剖面界线。

> 日耳曼国之法，其补垂线与剖面界线，无论已知其共距，或不知其共距，而垂线总以一法作之。如日耳曼之人名勒曼者，其设立之法，不问其共距，而将各斜面与其平面底所成角度以度之。凡斜度有黑与白之比等于斜度与四十五度较余角之比。如三十五度，则其补垂线之粗，必得黑与白，有三十五与十之比，即七与二之比。用以上之法，地面各处高低，图中极易清楚，不过用线太黑，而图中之字难显也。[40]

日耳曼国之法，也即后来一直沿用的莱曼之法，原理是量取地平面与斜面所成的角度，根据角度的大小，配以粗细不同、疏密不同的晕滃线。缺点是"用线太黑，而图中之字难显也"。

> 英国之法分两种，一为平法，一为立法。设此法者，只欲图之清，而不问其更准与否。平法，用粗细松密之线，显出其高低，而高之不可忽略处，用数目字记之。……皆用平法，所画之图，其粗细工拙，在乎画手之高下。[40]

英国的这种绘图方法，类似于素描画，没有数理依据，只是用线条表示出山脉的坡度、走势。平法是用平行于山脉平剖面的线条画出山的形状，而立法是用垂直于山脉平剖面的线条绘制。这种绘图方法只能绘出山的大体形状，不能从图中看出具体的山脉坡度。但此种方法的一个优点是在图中标出山的高程，这个特点被以后科学的等高线法所吸收。

1876 年，由傅兰雅口译，徐寿笔述，翻译了另外一本介绍晕滃法的书 *Outline of the Method of Conducting a Trigonometrical Survey*[41]，译名为《测地绘图》。该书首先对莱曼的晕滃法进行了较为详细的重点介绍：

> 日耳曼有一法为勒曼所设者，以线之粗细指出斜度之多少，意谓日光依垂线之方向，向下射，而各斜面所得之光暗，与各斜度有比。垂线方向之日光，照在四十五度之斜面，其回光适平，无论步马，已不能行过，故以此斜度为最大，而以全黑面识之。正平面所得之光，一直回上，则以全白面识之。四十五度斜面，与平面之间，各斜度分

为九分，每分得五度，则面之黑白亦分九等。五度之斜面，白与黑有一与八之比，十度之斜面，有二与七之比，十五度之斜面，有三与六之比，余以此类推。[42]

其次介绍了雪北而捺（Siborn）的方法，即将等高线和晕滃法同时使用，既有平行于平剖面的等高线，又有垂直于平剖面的晕滃线：

前五十年雪北而捺（Mr. Siborn）尝言：平立两线可以相辅而用为妙，先作平线，再在平线之内作立线，则立线之方向与长短，能指出其面之斜度，最易显明。[42]

还对荷兰人万个而根（Colonel Van Gorkum）的多层晕滃线法进行了介绍：

贺兰人名万个而根（Colonel Van Gorkum），已设一法，欲免其难处，任能用底线比例尺。其法遇大斜度之处，用双线或三线等记之，能与等长之底线相比……。如第四十一、四十二图（见图26），表明此法。[42]

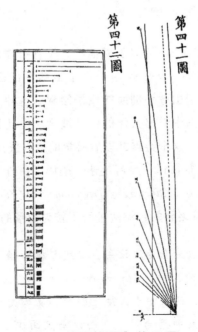

图 26　《测地绘图》第 42 图

《行军测绘》和《测地绘图》这两部译著，不仅介绍了西方出现的几种不同类型的晕滃法，还介绍了如何绘制晕滃线，并且对晕滃法的数理知识进行了详细介绍，这为中国人掌握晕滃法，提供了很好的学习材料。

此外，在《地志启蒙》[43]中，也提到了晕滃法，不过仅做了简单地介绍，并称为"疏密界限"。

（二）清末中国书籍中对晕滃法的进一步介绍

上文提到《大清会典图》中的《湖北舆图》和《安徽江南舆图》使用了晕滃法表示地形，这或许与邹代钧给会典馆的上书有关。邹代钧在上书中，详细介绍了法国和日耳曼的晕滃法：

> 书高之法，大要以山之各层平剖面，平距数以分率如图，如其远近方向作点，以曲线联之，成自天空俯视山顶及各层平剖面之形，再于平剖面之间补做垂线，上下交于两平剖面界，必成直角，其疏密定率，两垂线相距等于两平剖面界相距四分之一，垂线之方向即斜度之方向，也粗视之，斜度小者，其线疏；斜度大者，其线密；若辨其度之几何，则必以共距明之；共距者，山之逐层高较也。[44]

> 若日耳曼人补垂线之法，不必以共距明之，视黑白之多少定斜度之大小，线为黑，线间为白。凡图中全黑者，为四十五度；八黑一白者，四十度；七黑二白者，三十五度；六黑三白者，三十度；五黑四白者，二十五度；四黑五白者，三黑六百者，十五度；二黑七白者，十度；一黑八白者，五度。线大则黑多，线细则黑少，以此辨度，亦甚明确，盖西人做垂线之法。[44]

尽管没有详细介绍英国的方法，但是对其和法国之法、日耳曼之法进行了评价，而且评价的话语与傅兰雅翻译的《行军测绘》中，如出一辙：

> 英吉利之法，能令图清；日耳曼之法，能令图准；法兰西之法，则清而准。前所言疏密定率，实法兰西之法也。苟明乎此而国之高形显矣。[44]

（三）晕滃法名称在中国的变化与固定①

在中国传播的过程中，晕滃法的名称不断发生变化，最后终于在民国时期固定下来，其间经历了如下阶段：未命名阶段、名称混乱阶段、定名阶段（见表2）。

表2　晕滃法名称变化表

阶段	时间（年）	英文表示法	中文名称	来源
未命名阶段	1873	Hachure	某某国之法	《行军测绘》[40]
	1876	Vertical lines	垂线，口耳曼法	《测地绘图》[42]
名称混乱阶段	1886		疏密界线图	《地志启蒙》[43]
	1892		日耳曼补垂线之法	《格致汇编》[44]
	1928	Hachures	晕滃	《地理通论》[45]
	1928~1929	Hacchures	晕滃	《地学通论》
	1930	Hachures	影线	《实用地理学》[46]
	1931	Hachure map	晕滃式地形图/晕滃式图	《地学辞书》[47]
	1933	Hatchures Strokes	倾斜粗细法，晕滃法	《地图制作法》[48]
名称固定阶段	1938	Hachure	晕滃	《地图绘制法及读法》[49]
	1956	Hachure	晕滃	《测量学名词》[50]
	2002	Hachuring	晕滃法	《测绘学名词》[51]

晕滃法的主要特征是运用直线表示地形，但如何合理绘制直线，欧洲的各个国家有不同方法，故而它在中国最早被译为"法国之法""日耳曼之法""英国之法"，等等，但根据书中对它的描述以及西文中的词语，我们可以判定其为晕滃法。在邹代钧给会典馆的上书中，也称其为"书高之法""日耳曼补垂线之法"和"英吉利之法"。

1928年蠡吾、刘玉峰著《地理通论》中首次提到"晕滃"一词，"晕

---

① 本节内容主要参考笔者的另一篇文章《地图学中"晕滃法"一词的演变与发展》，《中国科技术语》2013年第2期，第61~63页，但内容有所补充。

滃者，循倾斜方向所画细线，即毛羽也。等高线为水平式，此则为垂直式，配一长短浓淡及间隔，以示斜度之强弱，缓倾斜处，线长而淡，急倾斜处，线短而浓"[45]。该书参考了日文书籍柘植重美著的《地图描写法》，这本日文书籍中已有"晕滃"一词[53]，据此笔者推测"晕滃"一词来源于日本。1928—1929 年，竺可桢为东南大学新的地学系编著的教材《地学通论》中，也提到"晕滃，是法以影之浓淡以现地面高度值不同"[46]。《地学通论》所参考的书目中也有柘植重美的《地图描写法》，[54] 这再一次印证了笔者的推测。1938 年之后"晕滃法"这一名称基本固定。

晕滃，其中"晕"有环形花纹或波纹的意思，也有色彩由中心向四周扩散开去的意思；滃，用来形容云气腾涌，青烟弥漫，又表示浓，例如滃染，是中国绘画的一种技法，用水墨淡彩来润画面。晕和滃两个词加在一起，能非常好地表示晕滃法绘出的地图的外表特征。这也是晕滃法这一名称一直能沿用至今的原因。

四　晕滃法的消失

晕滃法出现于 18 世纪末期，流行于 19 世纪，20 世纪中叶消失。下面主要从晕滃法自身的缺陷和印刷术的发展两方面分析晕滃法消失的原因。

（一）晕滃法自身的缺陷

晕滃法之所以能够很快普及被应用，因为其有显著的优点：能将地面上的倾斜缓急很清楚地表现出来，立体感很强。但晕滃法自身也存在着严重的不足，而同时代的晕渲法、等高线法，随后出现的等高线加分层设色法，与晕滃法相比，却具有众多的优点。

晕渲法（hill－shading）出现在 18 世纪初叶，最初见于纽累姆堡的荷曼（Herrmann）所著的德国地图集中，在 1716 年，他又使用此法制成一张非常精确的世界地图，使晕渲法得到推广。[55] 由于地图雕刻铜版印刷盛行，晕渲法一度在印刷技术上受到了限制。但是随着印刷技术的提高，晕渲法的使用越来越广泛，如光绪十六年（1890 年）依据俄国地图转绘的《中俄交界全图》①（见图27），就是依据晕渲法绘制的。

---

① 此图藏于中国地图出版社资料室。

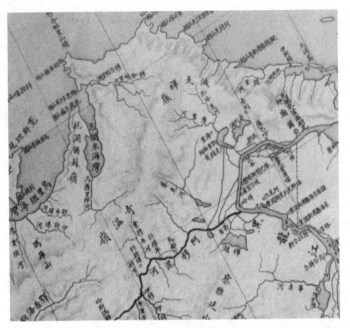

图 27　《中俄交界全图》（局部）

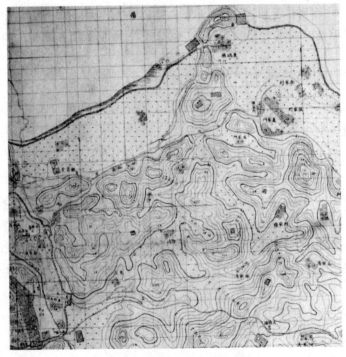

图 28　《镇江府图》（局部）

等高线（contour line）出现在 1728—1730 年，荷兰工程师克鲁奎斯
（N. Cruqueus）采用等高线法来表示茂尔威德河的深度，后来又渐渐使用
这种方法来表示陆地的高低。[56]到了 20 世纪，等高线已经成为主流的表示
地形的方法。无论大小比例尺的地图，基本上改用了等高线体系，晕渲和
晕渤都只作为辅助符号。如光绪三十二年（1906 年）测绘的《镇江府
图》①（见图 28）即使用了等高线来表示地势。后来又出现了在等高线间
加上不同色彩来表示不同高度的等高线加分层设色法。表 3 为晕渤法与晕
渲法、等高线法、等高线加分层设色法对比表。

表 3　晕渤法与晕渲法、等高线法、等高线加分层设色法对比

名称	表现形式	使用年代	优点	缺点
晕渤法	用近乎平行的短线的粗细疏密来表示地形起伏	19 世纪	能将地面上的倾斜缓急表现得很清楚，立体感很强	（1）不能确定地面的高度；（2）主要形态不能明显地从地貌碎部中突显出来；（3）在小比例尺地图上只能表示山脉的位置而不能表示坡度；（4）在大比例尺地图上，山区图会布满晕渤线，致使其他符号混淆不清；（5）大于 45°的坡度，在晕渤法地图上统一表现为黑色，无法精确表示出来[56][57]
晕渲法	用图中颜色的深浅来表示地形的起伏	19、20世纪	（1）表示地形起伏显著，立体感强；（2）描绘、印刷都很简易，省时又节约费用；（3）是一种用面状符号的表示方法，最适于与线状符号的等高线相配合，补充表示地貌类型的局部变化	（1）只能表示地形的大概，而且着色深浅没有统一标准；（2）受印刷技术限制比较大[56][57]
等高线法	用图中地面高程相等点连接的曲线表示地形起伏	19、20世纪	（1）从图中可以直接读出地形高度或者近似高度；（2）便于缩小、放大，方便简单；（3）可以配合其他绘图方法	（1）不能提供连续不断的地形影像，在等高线之间，空白的地方不一定是均匀的坡度；（2）需要标出准确高程，对测量技术要求高[57]

① 此图藏于中国地图出版社资料室。

续表

名称	表现形式	使用年代	优点	缺点
等高线加分层设色法	等高线间加上色彩的逐渐变化来表示地形起伏	20世纪后半叶、21世纪	保持了等高线的优点，又加上不同色彩，使地图非常醒目	分层设色时颜色不是逐渐变化，而是分层变化，容易使人误认为地形是阶层状[56]

从表3可以看出，晕滃法与晕渲法、等高线法以及等高线加分层设色法相比，缺点较多。但因为晕渲法受印刷技术限制，等高线法受测量技术限制，所以19世纪仍然是晕滃法的舞台。但随着技术的不断发展，限制晕渲法、等高线法的技术门槛逐渐消失后，晕滃法被替代成为不可逆转的趋势。

（二）印刷技术对晕滃法的影响

在地图的发展历史中，印刷技术影响深远，使地图绘制发生了巨大的变化。而以线条为主要元素的晕滃法的发展跟印刷术息息相关。

1. 铜版雕刻促进了晕滃法的发展

在晕滃法流行的19世纪，当时的地图印刷采用铜版雕刻印刷，这种印刷技术不仅能表达线划图形，还能出色地表现晕滃线粗细的微小变化。所以此时晕滃法是主流的绘图方法。

在傅兰雅辑的《格致汇编》中，有人曾来信称赞西方的印图技术，并询问其方法：

> 天津胡君来书言：西国用铜板刻阴文印地图、海图等最为讲究，请问用何法印之。
> 答曰：所用之墨为特造者，买现成者最便，将铜板稍加热，再将佛兰绒卷成一捆蘸墨拍于板上，用软麂皮速揩之，再以手掌揩尽，则墨存于阴文内，即预备印纸，其印法用轧轮将纸铺于版面，一轧即已印成，仍照前法上墨。[58]

从中可以看出，铜版雕刻印制地图、海图方法简便。因为在那个殖民主义盛行、西方各国都在抢占新殖民地的时代，新的地域不断出现在地图中，促使了地图的不断革新。而铜版更容易修改校正，能够满足地图制作中最强调的推陈出新和精确细密，所以铜版雕刻地图和晕滃法共同发展，相辅相成。

2. 石板印刷术限制了晕滃法的发展

19 世纪，石板印刷术被应用于地图绘制。石板印刷术不仅更容易在不影响原版的情况下对图进行局部修改，如重画边境线等，还可以毫不费力地在地图上印出更为规整的字母，而它的印刷成本也要比铜版地图低很多。

在《格致汇编》中，傅兰雅介绍了西方先进的石板印图术：

> 前有日耳曼国贫儒著书，无赀刊刻，极思省法，久未能得。偶以洋皂、蜜蜡、黑炱三件调匀做墨，书字于铜板，干时稍浸硝强水，见有墨处强水不能蚀入，随将强水洗净，加墨印纸，与刊者无大异，但书字必反，印之始正。非久习之，断难反正如一。后以铜板未便，因取石板，任意书字，以硝强水浸试之，见与铜板无别，遂以清水稍加强水布于石面，乘湿加墨，见有字迹处蚀墨，空处则不沾染，此石板印图法之所由兴也。嗣以反书不便，又取纸作正书，覆印石面，亦甚明晰。[58]

同时还指出使用石板印刷术印细线时顾忌很多：

> 墨之稀浓合宜，印工必常留心。因石质各点中有小孔，加墨时着力过猛，细线必铺展变粗；墨质过稀，则细线所加之墨，亦必渐铺散，改变原图；若墨质过浓，则石板无字迹之处，亦易粘墨。[58]

对于以线条为主要元素的晕滃法来说，这就造成了极大限制。印刷过程中，某一个环节稍不留意，例如墨的浓度不合适、加墨时力道不合适，等等，都会造成晕滃线的不标准，而影响地图的精确性。

因为平板印刷术的发展，致使雕版印刷逐渐没有了市场，铜版雕刻印刷的消失也导致了晕滃法衰落。因为石板印刷的普及，导致人们开始青睐晕渲法、等高线加分层设色法。

3. 彩色印刷术促进了晕渲法、等高线加分层设色法的发展

因为平板印刷和彩色印刷技术的提高，和晕滃法相比，晕渲法更多的优点逐渐显现了出来。随着地图印刷技术的发展，多色套印逐渐代替了单

色印刷，平板橡皮机逐渐代替了雕刻铜版，在多色平板印刷技术中，晕渲法比晕滃法要经济便利得多，并且它有可能结合多色套印技术，提高表现力。[59]

为了提高地图的可观赏性，19 世纪的地图开始注重对色彩的运用。地图的着色不再采用纯手工，而被彩色印刷术所取代。爱丁堡的地图出版商巴塞洛缪（J. Bartholomew）在一些非商业地图中引入"等高线加分层设色"的方法，并在 1872 年的巴黎博览会上展出了这一成果。[60]彩色印刷的作用开始凸显出来，并逐渐开始呈现规模化发展。在上文中已经提到了等高线加分层设色法的优点：保持了等高线的优势，又加上不同色彩，使地图非常醒目。而彩色印刷技术的提高正好推动了这一绘图方法的发展。

印刷技术的提高促进了更便捷、更经济的晕渲法和等高线加分层设色法的发展，从而使晕滃法彻底地失去了竞争力，退出了历史的舞台。

五　小结

通过讨论，本文得出如下主要结论：

晕滃法首先在西方产生，并在西方广泛使用，作为西方近代技术在中国传播的一个方面，随着西学东渐的逐步深入传入中国。晕滃法通过两种途径进入中国：地图和书籍。出现在中国的西方人绘制的晕滃法地图，几乎所有的图均采用了科学的晕滃法表示地形。这种标准的晕滃图为晕滃法在中国的传播提供了参考和指引。在西方译著中介绍了晕滃法的绘制及其数理知识。

晕滃法在地图的绘制、传播和应用过程中，早期的晕滃图规范化程度很低；最早规范使用晕滃法的是官方组织测绘的地图；在小比例尺地图中，晕滃符号使用比较统一；在大比例尺地图中出现了 7 种类型的晕滃符号，且大部分没有遵循晕滃法该有的数理标准，这和地图的用途，以及绘图人员素质高低密切关联。

晕滃法在书籍的传播过程中，最早由洋务派组织翻译的西方地图学书籍中有对晕滃法原理、绘制方法的介绍和说明。随后，晚清的中国人著作开始介绍晕滃法。民国时期，不仅有多部地图学书籍介绍了晕滃法，而且晕滃法的名称也固定了下来。

晕滃法的消失，首先跟其与生俱来的缺陷有关。虽然在与同样表示地势高低起伏的晕渲法、等高线法受到技术限制的时候，晕滃法还是主流的表示地形方法。但一旦这种技术门槛被突破时，晕滃法便被更先进的绘图方法所代替。其次，晕滃法的消失还跟印刷技术的进步和发展有关。石板印刷术代替铜版雕刻印刷，限制了晕滃法的发展，而彩色印刷的发展，促进了等高线加分层设色法的发展，促使晕滃法退出了历史舞台。

当中国人正在学习晕滃法的时候，由于印刷技术、测量技术的发展，等高线法以其简便绘制、快捷印刷、直观阅读而逐渐成为主流的表示地形的方法，等高线加分层设色法更是开现代地图绘制之先河，至今仍然是地图上表示地形的最主要的方法。

晕滃法是人们采用过的科学化绘图方法的一种，从写意的山脉图画、象形的山脉符号到科学表现地形坡度的晕滃法，是地图学史上的一大进步。尽管晕滃法有其不可避免的缺陷，最终被更为简便科学的等高线加分层设色法所代替，但它在19世纪仍然是主流的绘图方法，这跟当时的科技背景有关。晕滃法的盛行是和当时的测量技术、绘图技术的发展程度密切相关的。这说明科学是一个有机的系统，在这个系统中，每一项技术的发展，都不会是孤立的，各种技术进步是互相促进、相互影响的。

本文得到了汪前进教授的悉心指导，张九辰研究员、艾素珍编审对本文提出了宝贵的修改意见，北京大学李孝聪教授、中国地图出版社卜庆华先生提供了地图资料，在此一并感谢。

参考文献

[1] 中国科学院自然科学史研究所地学史组:《中国古代地理学史》，科学出版社，1984。

[2] 廖克、喻沧:《中国近现代地图学史》，山东教育出版社，2008。

[3] 卢良志:《中国地图学史》，测绘出版社，1984。

[4] 〔美〕余定国:《中国地图学史》，姜道章译，北京大学出版社，2006。

[5] Thrower N. J. *Maps and Civilization*: *Cartography in Culture and Society*, the third edition, Chicago and London: The University of Chicago Press, 2008. 113 – 115.

[6] 〔日〕海野一隆:《地图的文化史》，王妙法译，新星出版社，2005，第80页。

[7] Patrick J., Kennelly A., Kimerling J. Desktop Hachure Maps from Digital Elevation Models. *Cartographic Perspectives*, 2000, (37): 78 – 81.

[8] Campbell, Eila M. T. An English philosophico – Chorographical Chart. *Imago Mundi*,

1949，Vol. 6：79 - 84.

[9]〔英〕辛格、霍姆亚德、霍尔等主编《技术史》第 4 卷，辛元欧译，上海科技教育出版社，2004，第 411 页。

[10] 王自强、周晨：《西方地图学史话》，《地图》1992 年第 9 期，第 49 页。

[11] Crone G. R. *Maps and Their Makers*：*An Introduction to the History of Cartography*. Hutchinson House，London：Hutchinson's university library，1953，129 - 132.

[12] Lehmann J. G. *DarstellungEinerNueun Theorie der Bergzeichnug der Schiefen Flächen im Grundriss oder der Situationszeichnug der Berge*. Leipzig，1799.

[13] 北京图书馆善本特藏部舆图组：《舆图要录》，北京图书馆，1997。

[14] 中国国家图书馆、测绘出版社：《北京古地图集》，测绘出版社，2010，第 288 ~ 289 页。

[15]〔英〕恩普森：《香港地图绘制史》，政府新闻处，1992。

[16] 台湾博物馆：《四百年来相关台湾地图》，南天书局有限公司，2007。

[17] Swinhoe R. Note on the Island of Formosa. *Journal of the Royal Geographical Society*. 1864，Vol. 34：19.

[18] 厦门市国土资源与房产管理局：《厦门图说》，《内部资料》，2006，第 90 页。

[19] 古道编委会：《清代地图集汇编》2 编，西安地图出版社，2005。

[20] 苑书义、孙华锋、李秉新：《张之洞文集》卷 98，河北人民出版社，1998，第 2689 ~ 2699 页。

[21] 高俊：《明清两代全国和省区地图集编制概况》，《测绘学报》1962 年第 5 期。

[22] 邹永敷：《邹氏地学源流》，亚新地学社，1946。

[23] 张平：《邹代钧与中国近代地理学萌芽》，《自然科学史研究》1991 年第 1 期。

[24] 邹逸麟、张修桂：《历史地理》第 20 辑，上海人民出版社，2004。

[25] 阎东凯：《邹代钧与中国近代地图的编绘与出版》，《陕西师范大学继续教育学报》2007 年第 1 期。

[26] 朱睿哲：《清末杰出的地图学家邹代钧》，《地图》2005 年第 2 期。

[27] 商务印书馆：《大清帝国全图》第 3 版，商务印书馆，1909。

[28]"中华舆图志编制及数字展示"项目组：《中华舆图志》，中国地图出版社，2011。

[29] 周世棠、孙海环：《二十世纪中外大地图》，新学会社，1906。

[30] 邹代钧：《中外舆地全图》，舆地学会，1903。

[31] 王自强等：《中国古地图辑录·浙江省辑》，星球地图出版社，2005。

[32] 刘宏伟：《湖州古旧地图》，中华书局，2009。

[33] 柳州市地方志编纂委员会办公室：《柳州市历史地图集》，广西美术出版社，2006。

[34] 王自强等：《中国古地图辑录·河南省辑》，星球地图出版社，2005。

［35］毛赞猷、李炳球：《东莞历代地图选》，东莞市政治文史资料委员会，2006。

［36］郑锡煌：《中国古代地图集——城市地图》，西安地图出版社，2005。

［37］厦门市国土资源与房产管理局：《厦门图说》，厦门市国土资源与房产管理局，2006。

［38］王红霞：《傅兰雅的西书中译事业》，复旦大学博士学位论文，2006。

［39］Lendy A. F. *A Practical Course of Military Surveying.* London：Atchley and CO. 1864. 17.

［40］〔英〕连提：《行军测绘》，〔英〕傅兰雅口译，赵元益笔述，江南制造局，1873。

［41］Frome E. C. ，Warren C. *Outline of the Method of Conducting a Trigonometrical Survey.* London：John Weale，Architectural Library，No. 59，High Holborn，1840.

［42］〔英〕富路玛：《测地绘图》，〔英〕傅兰雅口译，徐寿笔述，江南制造局，1876。

［43］〔英〕赫德：《地志启蒙》，〔英〕艾约瑟译，总税务司署，1886。

［44］邹代钧：《上会典馆言测绘地图书》，《格致汇编》，1892。

［45］蠡吾、刘玉峰：《地理通论》（上），北平文化学社，1928。

［46］〔英〕司梯文司：《实用地理学》，余绍忭译述，商务印书馆，1930。

［47］王益崖：《地学辞书》，中华书局，1931。

［48］葛绥成：《地图制作法》，中华地理研究社，1933。

［49］张资平：《地图学及地图绘制法》，商务印书馆，1931。

［50］中国科学院编译出版委员会名词室：《测量学名词》，科学出版社，1956。

［51］测绘学名词审定委员会：《测绘学名词》，科学出版社，2002。

［52］〔日〕柘植重美：《地图描写法》，诚之堂书店，1913。

［53］张九辰：《竺可桢与东南大学地学系——兼论竺可桢地学思想的形成》，《中国科技史料》，2003。

［54］〔英〕狄更生、霍瓦士：《地理学史》，王勤堉译，商务印书馆，1939。

［55］吴泗漳：《地图学概论》，新知识出版社，1956。

［56］〔苏〕萨里谢夫：《地图制图学概论》，李道义、王兆彬译，测绘出版社，1982。

［57］《互相问答》，《格致汇编》，1876。

［58］陈述彭：《论地图晕渲》，《测绘通报》1957 年第 6 期。

［59］〔英〕杰里米·布莱克：《地图的历史》，张澜译，希望出版社，2005。

追根寻源

元地图

杨　浪[*]

【摘要】人类最原初的"地图"，无论"文本"在物质上是否存世，其"地图形态"的物质必定在物理上和逻辑上存在过。这就是"元地图"。

【关键词】"元地图"　岩画　象形字

"元地图"就是人类最原初的"地图"。要把这个事儿说清楚，得稍微费一点工夫。这个事关乎地图文化史，与文明史和科技史都有点关系。

到目前为止，哪一张地图算是人类最原始的地图，其说不一。中国地图史一说就是"马王堆地图"（公元前 168 年），秦"放马滩地图"（公元前 240 年），中山墓"兆域图"（公元前 400 年）。到了战国就推不上去了。

说起世界上最早的地图就有这么几幅：巴比伦泥版世界地图（公元前 600 年），巴比伦尼普尔平面图（公元前 1300 年），意大利卡尔瓦莫尼卡山谷岩画地图（公元前 1500 年），高加索迈科普古墓狩猎图（公元前 3000 年）。

这里的"图"都是有实物的，无论是田野发现还是考古成果都有"文本"存世。

然而没有"文本"的呢？显然不能据此终结地图这一人类智慧成果的"发明"上限。比如《督亢图》，今已无存的荆轲献给秦始皇的这张著名地图几乎改变了中国历史。还有新发现的良渚（公元前 6500 年）、陶寺（公元前 2300 年）、石峁（公元前 2000 年）遗址，在那样巨大面积和崎岖地形上规划和造城，没有地理测绘，没有"图纸"规划是不可想象的。

---

* 杨浪，资深媒体人、地图收藏家，中国测绘学会边海地图工作委员会副主任委员，出版有《地图的发现》等专著。

无论"文本"在物质上是否存世，那个"地图形态"的物质必定在物理上和逻辑上存在过。这就是"元地图"。

地图是以抽象的符号和线条表达地理要素和物体空间分布状态的一种文本。

作为一种文本的地图绝不会突然产生，它是在漫长的人类文明演进中随着生产生活的需要，随着交流范围的复杂与扩大，与文明发展同步出现并逐渐成熟成为一种特定的图像文本的。

如果认定人类文明的演进中迟早会出现这种"表达物体空间存在形式"的文本，那么，我们对"地图"出现的认识在时间上就会大大延伸；对人类抽象思维能力的形成也会有了一个可"断代"的标志。

此外，对于一些难以断代，但十分特殊的"地图"文本也可能有了明确归位。比如南太平洋岛国先民们用植物茎枝编织的一种表方位、距离、洋流、岛屿的"织物"，就可以归为早期文明制作的海图。

笔者对意大利卡尔瓦莫尼卡山谷岩画地图（亦称"巴都里娜岩画"）断代为公元前 1500 年始终心存疑惑（《伟大的世界地图》，大百科出版社2017 年 3 月版）。岩画在世界各地的大量存在与原始人类的栖居密切相关。早有地图学家将卡尔瓦莫尼卡山谷岩画做地图来研究，所以阙维民先生将断代 3000 年的云南沧源岩画"村落图"作为"古地图"来研究便属正解。

说到岩画，笔者收有 2002 年土耳其出版的一部岩画图集中的几幅图（见图 1、图 2）。无论从任何意义上看，这图都只能以地图来理解。尚未产生文字的游牧部落要想把有关信息——有关河流、草场、道路、居所、牛羊——传给不同时空下条件下的同族子嗣，岩画是他们跨时空传递信息的最有效的渠道。在这几幅上，图像已经具有了抽象的意义，乃至千百年后的我们依然可能理解其意。

思考"元地图"的诞生，其实就是在思考人类以图像表达具体信息的历史是何时产生，而且分辨其中并非以图像表达情绪而是表现物体空间存在方式的那些文本。

这就是"元地图"！就是关注在马王堆或巴比伦地图之前，人类何时学会了用这么抽象的方式表达自己据以存在的环境！在这之前，人类看自然与表达生活是"横着看的"，是水平的世界；而地图是站在上帝的视角俯瞰大地，心系你不可能站立的空中俯视大地，这是一次了不起的跃升。

图 1　土耳其岩画

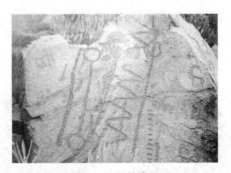

图 2　土耳其岩画

世界观之外还有方法论。

　　然后涉及"造字",尤其是"象形字"。象形、会意、形声、指事,中国字造字的核心是"象形"。甲骨文中表示地名的字几乎就是袖珍的"元地图"。(见图 3)这是安阳殷墟博物馆里挂着的几个字,会意的"水"部旁表音的地名完全可以理解为具象的水系特征的描绘。

|  洹 | 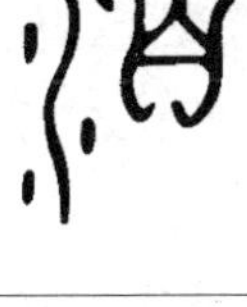 洦 |  沮 |

图 3　文怀沙先生编《四部文明》中的字

　　苏三老师给过笔者一个字（见图4），出在文怀沙先生编《四部文明》中，古文字专家说这个字读"爵"，与世袭的功名职官有关。我质疑此字或可做"法"解，其与金文中"法"的写法亦类。"廌"是古代传说中的神兽，据说它能辨别曲直，在审理案件时，它会用角去触理屈的人。许慎在《说文解字》十部上"廌"部说："灋，刑也。平之如水，从水。廌所以触不直者去之。"因此"法"有"公平"之意，还有效仿、楷范的意思。

　　无论"爵"还是"法"，我看这个字直是一聚落的平面规划图，屋舍布局（上），祭坛（中）还有燔火（下）的位置都很清晰。从涉及祭祀场所的意义上，关合到"爵"与"法"都可通。重要的是在"元地图"的视角看来，这是甲骨文中的一幅村落地图。

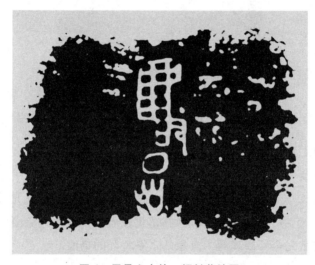

图4　甲骨文中的一幅村落地图

　　游牧民族把"地图"刻在石头上，他们的岩画就是交流的语言。殷商王族恐怕只能刻在甲骨上。所以我在琢磨那块卜骨上的地名与造字的关系。

　　有趣的是，一如甲骨文中"水旁"的造字方式。同为象形文字的古埃及文字中也有类似的字。研究埃夏文化对比的刘光保先生告诉我，中王朝表达一个州郡地名的古埃及字，就是由表示灌溉田畴的网格状符号做"地名符"，辅以其他音、形符表示区别的。（见图5、图6、图7）

图 5　古埃及字

图 6　古埃及字

图 7　古埃及字

笔者称"元地图"，就是在精确地图出现之前的那些"地图"，或当理解为地图的文化史。

因为它们有表示物体空间存在方式的地图特征，但是缺地图的要素，比如方位、比例与图例，到了西汉马王堆地图，巴比伦泥板地图，这些就都开始有了。但是之前必得有一个过渡。

这个过渡就是农业文明的形成和发展使"游牧"变成了"定居"，生产方式的提高必然带来生存空间的拓展。文明程度的演进必然促使交通和贸易繁盛进而带来文化交融。

夏商两代均叠次迁都，大型建筑与规划筑城必得有精确测量手段。史传河图洛书的出现于大禹治水同时代。只要想象一下罗盘作为"新技术"对于大流域范围治水的测绘的作用，就会理解这一传说的深远影响。殷墟贝币出自南海，大型龟板出自马来半岛。远达万里的陆海交通何以缘图指向？

出土汉代伏羲、女娲图中，作为测量工具的规矩赫然图上。必须指出，图腾手中执物，必是关乎礼仪典章、江山社稷、人伦安危的物件。规矩之用，非为祭祀，只有精确测量成为社会中一项极其重要的能力时，测量工具才可成为图腾的一部分。

地图的形成必须与测量技术的成熟同步。地图的诞生过程只能是从局部测制到大地域图的连缀、修测。这些，亦与天文观测能力相关。

只要把史前文明—天文观测—祭祀—建筑测绘—游牧文明的岩画—农业文明的交流需求—治水起码的高程测量—测绘工具的进化—要点局部图到点与点连接的广地域图这条线索连在一起，这个"元地图"的逻辑就建立起来了。

文艺复兴时期以来的世界地图编绘

廖永生[*]

【摘要】 欧洲14~16世纪的文艺复兴，很多成果极大地推动了地图学和测绘学发展，"地圆说"和"日心说"，天文望远镜，几何理论的巨大进步，都为测绘和地图学奠定了科学基础。大航海时代的来临，真正促使测绘与地图飞跃并构建现代地图体系。

【关键词】 文艺复兴 大航海 世界地图

欧洲文艺复兴时期，即14世纪到16世纪。在欧洲文艺复兴前，欧洲经历了所谓的"千年黑暗"，那一时期，欧洲的地图测绘技术也止步不前。最主要的是，欧洲人的活动范围有限且不频繁。另外，经济和科技发展缓慢，不需要大范围的精确地图。直到12世纪，欧洲人沿用的基本上是一千多年以前托勒密的制图理论。

14世纪欧洲开始的文艺复兴，其内容和范围远超文艺范畴，文艺复兴很多成果极大地推动了地图学和测绘学发展，特别是近代天文学确定了"地圆说"和"日心说"，同时伽利略发明了天文望远镜，而数学理论特别是几何理论得到了巨大进步，都为测绘和地图学的飞跃奠定了坚实基础。

在15世纪哥伦布发现新大陆以前，由于文艺复兴的推动，已经开始出现一些世界或大区域的地图，比较著名的地图包括意大利人弗拉·毛罗（Fra Mauro）绘制的热那亚版世界地图（1457年）和德国学者马丁·贝海姆（Martin Behaim）的马泰卢斯（Matellus）世界地图（1490年），虽然这些地图仍然是基于托勒密理论绘制，而且当时未发现美洲和澳大利亚等

* 廖永生，广西壮族自治区地理国情监测院高级工程师。

地，只有欧、亚、非三块大陆，但是已经具备了大陆的基本轮廓，特别是西欧地区的亚平宁半岛、西班牙地区以及不列颠岛的形状表现，已经和真实形状相差不大，体现了文艺复兴时期欧洲地图测绘技术的巨大进步，当时马丁·贝海姆甚至已经做了一个地球仪。从地图标注、绘制艺术和色彩来看，这些地图都具有文艺复兴时期欧洲绘画的特点。虽然这类地图还不是完整的世界地图，但是已经具有现代世界地图的一些特点。

真正促使人类测绘与地图飞跃并构建现代地图体系的事件，则是大航海时代的来临。

15 世纪末 16 世纪初，欧洲人的几次大航海和地理大发现，开辟了人类文明的新时代，而麦哲伦团队完成的首次环球航行，第一次证明了地球是圆的。

欧洲的航海和探险，基本上都是到未知的领域进行活动，为了能够不迷失方向，同时为未来的探险、贸易以及殖民活动提供地图，大航海活动中，各个国家和队伍都非常重视地图测绘工作，并建立了早期的测绘和地图编制理论，由于全球各地都有西方探险家的身影，全球地区测绘日趋成熟。

图 1　《寰宇大观》世界地图

从 15 世纪开始，直角仪逐步替代了星盘进行测绘，同时由于机械钟表的出现，测绘精度大大提高，从 16 世纪初开始，西方探险家开始测绘美洲大陆，并对全世界进行精测量和绘制地图。1502 年，意大利费拉拉公爵绘制的坎迪诺世界地图已经出现了美洲东段海岸线，在之后的几年，随着欧洲大航海和探险的不断进行，地图的数据越来越丰富，精度越来越高。1507 年，德国地图学家绘制了世界上第一幅有完整美洲大陆的地图。1569 年，墨卡托创立了圆柱投影法编绘世界地图，1570 年，比利时人亚伯拉罕·奥特柳斯（Abraham Ortelius）绘制成功被公认的世界上第一幅真正意义上的世界地图，在该世界地图上，全球大陆轮廓已经基本完整，仅澳洲除外，地图上地名、河流、山脉和岛屿的准确度都很高，而地图设置了标准的中央经线，并借鉴墨卡托投影规则，几何精度也大大超过以往的世界地图。该地图的完成，对于地图测绘工作来说是一个飞跃，而对于很多普通大众认识世界的手段也是一个飞跃。该地图也成为之后很长一段时间内欧洲人绘制区域和世界地区的参考。

从总体上看，在整个 16 世纪到 17 世纪中叶，地图测绘技术从广度和深度上都飞速发展，精度不断提高，区域不断完整，地图的比例尺也不断增大，另外，就是在这个时期内，地图的宗教性和艺术性依然非常明显，地图的使用价值和艺术价值都很高。在这个时期内，地图绘制者以德国和意大利以及部分荷兰的学者以及画家为主，而当时德国和意大利都不是航海强国，这说明当时的测绘数据采集与制图是相对分离的，测绘工作由航海家和探险家负责，而制图则由地图学家负责。

16 世纪末，大航海时代和地理大发现，对整个欧洲带来了巨大影响。特别是英国击败西班牙而逐渐成为海上霸主以及荷兰独立，荷兰逐渐成为"海上马车夫"。由于荷兰在全球殖民活动加剧，急需更加精确的地图作为行动指导，同时，其殖民活动也提供了大量地球测绘数据。因此，从 17 世纪初开始，荷兰在逐渐成为海上强国的同时，也替代德国成为当时世界第一地图绘制强国，当时欧洲一半以上的地图专家都是荷兰人，而阿姆斯特丹也成为全球地图绘制中心，这段时间被称为"荷兰制图学的黄金年代"。在这个时期中，影响力最大的就是尼古拉斯·维舍尔一世在 1658 年编绘的世界地图（图 2）。该地图已经完成了除澳大利亚东海岸外全球大陆和主要大型海岛的编绘，对世界的绘制已经基本完整。

除尼古拉斯·维舍尔外，当时最著名的制图学家（同时也是最著名的地图商人）则是弗雷德里克·德·维特，他最成功之处是实现了地图的商

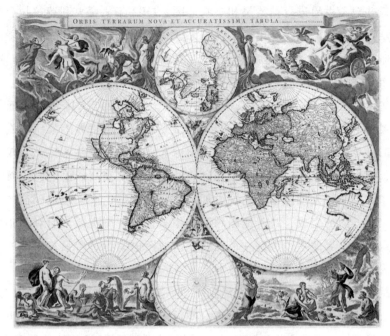

图2　尼古拉斯·维舍尔一世绘制的世界地图

业化，并编制了大量分区域的地图，如各大洲地图和小镇地图。从尼古拉斯·维舍尔一世编制的亚洲地图上看，其精度已经达到很高水平，甚至有长城和钓鱼岛（图3）。

　　由于有世界地图作为定位，全球很多地方都可以开展区域更大比例尺地图测绘编制，但是由于测绘仪器不完善，大比例尺地图测绘精度仍然是个无法回避的问题。

　　在17世纪末，伟大的科学家牛顿提出了六分仪的方案，虽然牛顿没有直接制造出原型设备，但是其方案很快得到了航海家和测绘人员的实践，该仪器极大提高了地图测绘效率和精度。18世纪20年代开始，成熟的六分仪和八分仪已经大规模生产，并逐步开始出现平板制图法，1730年，英国机械师发明了经纬仪，现代制图技术开始成熟，地图制图的重点逐渐从大面积的全球测绘转为区域大比例尺地形图测绘。18世纪中，英国船长、制图家库克完成对澳大利亚东海岸和新西兰岛的测绘工作，1794年，英国人塞缪尔·邓恩（Samuel Dunn）完成了除南极外所有大陆的地图编绘工作，全球地图测绘基本完成（图4）。

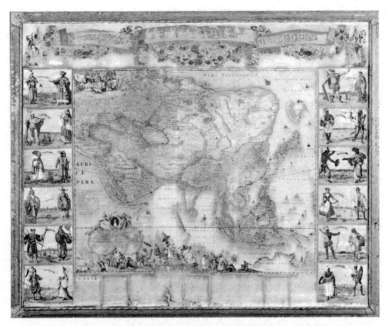

图 3　尼古拉斯·维舍尔一世编制的亚洲地图

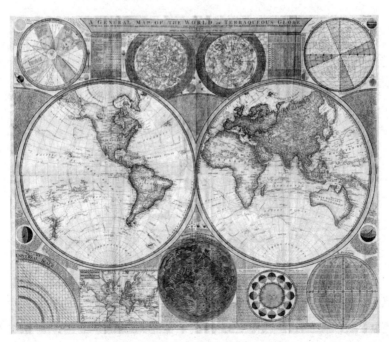

图 4　塞缪尔·邓恩编制的世界地图

　　19 世纪开始，文艺复兴结束，随之而来的是第一次工业革命浪潮。在这个时期，高斯等人为现代地图测绘奠定了数学基础，而全站仪、水准仪的出现，也使地图测绘工作走向标准化和规范化。同时，由于现代印刷技术的出现，也实现了大规模批量化的地图印制。地图测绘工作走向专业化和标准化，传统的地图艺术家和手绘地图逐渐减少，全球的测绘工作也翻开了新的一页。

中东地理学与地图学概述

姚继德[*]

在古代的"地理学"词源中，东西方主要语言里的原始语义都十分明确，就是指探究描述地球上的气候变化（如昼夜的轮流，春、夏、秋、冬四季的更替）、山脉、河川、湖泊、陆地、海洋、人群聚落（城镇、村落）及其交通网络等空间布局规律的专门科学。而各时代地理学的精华，则集中浓缩在地图的绘制以及一幅幅精美绝伦的地图上，地图成了人们对地理空间认知智慧的形象表达，成为地理学的精华。

回顾世界地理学发展史，我们可以发现，古代世界地理学的大厦主要由巴比伦地理学、希腊地理学、阿拉伯－波斯－突厥地理学、印度地理学和中国地理学五大地理学知识系统共同构筑而成。

一 中东地理学与地图的起源

中东（The Mideast）一词就是一个地理学概念，起源并流行于近代时期西方学界"东方学"兴起的时期，后来在第二次世界大战期间又扩大运用为一个地缘政治术语，沿用至今。具体而言，中东位于亚、欧、非三大洲结合部，是人类最早栖息生活的发祥地之一，世界三大"天启"宗教——犹太教、基督教和伊斯兰教都先后诞生在中东的西亚地区，它们成为人类文明的重要组成部分。连通世界亚、欧、非三大洲的古代国际交通

* 姚继德，云南大学西南亚研究所所长，教育部国别与区域研究基地云南大学伊朗研究中心主任、教授、博士生导师，中国中东学会常务理事，中国测绘学会边海地图工作委员会委员，教育部重大委托项目"中东古地图中的中国与中国南海研究"（项目编号：16JZDW012）主持人，主要从事中国－中东关系史、丝绸之路史、中东历史地理、伊斯兰教、郑和下西洋、伊朗学等的研究与教学。

大动脉——古老的陆地和海上丝绸之路交汇在此，使之成为古代人类文明交流交融和创新的十字路口，人类文明孕育和传播的辐辏中枢。中东所具有的这种得天独厚的人文地理优势，使得生活在两河流域的巴比伦、阿拉比亚半岛、西北非马格里布地区、埃及、东非的埃塞俄比亚、西亚的沙漠、绿洲、半岛和波斯高原上的古巴比伦人、阿拉伯人、波斯人等各族先民，能够从希腊、印度和中国的天文学、地理学等诸学科中充分汲取精华，使得中东地理学的发端较早。

中东地理学（The Mideast Geography）由巴比伦地理学、阿拉伯地理学、波斯地理学和突厥地理学四大来源共同构成。其中巴比伦地理学发端最早，始于公元前25世纪左右，世界上现存最早的三幅古地图都来自古巴比伦地区：其一是公元前25世纪至前23世纪由古巴比伦人绘制在陶片上的描述巴比伦城及其周边环境的《古巴比伦地图》，迄今至少已有4500年历史。其二是公元前1500年左右由巴比伦人绘制的《尼普尔城邑图》，于19世纪末在伊拉克的尼普尔遗址（今伊拉克的尼法尔）发掘出土，现存美国宾州大学，地图的中心是用苏美尔文标注的尼普尔城的名称，迄今已有3500余年。[①] 第三幅古巴比伦地图是现藏于大英博物馆里的由巴比伦先民制作的泥板《世界地图》（见图1）。该图出自伊拉克巴格达西南郊的西巴尔（Sippar）古城遗址（位于今伊拉克的特尔·阿布·哈巴［Tell AbuHabbah］），据考古学鉴定为公元前700～前500年刻制在一块坚硬的陶片（泥板）上，故称之为巴比伦泥板《世界地图》，迄今已有2700余年。该地图1881年由一位英籍伊拉克裔考古学家霍尔姆兹德·拉萨姆（Hormuzd Rassam）在巴比伦古城西巴尔的废墟上发现，地图用古巴比伦时期的楔形亚述文标注说明。[②] 这幅古巴比伦人的泥板世界地图由两个同心圆组成，地图的中心是巴比伦城，中东的尼罗河、幼发拉底河与底格里斯河、地中海等丰富地理信息都出现在该地图中，同时还包含有太阳、月亮等天文学知识。这幅地图上的图形符号尽管简单粗略，但却透露出一个重要的信息：

---

① 参见百度百科网站"地图史"：http：//baike. baidu. com/subview/30267/6853646. htm？fr = aladdin#5。

② 参见〔英〕杰瑞·波顿（Jerry Brotton）：《十二幅地图看世界史》，杨惠君译，马可孛罗文化出版社，2015，第7～8页。

从该地图中呈现出来的古巴比伦人的"世界观"（地球观）表明，他们认为地球是"圆形"的。巴比伦先民的地理学成就，生动地保留在上述三幅世界最早的陶片地图中，记录着上古中东地区先民们的地理学和地图制图学的智慧。

图1　巴比伦泥板《世界地图》，大英博物馆藏

"西方地理学之父"希腊地理学家埃拉托色尼，公元前 275 年出生于当时希腊在非洲北部的殖民地昔勒尼（Cyrene，在今利比亚）。他在昔勒尼和雅典两地接受了良好的教育，成为一位博学的哲学家、诗人、天文学家和地理学家。他应埃及国王的聘请，从公元前 234 年起担任亚历山大图书馆馆长，直到公元前 193 年在亚历山大城去世，在此留下了用希腊文撰写的三卷本地理学名著《地理学概论》。埃拉托色尼对世界地理学的贡献是完成了地球周长的精确测量。他虽然血统上属于希腊，但其出生地和学术活动都在今中东的北非利比亚与埃及，且担任着当时世界最著名的科学宝库亚历山大图书馆馆长的重要学术职位。因此，从学科史的角度来看，他的地理学成就无疑也可列在中东地理学的范畴。

历史步入基督教公元纪元后，生活在罗马统治时期的埃及的另外一位著名的希腊裔地理学家克罗狄斯·托勒密（Claudius Ptolemy，约公元 90 年 ~168 年）走上了世界地理学的学术殿堂。无独有偶，托勒密约于公元 90 年生于埃及的托勒马达伊，学术界还有一种说法认为，托勒密出生于上埃及的托勒密城（Ptolemais，今埃及的图勒迈塞）。尽管他在埃及的出生地点尚存争议，但其毕生大部分时间都居住在埃及的亚历山大城从事学术研究，并于公元 168 年去世，则是准确无误的事实。在其天文学名著《天文学大成》和地理学名著《地理学》（又译作《地理学指南》）中，他在亚里士多德的基础上提出了著名的"地心说"理论，成为"地心说"的集大成者，奠定了他在世界地理学史上的独特地位。同样的道理，由于托勒密的出生、成长、求学都在地中海东岸的埃及，他从事星象的天文观测、大地测量等的地理学研究和著述的主要活动也发生在埃及，因此，也可将其列入在"中东地理学家"的行列。

基于前述古巴比伦人用陶片制作的三幅古地图《古巴比伦地图》《尼普尔城邑图》和《世界地图》赫然存在的事实，加之埃拉托色尼和托勒密毕生从事天文观测与地理学研究及著作活动的地点都在今中东地区，我们甚至可以做出这样的推论，这两位号称"西方地理学之父"和"鼻祖"的希腊裔地理学大师的地理学理论、地图制图学方法以及"世界观"（地球观），可能滥觞于巴比伦地理学，或许继承了古巴比伦人的天文与地理学思想。

西方的古典地理学时代随着托勒密的去世而逐渐寿终正寝，原因是伴随着罗马帝国国教基督教从西亚圣城耶路撒冷的到来，欧洲大陆的历史开始步入基督教神权统治一切的中世纪黑暗时代，希腊古典地理学的光辉随着中世纪历史长河的波涛黯然谈去。与此相反的是，由上述两位希腊裔地理学家奠定的西方古典的"希腊地理学"，虽然没能在昔日罗马帝国境内的欧洲腹地得到及时继承，却在 7 世纪伊斯兰教出现后的穆斯林地理学家们系统翻译、传承与创新中，在其诞生地的中东落地生根，并深刻地影响到整个中东伊斯兰世界的地理学发展，而穆斯林地理学在充分吸纳希腊、波斯、印度和中国地理学精髓的基础上，引领着整个中世纪世界地理学发展的方向。

中东地理学包含了前伊斯兰时期和伊斯兰实践两大阶段。总体来看，前伊斯兰时期的地理学只有贝都因人（Bedouins）诗歌传说中的一些零星的天文与地理观念，没有规范的研究，也没有留下值得关注地理学文本文献，学术界泛泛地称之为"贾西利亚时期"的地理学。① 直到 7 世纪伊斯兰教诞生以后，随着阿拉伯伊斯兰帝国的建立，中东地理学才迎来长足发展，并在阿拔斯王朝时期（750～1258 年）达到辉煌的巅峰，地理学著述丰硕。② 因此，伊斯兰时期的中东地理学成为上承希腊古典地理学传统，下纳波斯、印度和中国地理学之精髓，通过他们自己的开拓与创新，最终独辟蹊径，自成一体，独领中世纪世界地理学之风骚。

二 中东穆斯林地理学与地图的成就

中东穆斯林地理学与地图学的兴起与发展，有其特殊的演变历程。其肇始于阿拉伯帝国的阿拔斯王朝初期。纳忠先生指出："阿拉伯人向外大扩张胜利后，建立了幅员广袤、横跨三洲的大帝国。阿拉伯人在没有接触到托勒密的地理著作之前，已经开始命人专门记载帝国境内的地理环境，山川地形，以及城镇农村的位置和各地人口的分布。……因此，政治上的需要是阿拉伯地理学发展的首要因素。"而此时正是阿拔斯王朝时期。③ 北京大学张广达教授也认为："阿拉伯地理学是在公元 8 世纪中叶开始产生，8、9 世纪之交受到希腊、伊朗、印度的影响而蓬勃发展起来的。……地理学在阿拉伯人的学科分类中被视为精确学科，因为它接近于天文学。就地理学本身而言，真正的地理知识是在阿拔斯王朝建立（751 年）之后积累起来的。具体地说，是在哈里发曼苏尔在位时期（753～775 年），特别是他定都巴格达（762 年）之后得到发展的。"④ 中外学界之所以强调穆斯林地理学的兴盛肇始于阿拔斯王朝建都巴格达之后，是由于在哈里发曼苏尔和继任者哈里发马蒙在位（813～833 年）的 830 年，他在帝国皇家翻译局和图书馆的基础上，在巴格达创办了闻名于世的"智慧宫"（Baytal - Hikmah）。"智慧宫"又称作益智宫、哲理大学，由翻译局、科学院和皇家

① 参见郭筠《中世纪阿拉伯地理学研究》，山东大学出版社，2016，第 16～20 页。
② 纳忠：《阿拉伯通史》下卷，商务印书馆，1999，第六十三章"地理学"，第 373～380 页。
③ 见纳忠先生上书，第 373 页。
④ （阿拉伯）伊本·胡尔达兹比赫：《道里邦国志》之张广达《前言》，宋岘译，中华书局，1991，第 1～2 页。

图书馆三大机构组成。"智慧宫"存在了 200 余年，广纳帝国境内外世界各地的各类英才，汇聚在底格里斯河畔，从事着医学、天文学、地理学、数学、化学、哲学、文学等诸多学科的学术研究与人才培养。10 世纪后，除巴格达"智慧宫"外，在阿拉伯帝国境内还形成了众多的学术文化研究中心，分别有开罗、科尔多瓦、菲斯、大马士革、哈马丹、伊斯法罕、布哈拉和撒马尔罕等。在这些学术文化中心都汇聚着一批地理学家，从事着天文学、地理学等各学科的科学研究，其辉煌的学术成就，奠定了阿拉伯伊斯兰帝国阿拔斯王朝在世界文明史上不朽的地位。

阿拔斯王朝时期的地理学被学界称为"阿拉伯古典地理学"。促成阿拉伯古典地理学兴盛的原因，除上述帝国治理需要的政治因素外，还有以下因素。

穆斯林特殊宗教生活需要的推动。伊斯兰教规定，其信徒穆斯林每天要按时举行五次祈祷，祈祷时不论身处何地，人们都需要确定面向圣地麦加天房克尔白（Ka'bah）的方向，这个方向称为"朝向"（Qi-blah）；每年伊斯兰历九月（莱麦丹月）要斋戒一月，需要计算确定进入斋月和斋月结束的时间；伊斯兰教要求信徒穆斯林必须履行的五项宗教功修中有一项是朝觐（Hajj），即要求每位成年的男女穆斯林在其一生中，凡是身体健康且具备经济能力，至少要到阿拉伯半岛的伊斯兰教圣地麦加朝觐一次。

伊斯兰教鼓励学者到世界各地旅行游学。先知穆罕默德生前留下一条著名的"圣训"："学问即使远在中国，亦当求之。"此外，就是穆斯林开展国际商业贸易的需要。伊斯兰帝国建立后，穆斯林商人的足迹遍布广袤的世界，从西部的摩洛哥、西班牙，到东方的印度、中国，从东非的桑给巴尔到北方的伏尔加河和波罗的海，都留下了穆斯林商人们的足迹。不少人将沿途所见所闻写成游记，成了重要的地理学文献。这些政治、宗教和商业活动的需要，共同推动了穆斯林地理学与地图学的繁荣。

"智慧宫"翻译局很早就把托勒密的《地理学》翻译成阿拉伯文。著名天文学家、数学家和地理学家花剌子密（约 780~850 年）在深入研究托勒密《地理学》的基础上，撰写了一部名为《地形》的地理学著作，在其中绘制了一幅有详细文字说明的全球地图，地图上把地球绘制成几个包括大陆在内的海洋。如罗马海（地中海）、波斯海（波斯湾及印度洋）等，又把海洋划分为七个气候带。其他著名的穆斯林地理学家还有 9 世纪时的伊本·胡尔达兹比赫（约 820 ~ 912 年），著有地理学著作《道程及郡国志》(al – Masalikwal – Mamalik)。小亚细亚地理学家雅古特（1179 ~ 1229 年）编撰了一部宏大的《地名辞典》，成为阿拉伯历史、地理的无价宝藏。波斯商人"苏莱曼"(Sulayman) 曾从波斯湾中段的西海岸著名国际港埠西拉夫扬帆东行，抵达中国，根据他自己沿途见闻和阿拉伯 – 波斯海员们的口述记录，于 851 年写成地理学游记名著《中国印度见闻录》（又译作《苏莱曼东游记》），成为中西交通史和海上丝绸之路史研究的重要文献。出生在北非摩洛哥丹吉尔的阿拉伯大旅行家、地理学家伊本·白图泰（1304 ~ 1378 年），三次周游世界，历时 25 年，旅程累计达到 75000 里。除中东伊斯兰世界外，他曾奉派出使中国、印度等东方国家，他大约在 1346 年时搭乘海舶经东南亚来到中国泉州，并在中国各地游历了一年左右，归国后于 1356 年时写成洋洋四大卷的《伊本·白图泰游记》，该书是 14 世纪时研究亚非史地的重要典籍。11 世纪时的著名阿拉伯地理学家伊德里斯（1099 ~ 1153 年），幼年时在科尔多瓦求学，成年后周游东西列国，后来奉西西里国王罗吉尔二世之命，写成著名的地理学著作《世界地志》，在书中把已知的世界自赤道至极远的北方，分为 7 个纬度，各地带又有与纬度正交的许多线分成 11 个部分，成为后来地球经纬度的最早雏形。他在地图绘制方面成就卓越，该书中有彩绘世界各地区域的地图就有 70 余幅之多。此外，阿拉伯古典时期著名的地理学还有伊本·豪格勒、马苏迪、麦格迪西、叶尔孤白等，他们都留下了各自丰富的地理学著作。[①]

三　中东穆斯林地理学与地图的特点

古典时期穆斯林地理学由波斯穆斯林地理学家和阿拉伯穆斯林地理学家两大群体组成，他们的地理学与地图学不仅成就斐然，而且有其自身的鲜明特色。

在地理学理论方面，形成了特色鲜明的两大学派——伊拉克学派（或称"巴格达学派"）和巴里赫学派。

---

① 纳忠：《阿拉伯通史》下卷，第六十三章"地理学"，商务印书馆，1999，第 375 ~ 380 页。

　　所谓阿拉伯古典地理学中的"伊拉克学派"，顾名思义，就是指阿拔斯王朝时期以帝国首都巴格达皇家"智慧宫"会聚的地理学家为主而形成的一个地理学学术流派。因为这些地理学家大都在伊拉克巴格达从事地理学的研究和著述，故又被称为"巴格达学派"。他们的地理学著作偏重于对"伊斯兰帝国（世界）"（Mamlaka al-Islami）疆域内各省与首都巴格达之间主要地形、道路里程、沿途山川风貌、民俗、土地、天文、气候、人文及经济状况等地理信息的详尽记录与描述，故也被称为"描述地理学"。"描述地理学"以编纂各类伊斯兰世界通往周边区域国家的道路、驿站、里程、地形地貌为主要特色，故学术界也将他们形象地称之为"道里志"学派。其代表性地理学家有：伊本·胡尔达兹比赫（IbnKhurdadhbih）、雅古比（Ya'qūbī，卒于987年）、伊本·法齐赫（Ibnal-Fakīh）、古达马（Qudamah，约卒于940年）和马苏迪（Ma'sudi，卒于956年）。

　　他们的地理学观念和地图方位的标注中有三大特点：其一是以帝国首都巴格达为世界的中心。其二是以穆斯林祈祷礼拜所对的阿拉伯半岛宗教圣地麦加为中心，在此基础上来对世界进行地理分区和记述，而在他们绘制出的相应地图里，一般都把麦加作为正向。其三是这批地理学家大多出生在波斯，受波斯地理学影响较深，喜欢以母语波斯文来著述或在地图上标注地名。比如，由于伊拉克、波斯都在麦加的北面，麦加以北的阿拉伯半岛、伊拉克、波斯穆斯林每日祈祷时的朝向都向着位于他们南方的麦加克尔白，故在这些地理学家绘制的地图上，都将正上方确定为"南"（波斯语：Nimruz），下方为"北"（波斯语：Bakhtar），左边是"东"（波斯语：Khurasan），右边是"西"（Khurbaran）。这种古地图方位的标注与现代地图的上北、下南、左西、右东的四至方位，刚好需要相差180°，我们在解读这些地图时，需要顺时针或逆时针旋转180度，方可与现代地图的区域对应上。

　　此外，他们还深受波斯地理学的影响，继承了波斯地理学中把世界划分为"七个区域"或"七个地带"，把世界海洋也传统地划分为"七大海域"。事实上，大地的"七大区域"（或地带）可视为后来地理学上划分出来的七大洲的最早雏形，而"七大海域"的划分中，则把波斯人和阿拉伯人当时最熟悉的罗马海（地中海）、古尔祖姆海（红海）、波斯海（波斯湾及印度洋区域）也加入其中，同时把远东环绕中国东部和北部的太平洋称为"中国环海"或"环中国海",把太阳降落的地中海以外环绕"西方"(罗马欧洲)的大西洋称为"暗海"或"西环海"。

巴里赫学派以出生在波斯东部的巴里赫(Balkh,今属阿富汗)的地理学家巴里希(Balkhi,849—934)的地理学学术成就而得名。巴里希年轻时曾在巴格达居住学习过 8 年,师从著名学者坚迪(约卒于 874 年)。返回波斯故乡之前,在西亚、中亚各地广泛游历,学习过各种学科,拓展了自己的地理学感性知识。返回故乡后,受到萨曼王朝宰相加伊哈尼(Joyhani)的礼遇,有良好的学术研究环境,终于成为天文学家、地理学家和哲学家。他的地理学名著是《诸域图绘》(Suwar al-aqālim,又译为《诸域形胜》),是一部附有简志的地图汇编。但这部地理学著作已失传,据说被后来的另一位地理学家伊斯塔赫里(Istakhiri)采纳到了其《诸国道里》一书中,而伊斯塔赫里也成为继承其地理学衣钵的地理学家。此外,该派地理学家中较著名者还有伊本·豪格勒、麦格迪西等人。他们兴起及学术成就最突出的时期主要在 10 世纪,稍晚于伊拉克学派。

巴里赫学派赋予了阿拉伯古典地理学派以正统的伊斯兰色彩。因为他们把自己的地理视野在伊拉克学派的基础上更集中在"伊斯兰诸国度"(Bilād al-Islām)之内,对非伊斯兰国家的地理只在其著作中略有叙述。他们认为大地是圆形的,并被"环形之海"所包围,大地的中心在阿拉伯半岛上的麦加天房克尔白。

巴里赫学派的地理学家以波斯裔为主,故而深受波斯传统地理学思想的影响。在古代波斯地理学家的观念中,地球的大地形状一直被他们视作一只巨型的大鸟,位于东亚的大国中国是它的头,南亚的大国印度是它的右翼,中亚的曷萨(突厥曷萨部)是它的左翼,麦加、汉志(阿拉伯半岛西部沿海地带)、叙利亚、伊拉克和埃及是它的胸腹部,北非是其尾巴。因此,出现一批鸟头形状的早期波斯和阿拉伯文标注的彩色巨鸟世界地图(见图 2)。在此基础上,他们还把这种早期的鸟头形地图变形后保留在稍后绘制的圆盘形世界地图中,随着对世界认知范围的扩大,只是把以麦加为中心的世界变成了不同半径的多个同心圆所构成的圆盘形世界地图,由此绘制出一批圆盘形世界地图(见图 3)。圆盘形地图继承了古巴比伦圆盘地图的传统,实际上突显出此时的波斯和阿拉伯穆斯林地理学家们关于世界的"圆形"观,为后来地理学中的地球"球体"观的最终确定,奠定了中世纪时期对地球认识的基础。

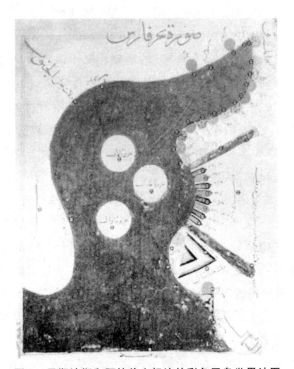

图 2　早期波斯和阿拉伯文标注的彩色巨鸟世界地图

图 3　圆盘形世界地图

巴里赫地理学派的地理学著作还有一个鲜明的特色，就是有图有志，地理记载和描述之外，往往穿插有彩绘的大量舆图，为我们今天研究当时穆斯林地理学家们的"世界观"（地球观）、宇宙观，留下了丰富的舆图文献。

古典时期的穆斯林地理学有两个鲜明的特点：其一是与天文学关系极为密切，二者之间成了最亲密的姊妹学科，许多地理学家同时又是著名的天文学家。其二，是地图的绘制中一开始就注重使用不同色彩来绘制地图，成为世界地图制图史上彩绘的先锋，保留至今的许多该时期的彩色地图，在世界地图测绘及地图美学史上，堪称先锋。此外，古典时期的穆斯林地图制作中，也先后形成了三大类特色鲜明的地图类型——鸟头形地图、圆盘形地图、网格形地图。圆盘形地图成为后来地图球面地图的前身，而网格形地图（见图 4）则启迪了后来的地球经纬度的普遍运用。

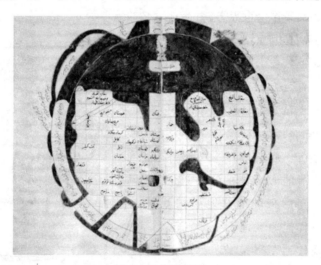

图 4　网格形地图

进入 13 世纪后，继之而起的是土耳其奥斯曼帝国时期的地理学。奥斯曼帝国的地理学继承了阿拉伯帝国时期地理学的成就，涌现出一批优秀的地理学家，他们的著作对近东和世界地理学的发展作出了贡献。其中有两位重量级的地理学家在世界地理学史上占有一席之地，他们分别是奥斯曼帝国的海军司令皮里·雷斯（Piri Reis, 1465—1553）和著名学者卡蒂布·查列比（Kātip Çelebi, 1611—1680）。

皮里·雷斯不仅是位才华卓越的奥斯曼帝国军事将领，还是一位卓越的海洋地理学家，他所著的《海图志》在世界海洋地理学上占有特殊的地位。《海图志》第一稿完成于 1520 年，书中详细地记述了爱琴海、地中海、红海、波斯湾、印度洋和中国海域的海岸、海流、暗礁、海湾、港口、水源等地理水文情况，为这一带水域船舶的航行提供了可靠的资料。这些资料汇辑了此前 8 个世纪中波斯、阿拉伯穆斯林航海家、水手们的海洋地理学精华。皮里氏的另一贡献是他于 1513 年完成的一幅世界大地图。这幅地图的西半张包括大西洋、美洲和旧大陆的西部边陲地区。1517 年，他把这幅地图献给了苏丹，至今保存在土耳其伊斯坦布尔的托普卡比王宫博物馆中，但颜色、航线与文字已经浸染上历史的岁月，显得有些沧桑与斑驳。[①]

卡蒂布·查列比是 17 世纪土耳其奥斯曼帝国的著名学者。他一生中为后人留下了 20 部关于政治、历史、地理、文学、神学等学科的巨著，被誉为奥斯曼帝国"最伟大的百科全书式学者"。其中的《世界通鉴》（Kitab – Çihannüma，又译作《世界志》）是他著名的地理学方面的著作。[②]

奥斯曼帝国中晚期的地理学与地图制作，已经逐渐融合了文艺复兴及大航海时代重新崛起的西方地理学及制图学，比如使用了标准的经纬线，采纳了墨卡托（Gerardus Mercator，1521—1594）投影法绘制的东西半球合在一起的地球平面图，虽然部分区域的地图地形略显粗糙或夸张，有失精准，但也与后来的地图地形相差甚微，可以对应到现代地区地图上来，已经基本上进入"现代地图"范畴。另外，他们还继承了 9 ~ 14 世纪时期穆斯林地理学家的一个传统观念，认为地球在宇宙中居于中心的位置，并绘制出相应的天体图，制作出立体的地球仪。

图 5　奥斯曼帝国中晚期制作的立体地球仪

①　Svat Soucek, *Piri Reis and Turkish Mapmaking after Columbus*, Boyut Publishing Ltd. , 2013, pp. 45 – 62.

②　Bülent Özükan, *The Book of Cihannüma*：A 365 – Year – Old Story, Boyut Publishing Ltd. , 2013, pp. 3 – 5.

四 中东穆斯林地理学与地图的地位

如前所述，在世界地理学与地图学史上，巴比伦、希腊、中国、埃及、波斯、阿拉伯、印度等是人类历史上在构筑地理学大厦中贡献最早最大的文明国度。中东的西亚地区是人类文明最早的发祥地之一，两河流域的先民们绘制有人类最早的世界地图——巴比伦陶片《世界地图》（成图于公元前 7 世纪），罗马时期生长在埃及的希腊裔地理学家托勒密著有八卷本的《地理学指南》（成书于公元 120 年），中国古代的地理学著作《禹贡》《山海经》《汉书·地理志》（成书于公元前 5～前 1 世纪），波斯无名氏穆斯林地理学家绘制的《世界地图》（成图于公元 10 世纪），波斯穆斯林地理学家吉哈尼（Jaihani）绘制的《世界地图》（成图于公元 11 世纪），阿拉伯地理学家伊德里斯绘制的《世界地图》（成图于公元 12 世纪）及其宏富的地理学著作，展现出上述文明古国先民们探索地球地理环境的智慧结晶，记载着人类地理学曾经的辉煌。及至 15 世纪初中国航海家郑和七下西洋时代（1405—1433 年），毫无疑问，郑和及其船队对中国地理学以及此前中东、印度的地理学成果的学习继承，曾经达到一个空前的高度。但遗憾的是，除了明代茅元仪编入《武备志》中保存下来的《郑和航海图》（成图于公元 15 世纪）外，郑和船队七下西洋 28 年中探查亚非大陆海上航道的海图、地图和到访国家地区的地理文献，大多在当朝被人为破坏，湮没在漫漫历史长河中，我们今天难以从中窥知中东地理学对郑和时代的中国地理学的具体影响。在郑和航海之后近一个世纪才兴起的欧洲航海活动中，西方世界的地理学与地图学才逐渐重现生机。意大利航海家哥伦布（Christopher Columbus，1450—1506），葡萄牙航海家达·伽马（Vasco da Gama，1469—1524），英国船长库克（James Cook，1728—1779）等探险家在继承希腊、波斯、阿拉伯、印度和中国地理学知识的基础上，开辟了通向非洲、远东和新大陆（美洲和大洋洲）的海上新航线，丰富了世界地理学知识，成功服务于后来的西方列强对东方世界的殖民扩张。

通过上述的学科历史源流的简要梳理，我们不难看出，中东地理学及其地图学在同时期的世界地理学与地图学史上，毫无疑问地拥有不可替代的一席之地。在公元 9 世纪至公元 15 世纪初中国明初航海家郑和七下西洋之前，阿拉伯人和波斯人一直主导着世界海上与陆地丝绸之路的航海、旅

行和亚 – 非 – 欧三大洲之间的国际贸易。他们的活动范围西起地中海沿岸的欧洲、巴尔干半岛、北非、红海和阿拉伯海四周的阿拉伯半岛，欧亚腹地的中亚（内亚）、东亚和东北亚，海上则穿过印度洋、中国南海，到达中国东南沿海，其旅行家、地理学者、传教士、商贾络绎于途，对世界地理的认知达到了极高程度。自公元 8 世纪崛起的阿拉伯帝国到公元 13 世纪诞生的奥斯曼帝国统治下的中东伊斯兰世界，历经伍麦叶王朝后期和阿拔斯王朝时期的发展，其天文、历算、医学、地理等科学文化极度繁荣，独领中世纪时期世界文明之风骚。其中的地理学和地图制作，上承古巴比伦地理学地图学，希腊地理学之父埃拉托色尼、托勒密的学术成就，下纳印度和中国地理学之精华，为后来的公元 16 世纪哥伦布、达·伽马等为代表的西方大航海时代的开启，奠定了地理学与地图学基础。因此，该时期中东阿拉伯和波斯地理学与地图学代表了世界地理学与地图学的最高水准，在世界地理学与地图学史上具有毋庸置疑的权威性。

中东穆斯林地理学与地图学在世界地理学与地图学史上所具有的这种权威性与独特地位，正是我们本课题提出开展研究的学科历史的依据，因此组织了跨国、跨学科、跨语种的相应的学科研究团队，集中开展中东古地图中的中国与中国南海地图文献资料研究，从世界范围内现存的中东历史地理与地图文献中寻找中国南海（South China Sea 或 China Sea/Chinese Sea）核心文献，建立起来自中国之外的世界第三方历史地图学的证据链，以此来证明今天南海九段线内的海疆及其岛屿，自古以来都属于中国传统领海主权范围的历史事实，为世界提供可资依凭的历史地图证据。

（本文为教育部重大委托项目"中东古地图中的中国与中国南海研究"结题书之导论）

中华舆图

马王堆汉墓出土地形图拼接复原中的若干问题

张修桂[*]

1974 年 8 月间，我们根据文物出版社提供的马王堆三号汉墓出土的地形图的 32 张断帛照片，在故宫博物院工作人员初步拼接的基础上，对 2100 多年前的古地形图进行拼接和复原，大约经过一个月的时间，把断帛照片拼接成一幅 48 平方厘米（原图为 48 平方厘米 ×2 = 96 平方厘米）的古地形图，并绘制了一份复原草图。其后，文物出版社邀请有关单位的人员组成帛图整理小组，曾对我们拼复的正方形地形图进行认真的审核，作了合理的局部调整，即把我们原先排在帛图南方正中的南海，向左移动一格。这样，2100 多年前的一幅地形图，在大家共同努力下，基本上完整地拼复起来。

这幅地形图出土时，沿折叠线断裂为 32 片，并且每片都有不同程度的破损，有的甚至破损成许多帛片，已经无法恢复原片面貌，给拼接工作带来极大困难。应当承认，拼接时要准确无误地把所有碎片裱贴到其原来位置上，已是不大可能的事了。但是，如果对较大或关键性的碎片加以充分讨论研究，那么，碎片的复位率会大为提高，从而使拼接图和根据该图所绘制的复原图，更加接近于帛图原件的面貌。可惜，整理小组后来在碎片的整理过程中，未能仔细分析研究并充分考虑其他方面的意见，就匆促地根据他们对碎片的理解进行剪贴，制成照片拼接图和复原图，并据此对帛图原件进行重新裱糊，一并予以公布。拼接图和复原图同时公布在 1975 年

*　张修桂，复旦大学历史地理研究所荣休教授。长期从事历史自然地理和古地图的教学、研究工作，出版有《中国历史地貌与古地图研究》等专著。

2 月份的《文物》月刊上，① 帛图原件也在同年 9 月公布于《人民画报》上。

我们认为，对帛图原件的内容可以有不同的理解，正如对同时出土的驻军图所表示的地域范围有不同的看法一样，但是，通过讨论，总会得出比较一致的认识。毋庸置疑，对原图的拼接和复原，正确的只能是一种。这就要求在拼复时，力求做到正确和符合原貌。否则，读者手头上没有原件，没有出土时拍摄的照片，是很难发现拼复中所出现的差错问题的。

现已公布的帛图原件、照片拼接图和复原图，就总体而言是正确的，但是就局部尤其是破碎严重的地方而言，拼复工作则或多或少存在一些问题，影响了拼复质量。我们认为，似有必要把问题提出来，以供参考。

一 帛图拼复原件和照片拼接图的问题

目前的帛图原件，经过几次揭裱，其清晰程度远不如刚出土时拍摄的照片所示。因此，对帛图的研究，以根据出土时拍摄的照片及其拼接图较为适宜。本文讨论拼复中存在的问题，即以照片所反映的内容及其印痕为依据。

1. 折叠顺序和接合表帛图入棺时折叠顺序的接合表，如表 1 所示。

表 1 帛图折叠顺序接合表

5	4	3	6
28	29	30	27
21	20	19	22
12	13	14	11
9	16	15	10
24	17	18	23
25	32	31	26
8	1	2	7

根据表 1，帛图的折叠顺序是：由右向左，由上向下，由左向右，由上向下，由上向下。也就是说，1 号位片和 32 号位片分别是帛图折叠后的

---

① 参见马王堆汉墓帛书整理小组《长沙马王堆三号汉墓出土地形图的整理》，载于《文物》1975 年第 2 期；谭其骧：《二千一百多年前的一幅地图》，载于《文物》1975 年第 2 期。

最下一层和最上一层，余者类推。这一折叠顺序，完全符合帛图折叠入土后上下各层的相关位置，也和出土时所摄照片的序列基本相同。读者如果手头上没有帛图照片，可根据上述顺序进行折叠，以获得具体的层位概念，弄清各层的关系及各种印痕可能渗透的范围，进而对一些疑难残片的安放位置也就容易理解了。

整理小组已经公布的折叠顺序表（见表2），实际上只能算作帛图照片的序号表，并不能代表帛图折叠顺序的接合表。读者根据表2，自然会把原来1号位片和32号位片理解为是折叠后的最下一层和最上一层，可是按表2据上述帛图折叠顺序进行折叠，无论如何也达不到这一要求，相反地，会出现31号位片在最上层、32号位片在最下层的不可理解的结果。我们认为，由于照片顺序号有所错动，已经不符合原来的折叠顺序号，仅可供拼复原图时作为参考。因此，把照片顺序号当作折叠顺序号并予以公布，是欠妥当的。

表 2　帛图照片序列表

4	3	2	5
27	28	29	26
20	19	18	21
11	12	13	10
8	15	14	9
23	16	17	22
24	31	30	25
7	32	1	6

2. 折叠顺序3号位和6号位的裱贴问题

1975年公布的帛图拼复原件和照片拼接图上，在折叠顺序3号位上都有裱贴着一大块只有印痕而没有该位任何实际内容的残片。我们认为，这块残片裱贴在3号位上是错误的。它根本不符合该残片印痕的来源和折叠顺序。

这块残片的印痕，从其平面形态和深浅程度分析，无疑是直接来自32号位，间接来自31号位以及30号位和29号位（见图1）。残片下部较粗的那条近于东西走向的弧形水道痕迹，就是32号位上的一段牏水印痕；残

片印痕较深的那条近于南北走向的水道痕迹，是 31 号于营浦西部的侈水支
流的印痕；在此印痕左侧的丫状痕迹，则为 30 号位正中树枝状水系的印
痕；而右侧较小的丫状痕迹，就是 29 号位正中分流水道的部分印痕。根据
折叠顺序接合表（见表 1），32 号位和 3 号位在折叠顺序上相隔 29 层，即
使是 29 号位和 3 号位的折叠关系，也相距 26 层。因此，29、30、31、32
号位上的任何要素，都不可能渗染在 3 号位上。深水是帛图上最大、最粗、
墨迹最浓的一条水道，当然，折叠后印痕的渗透力也最强，即使如此，也
仅渗染至十七八层，这是最好的证明。实际上，29 号位至 32 号位上的要
素，印痕的参染一般只有 5 层左右。即使是 30 号位上的那条在粗细程度上
仅次于深水的水道，其最大渗透力也只有 10 层左右。因此，用 29 号位至
32 号位上的有关印痕残片，裱贴在 3 号位上，无疑是不符合该图入棺时的
折叠顺序的。整理小组把这块残片裱贴在 3 号位上，也许是由于考虑到残
片上既然有 30 号位的要素印痕，而帛图平面位置 3 号位和 30 号位又恰是
南北紧邻的缘故。可是，整理小组却忽视了在折叠顺序上，它们根本不相
紧邻，而是有 20 多层的间隔。

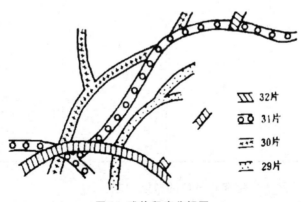

图 1　残片印痕分解图

　　现在的问题是：这一大块残片从何而来？折叠顺序 3 号位的帛片又到
哪里去了？根据残痕直接来自 32 号位的这一情况来分析，我们认为这块残
片不可能是这幅帛图断裂为 32 片后其中的一片，而很可能是同这幅帛图一
起入棺时相邻的帛书的断裂片。生于帛书的这一片是和帛图 32 号位片叠压
在一起的，因此染有 32 号位的印痕。

　　可以这样分析，如果帛图按照折叠顺序平放入棺，这块残片当是叠压

在帛图上面的某帛书的最下一片；如果帛图入棺时翻了一个个儿，残片则是帛图下面某帛书的最上一片。当帛书出土时，由于这块残片本身没有实际内容，只有帛图的印痕，很容易被误认为是帛图断裂后的一片，再经裱糊后予以拍照，很自然地就混入帛图断片之中。

现在我们既然屏除裱贴在 3 号位的这块残片，结果是帛图实际裱糊的只有 31 片，而不是 32 片。

至于折叠顺序 3 号位帛片的去向，显然是由于帛图出土剥揭时，破损最为严重，根本无法进行成片的拼接裱糊，而以众多的细小碎片的形式保存起来。

帛图裱糊后的照相顺序号，完全可以证明上述这一点。原有照相顺序号从 6 号位开始，依次编排。但照相顺序 6 号位实际上是折叠顺序 7 号位，这就说明，从折叠顺序 1 号位至 7 号位片出土时，其中就有一整位片的残片没有裱糊。照相时仅计算 1、2、4、5、6 号位整张裱糊的 5 片，3 号位的碎片被忽略未计入，这也就是造成照相顺序号比折叠顺序号少一个的原因。所以，这张被忽略的无法裱糊的残片，才真正是应当裱贴在 3 号位上的帛片。可惜它已经无法复位了。

我们认为，在目前帛图原件和拼接图的 3 号位上，既然原片已经无法恢复，那么，宁可空着，也不宜随便用那张印有 32 号位等印痕的残片来填充，因为这样的填充，会有损于原图件的真实性。当然，如果从图件的完整性来考虑，从现存残片中挑选出一些无碍于本位片内容和印痕的碎片，进行适当的裱贴，也未尝不可。

再看 6 号位的裱贴问题。6 号位是现存 31 张帛片中最差的一片，破烂不堪。如果不是经修复技师的精心裱糊，它也将和 3 号位片一样，被分解为无数无法拼复的碎片而从图面上消失。

现在的 6 号位片上，有没有本位的内容，已无法判读；就是那些印痕，也是极不清楚和难以辨认的。因此，该片正反两面极易混淆。已公布的帛图原件就将反面误作正面进行裱糊，这可以从其中的水道印痕判知。此片印痕直接来自 5 号位。根据折叠顺序，6 号位片的水道印痕方向应与 5 号位片的印痕方向相反，可是在已公布的帛图原件上，它们却是一致的。在提供我们拼复的大小两套照片上，其中 6 号位片也都是反面照。整理小组公布的照片拼接图，该位片是正面照，贴法也是正确的。不知道在 1975 年以后，原件6号位片是否揭起重裱过？

谈到这里，有一个问题需要搞清楚，即为什么3号位片和6号位片在整幅帛图中破损得最为严重？是由于揭裱的技术原因，还是由于其他缘故所致？

我们认为，很可能是由于其他缘故所致。应当肯定，修复技师的揭裱技术是十分高明的。帛图刚出土时，形似一块烂豆腐，修复技师竟能分层一片片一张张地依次揭出裱糊，并使之成形，如果没有高超的揭裱技术，是无法胜任这一艰巨任务的。因此，应当排除揭裱技术上的原因。这样一来，问题可能出自绘制南海所用的涂料。3号位和6号位片，在折叠顺序上恰好位于绘有南海的4号位和5号位片的上下层，南海的着色是全图墨迹最浓和成片分布的地方。奇怪的是，这种涂料经历了2100多年，并浸泡在棺椁溶液中，竟能不掉色，不渲染，完全不像水系的墨迹那样渗染、互印。由此可见，绘制南海的涂料当不同于绘制水系的涂料。由于古地形图的绘制者选用涂料得当，并加以区别使用，所以直到今天，我们仍能清楚地判读这幅宝贵的地图。反之，绘制南海的涂料如果同绘制一般河流的一样，那么，经过大面积的印染，图的清晰度将不堪设想。但话又说回来，这种仅用在南海绘制上的涂料，可能具有微弱的腐蚀性，结果使相邻的3号位片和6号位片受到一定程度的腐蚀作用，出土时也就难以成形或根本无法成形。关于这种涂料的性质，尚待有关专家的研究揭示，或许从中可以得到某种启示。

3. 折叠顺序9、12、13、16四片接合部的拼接问题

帛图原件的这个接合部，由于重裱时不可避免地会有所破损，已成空白，现在只能根据原图帛片的照片进行讨论。我们认为，这个接合部是深平防区内的一个要害地区，所以，我们对其中水道交汇情况的拼复十分关注。结果发现，整理小组在拼接照片碎部时，把12号位片自东南向西北流的水道，拼作流注于13号位片最东的一条水，并把9号位片西流的小水理解为注入12号位片的水道。这就意味着，接合部的水道交汇关系和今天的实际情况完全不同，而今天这两条河道均是直接注入深水的。鉴于这样的拼接牵涉帛图原件成图质量的问题，似有必要提出来加以分析讨论。

首先，分析整幅帛图在处理水系主支流交汇关系上是否正确。

帛图的主区即为深水流域，这里绘有深水的一级支流14条，二级支流

9 条，此外还有三级支流罗水 1 条。主区范围内的这 25 条主支流，除上述二条有争论的暂时不计外，它们之间的交汇关系，用现代实测地形图作为对照，一一加以检查，证明原图所绘是完全正确的，甚至包括它们之间的交汇地点，基本上也是准确的，有的甚至是很准确的。这就证明，帛图研究者（包括整理小组）的共同结论是正确的，即这幅帛图是经过实地勘测而绘制的。

帛图牦水流域的牦水、□水（今仁水）、泠水、罗水的交汇关系，和今天泠水流域的泠水、仁水、九凝河、西江河的交汇关系完全一致；侈水流域的侈水及其支流的交汇关系，也和今天宜水流域的宜水、中坪河等水的交汇关系完全相同；帛图中的营水即今镰溪，注入深水的地点，可谓古今绘法毫无二致；部水及其二条支流，和今天掩水及其相应支流也是相同的；垒水和支流的交汇关系，也与今天泡水及支流的交汇关系相一致。引人注目的是，一级支流和主流深水的交汇地点，都是十分正确的。除上述营水外，临水（即今萌渚水）、垒水、部水、侈水、锦水均无不正确。即使是主区南部荒无人烟的参水等三个流域区，主支流的交汇关系也是绘得十分清楚的。

2100 多年前绘制的这幅地形图，在处理河道交汇关系及交汇地点上，如此认真、准确，确实是难能可贵的。因此，我们在碎部整理过程中，一定要保持原作的科学性，尤其是在处理碎部地区河道交汇关系上，力求做到符合实际情况，否则，将会得出与原作相背谬的错误结果。

其次，9、12、13、16 四片接合部，原图水道交汇是否正确，还可以从该地区的开发程度加以考察。接合部地区相当于今江华瑶族自治县的码市盆地。地形图用闭合山形线，把码市盆地的地貌形态充分地表现出来，并在盆地内部绘有许多居民点，除已破损不可复得的以外，尚有 17 个居民点可以辨认。其密集程度仅次于牦水流域而居本图所绘地域的第二位，从而说明接合部地区开发程度已很深。早期人们的活动已相当频繁，各种自然地理现象，尤其是最显而易见的河道交汇现象，必定会在人们的交往中流传。不难想象，这样一个为人们所熟知的重要地方，制图者即使不经过实地勘测，也可以通过各种途径了解到该地区河道的简单交汇关系。其所绘制的河道平面图形尽管可能有较大的出入，但在交汇关系上却是极容易画得正确的。更何况此图是经过实地勘测的。勘测者对九嶷山南麓的接合部所做的勘测，可以从九块柱状碑及其庙宇建筑的绘制精确程度得到证实。

再次，从交通地位上来分析，接合部是水陆转运站，地理位置是极其重要的。它的东南方为长沙国的桂阳县。此县是汉初中央政府对付闹分裂的南越王赵佗的前沿阵地。接合部则是支前的辎重转运站。欲溯深水而上前往桂阳，必须在这一接合部地区转换陆路交通，始能抵达。不难理解，对于这样一个转运枢纽地区，绘图者不会不知道其中的水道交汇情况。同时，本图的拥有者——当地驻军首领，也不会使用具有严重错误的地图来指挥军事行动的。因此，古人对于这个接合部的水道交汇情况的处理会是正确的，不会得出与实际情况不符的错误交汇关系。

最后，上述诸方面的分析，可以从同时出土的驻军图得到完全证实。我们认为，驻军图主区所画的几条水道，就是地形图中这一接合部的那几条水道，这可以从驻军目的以及比较二图相关水道旁的居民点来加以证实。驻军图所画几条水道，完全符合今天码市盆地的河道交汇关系。我们相信，经过实测所绘出的地形图，自然不会误差很大。因此，对于地形图这一接合部的碎片，完全可以按驻军图进行拼复。说到底，完全可以参照今天码市盆地水道交汇关系进行拼复。

整理小组对于这一接合部为什么会进行如此错误的拼复呢？原因可能是他们认为12号位的水道和13号位左侧的水道，均较9号位的深水原水道为粗，而粗水道是不能注入细水道的，这是制图原则。他们未考虑其他因素，就在12号位水道的下游，拼凑一些水道残片，使之转向13号位。

实际上，这幅2100多年前的古地形图，早已运用这一制图原则，通检全图，粗细水道的汇注关系无不如此处理。就是这一接合部地区，无疑也是遵循这一原则的。我们仔细测量9号位的深水原水道，即使在源头的水道宽度，也比12号位片水道的下游来得粗，更何况通过16号位的深水，不知要比12号位水道宽多少倍呢！再则，13号位左侧水道确实比9号位深水水道粗。但是整理小组却忽略了一个重要事实，即13号位水道无论粗到什么程度，总归是要注入深水水道的，因为它仅仅是深水的一条支流。这样一来，会不会出现不符合制图原则的现象呢？显然不必担心。深水在源头既然已画得那么粗，相信在接合部其宽度必定会比注入它的13号位水道画得更粗。古地形图的绘制者在这方面是十分注意的，全图主支流交汇时没有出现一处违反制图原则的现象，就是最好的证明。事实也是这样，在 13 号位原照片的左下方，就有一段具有河道走向和帛布纬丝一致的碎片，河道的宽度比接合部任何水道都粗，从河道东西走向可以推知，它是接合部深水的一段。整理小组错误地把它作为 13 号位左侧水道的下游南北延伸部分，结果也违背了残帛中水道走向和纬丝一致的东西方向的事实。

4. 折叠顺序 4、5 号位南海的拼接问题

帛图原件南海的拼接基本上是正确的，它是由两块保存较完整的帛片直接拼成的。问题在于目前把两片南海作完全吻合的拼接，恐怕不符合刚出土时的实际情况。

这幅帛图是由两幅宽 48 厘米、长 96 厘米的帛拼成的，在地图南北的中线至今还保留有拼幅痕迹。经过折叠成 32 层入土后，出土时折边已全部断裂，在拼幅的南北中线，牢度虽然增强，但出土时也全部断裂。南海中部位于折边带，这里又没有任何加固痕迹，出土时不可能没有断裂、破损。

由于对帛图 4、5 号位片的拼复，只注意到南海的完整性，而忽略了水道及有关印痕的对应性，使从 29 号位南流至 4 号位的水道及印痕和它从 28 号位南延至 5 号位的相关印痕发生矛盾。解决的办法是恢复南海中间折边的断裂线，并把 4 号位片略向西移动。这样处理，相关印痕可以全部对应，南海也相应地扩大一些。

照片拼接图上，南海两片拼接的错误也很明显。帛图原件上，从 29 号位片向东南分流至 4 号位片的水道，是在南海弧顶正中注入南海的，可是照片图上入汇口却偏在西北，说明照片拼接图南海东半部被扩大了；而从 28 号位南延的印痕和从 29 号位南流的水道及印痕的对应性更差，位置错动可达 1 厘米。正确的拼接则应把南海剪成不相连的两块，并把 5 号位片向西移动至有关水道相互对应为止。

5. 其他碎部的拼接问题

帛图原件在 13 号位的右下角裱糊着一小段残片。这一残片出土时原是裱糊在折叠顺序 16 号位的右上角。我们在故宫参观帛图原件时，修裱技师介绍揭裱过程是每揭一层就裱糊一片，然后按顺序拍照。这个过程说明，每一片上的帛块，基本上都属于同一层的东西。13 号位裱糊的这一残片河段，出土时既然裱糊在 16 号位上，证明它就不可能是 13 号位上的内容。

当然也有可能是 16 号位上下二层的内容，但绝不会是相隔几层的东西。这一河段的原来位置，从 15 号位的印痕可以肯定它是 16 号位的内容。在帛图原件上，把它裱糊在 13 号位上是错误的。

在照片拼接图和帛图原件上，于 13 号位和 16 号位之间破损严重的深水流经的通道中，杂乱地贴上一些与此无关的残片，结果造成深水阻塞、无路可通的不合理拼复现象。在 11 号位也有类似情况。我们认为，在已破损的河流通道上，如果找不到相应的残片进行裱贴，宁肯阙如，否则会降低拼接图的质量。

在照片拼接图 13 号位中间水道的下方，贴有两小块有水道的残片，作西北向顺流注入深水。但据原照片，此两残片应作东北流向，才能使其中的河道连贯，碎部吻合，山形线相接。依本图体例，主支流交汇口有水名注记。这两碎片尚未见水名，故它距深水尚有一段距离，不必担心出现支流倒逆现象。

帛图原件在 31 号位的营浦正西，裱糊一块具有河道的残片，此残片位置正确，但方向错了。应当把它揭起，调转 180 度重裱，才能符合水道流势及其在 32 号位的印痕。

关于拼接图中的问题就谈这些。几年前，我们即已根据文物出版社提供的一份帛片的等大照片，制作了一幅 96 平方厘米的照片拼接图，但由于其中有 4 片（2、4、5、6 号位）的比例尺和其他位片不一致，又有 1 片（6 号位）是反面照，因此至今无法公布。今后如有必要并有统一比例尺的照片，当另行制作一幅照片拼接图，届时可以和复原图一起，用原大二分之一、便于判读的尺寸，一并发表。

二　复原图中的问题

拼接图是制作复原图的依据，拼接时的错误，自然会在复原图中反映出来；由于印痕混杂，有时几乎难辨真伪，也会造成复原上的错误。这是已公布的复原图中出现错误的原因。我们已另制一份复原图（见图 3），所以在这一节的讨论中，只简单说明我们复原的依据以及与整理小组不同的地方。

1. 水道复原中的问题

先看折叠顺序 3 号位。这里已经没有任何实物残片可作依据，复原时全凭它印在 4 号位的印痕来进行分析。整理小组把 30 号位水道，用南东方向的虚线直接和 4 号位水道相连，这样的复原是不符合 4 号位的印痕的。正确的复原应是使 30 号位水道，以南东方向流至 3 号位，再以近东西方向延伸，和 4 号位水道相接。

30 号水道的右岸，有一段长 1 厘米、宽 0.1 厘米的墨迹。整理小组据此把 27 号位的水道，用近于弧形虚线引至 30 号位，使它们相接（见图 2）。这样的复原，有三点不妥。首先不符合该图所遵循的制图原则，即水道线的绘制自上游向下游不断加粗，全图水道的绘制无一例外。当 27 号位水道进入 30 号位西部时，其宽度已达 0.2 厘米，它的河口宽度绝不可能只有 0.1 厘米。其次，在 31 号位上，有 30 号位水道及其他印痕的绝大部分影像，包括那小小的一段墨迹也留有印痕。但是根本找不到 27 号位水道以弧线形式，在 30 号位中部注入其他水的任何痕迹。最后，如此复原，完全不符合自然形势。我们认为，27 号位水道应按其自然流势，向南东方向引虚线至 3 号位北部，然后才注入 30 号位南流至此的水道。如此复原，解答了此水下游段没有留下任何印痕的问题，又与自然形势吻合，可以判读。

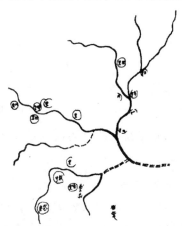

图 2　整理小组的复原图（局部）

在折叠顺序 9、12、13、16 四片接合部，水道复原的错误最为严重。整理小组把龙里以南的第二条水，复原为注入第三条水，第三条水作注入第四条水，然后第四条水才与深水相汇。其错误的原因，前节已作分析，兹不赘述。这里正确的复原，应是使深水和第一支流汇合后稍往南流，才转向西流；第二条水在龙里以东南向西流至龙里南，然后折向西北至□里南侧，再以几个微弯向北西西流注深水，成为深水第二支流。第二支流的这一流势，在 9 号位片上完全可以找到它的痕迹，在 8 号位片上也有它的印痕。第三条水的复原，应自坷里以西口里的西北，顺其流势作西北流注深水，成为深水的第三支流。因此，整理小组误作为深水第二支流的第四条水，显然是深水的第四支流。此水下游段破损严重，大部分当作虚线处理；第四支流与深水交汇口的下方，应加绘一段深水实线河段。

在水道复原上，比较没有把握的是 16 号位右上角的那一支流。它的上游河段究竟在哪里？如果 14 号位左上角的那一条水是它的上游，那么，对这条水就根本无法解释，因为它完全不符合这个地区的自然形势。帛图原件拼复时，可能就是考虑到这一点，所以把 16 号位的那一河段剪贴在 13 号位上，如此只需把 14 号位左上角的水道与它相连，就可以解释为今天的岭东河。我们正是考虑到 14 号位水道无疑是现在的岭东河，但 16 号位的这一河段又只能贴在 16 号位右上角，因此用虚线把 14 号位水道引至 13 号位右下角，使之注入深水，成为深水的第七条支流，解释为岭东河；再把 16 号右上角的那一条水，用虚线略向西南延伸，使之成为深水的第八支流，解释为今天的花江。

当然，由于这一接合部破损严重，又没有印痕可供鉴别，所以整理小组把 14 号位左上角水道，直接用虚线和 16 号位右上角的水道相连，这样复原虽然无法解释，但却是有可能的。因为单从图面上来分析，这样复原也极其自然，再加上本图这一地区原是荒无人烟的地方，很可能由于没有经过实地勘测，从而造成原图错绘的可能性也是存在的。水道复原中的其他一些问题，因无碍大局，也就无须一一指出。

2. 陆路交通线复原中的问题

地形图的陆路交通用较均匀的细线表示。除桂阳外，其余七个县治都有交通线连接。原图经过折叠渗染后，交通线大多断为线段，而线段和印痕的真伪有时很难辨识，给复原带来一定困难，因此整理小组也错画了一些交通线。最明显的错画表现在 12、13 号位上。可以这样认为，整理小组在 12 号位上所复原的交通线，几乎都是错画的；在 13 号位上，那条自东向西转西北的交通线，也是错画的。从图面上来看，这两片都有这条近东西方向的交通线。但它实际上是 14 号位交通线的印痕。它是从 14 号位印至 13 号位片，再从 13 号位片印在 12 号位片上。在未经剪贴的照片上，它们的形状和长度一模一样，按折叠顺序，三条线完全可以叠置在一起。在 13

号位上有本位南北向交通线，此线色调比本片东西向交通线清晰而且深重，这也可以说明 13 号位东西向线路是印痕而非本色。同样道理，19 号位的线段是 20 号位交通线的印痕，复原时把 19 号印痕作交通线处理也是错误的。

3. 九嶷山舜庙九块石碑复原中的问题

整理小组复原山上九块石碑时，把它们的下部统统涂黑，其根据是 9 号位照片该部变黑。但是只要细读 8 号位照片上九块石碑的印痕，即可发现石碑印痕的下部，也与其上部、中部一样，线条明显、清晰，不存在墨迹一片的问题。印痕既然如此，帛图复原石碑上、中、下三部分应同样处理。此外，舜庙的复原也还有一些点线可以增补。

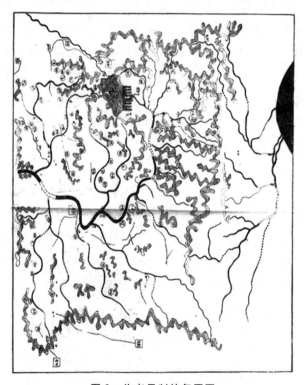

图 3　作者另制的复原图

（本文原载《自然科学史研究》第 3 卷第 3 期，1984 年）

宋元版刻城市地图考录

钟　翀 *

【摘要】现存的宋元版刻城市地图构成一组研究价值颇高的古舆图资料群，本文在系统整理宋元方志、《永乐大典》及后世方志等文献所存该类地图的基础上，利用宋刊本《严州图经》、清抄本《宝祐重修琴川志》等典型案例，深入辨析该类地图的版本源流及舆图由来，并通过对该类地图图式与内容表现的综合考察，尝试归纳其区域性与制图学特征，进而揭示了宋元时期江南地区城市地图的史料性质与研究潜质。

【关键词】版刻　城市地图　宋元时期　历史地图学

引言

本文讨论的中国城市古地图这一类专题图，主要是指能够比较清晰表现城市（或其局部）的格局及其内部构造，并将城市作为面状地物而非点状地物加以描绘的一类地图。就传存状况来说，要系统了解此类地图，也只有到了宋元时代才有可能。

一般以为，唐宋之际的城市变革、宋代地方文化的发达与雕版印刷的普及，都是该时期城市地图得以流行并以一定数量规模传存至今的重要原因。而从中国城市史来看，宋代以及此后短暂的元代，在上述三方面都存在较多共性，因此本文将以宋元时代作为探讨中国城市古地图的时限。

---

* 钟翀，上海师范大学人文学院教授，研究方向：城市历史地理学、历史地图学。

一 宋元版刻城市地图的现存概况

雕版印刷自唐中叶出现以来，入宋始大行其道，当时大概也流行一些单幅的版刻地图，[①] 不过能够传存至今的只有刻本书籍中的插页地图了。此类插页图又以载于方志者较为常见，见于其他今存宋元古籍者则十分稀少，以笔者浅见，大概只有元至顺建安椿庄书院刻本《新编纂图增类群书类要事林广记》所收《东京旧城之图》《外城之图》、日本翻刻元泰定二年（1325 年）《新编群书类要事林广记》所收《燕京图》那样数种城市简图。所以，实际上对于这一时期城市古地图的认知与理解，很大程度上还要凭借对这一时期方志类图的探查与研究来获取。

1. 现存宋元方志的城市地图

《宋元方志丛刊》（以下简称《丛刊》）[②] 荟萃现存 41 部该时期方志（含残本），这 41 部可以确定的宋元志书之中，刊有地图的仅《长安志》等 10 部，其所收录之图主要包括境域图、城市图、官署图、山水名胜图 4 类，不过按照本文定义，真正可归为城市地图的只有 7 部 26 幅，现按原刊本的刊刻年代先后排列如下。

1）《雍录》所收《汉唐要地参出图》《汉长安城图》《唐都城内坊里古要迹图》（图 1）

《雍录》成书于南宋初，书中的长安城图系作者程大昌所绘之历史地图，悉非亲见，且原刊本久佚，《丛刊》所选为明万历《古今逸史》刻本。

2）《嘉定赤城志》所收《罗城》《黄岩县治》《仙居县治》《宁海县治》

南宋嘉定十六年（1223 年）修，除《罗城》图外，黄岩等三县有名为"县治图"者，实则详细表现了未筑城之前的宋代县城全貌，故可归为城市图之列，宋刊本已佚，《丛刊》本所收为清嘉庆《台州丛书》本。

3）《景定建康志》所收《府城之图》

是志修于南宋景定二年（1261 年），宋刊本及元重刊本已佚，《丛刊》

---

① 如常常为研究者提及的宋都临安大量售卖《朝京历程图》的史实，也反映出当时坊刻单幅地图的流行，见于元人李有《古杭杂记》、刘一清《钱塘遗事》等笔记的记载。

② 中华书局编辑部：《宋元方志丛刊》，中华书局，1990。

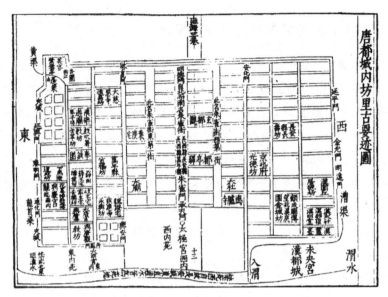

图 1　唐都城内坊里古要迹图（《雍录》明万历《古今逸史》本）

所选为清嘉庆金陵孙忠愍祠刻本，据胡邦波考证，其中的《府城之图》应是景定修志时所绘。①

4）《淳熙严州图经》所收《子城图》《建德府内外城图》

南宋淳熙十二年（1185 年）修，该志向来被视为"现存最早的一部尚有地图的图经"而为学界所重。② 是否果真如此，此点下文详考，该书宋刊本今见藏于日本静嘉堂文库，系宇内孤本，《丛刊》所收为清光绪浙西村舍汇刊本。

5）《咸淳临安志》所收《皇城图》《京城图》等图

南宋咸淳四年（1268 年）修，约宋末咸淳、德祐间刊，该志所收《浙江图》《西湖图》对南宋临安城市格局或城内局部亦有详细描绘、《余杭县境图》《临安县境图》对县城内部的道路等地物有所描绘，按本文定义或可归为城市图，该志今存南宋咸淳原刊本，《丛刊》所选为清道光汪氏振绮堂刊本。

①　胡邦波：《景定〈建康志〉、至正〈金陵新志〉中地图的绘制年代与方法》，《自然科学史研究》1988 年第 3 期。

②　曹婉如：《现存最早的一部尚有地图的图经——严州图经》，《自然科学史研究》1994 年第 4 期。

6）《长安志》附元李好文编绘《长安志图》所载《汉故长安城图》《唐禁苑图》《唐宫城图》《奉元城图》《咸阳古迹图》

约作于元至正四年（1344 年）李好文出任陕西行台治书侍御史之际，除《奉元城图》表现当时的元代城市现状之外，其余皆为长安城的历史地图。

7）元《河南志》所收《后汉东都城图》《西晋京城洛阳宫室图》《后魏京城洛阳宫室图》《金墉城洛阳宫室图》《宋西京城图》

此志源流复杂，《丛刊》本直接来源为清徐松辑自《永乐大典》、复经缪荃孙校订刊行的清光绪《藕香零拾》本，书中多见元代记载，已非宋敏求之《河南志》，其中收录均为历史地图。

以上 26 幅可确认为城市古地图。

笔者收集其他收图之善本，将《丛刊》本所遗漏者一一罗列、略加考核于下。

1）《宝庆四明志》所收《罗城》《慈溪县治图》《定海县治图》《昌国县治图》《象山县治图》

此志始修于南宋宝庆二年（1226 年）、成书于绍定元年（1228 年），原刻本失传，今所见者最早刊本为国家图书馆藏咸淳八年（1272 年）后的增补本，该增补本收有《府境》《罗城》（见图 2）等 16 幅地图，其中《罗城》《慈溪县治图》等 5 幅为城市地图（《奉化县治图》仅表现县衙建筑，按本文定义不计入城市图）。

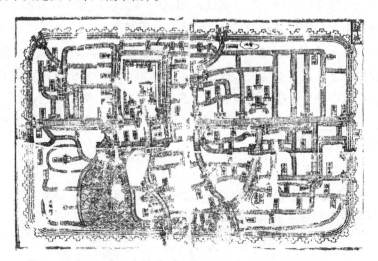

图 2　罗城（国家图书馆藏《宝庆四明志》咸淳八年后增补本）

2）《至正金陵新志》所收《集庆府城之图》

国图所藏元至正四年集庆路儒学溧阳州学溧水州学刻本当为此志收图之善本。根据此图在该书图目中未见载且集庆路为元天历二年（1329 年）之后的建置等事实，判断此图当作于至正修志之际，正反映了当时南京城的现状。

3）《淳熙新安志》所收《徽州府城图》

该志在国图拜经楼影宋抄本之中收录了包含《徽州府城图》在内的 9 幅地图，已有学者从版本源流及地图表现考证这些地图当作于元代。①

4）《琴川志》所收《县境之图》

该志现存古抄本之一——以元本为底本的道光三年（1823 年）恬裕斋影元抄本所收《县境之图》为一幅详细的城市地图。

以上两项合计 11 部共得 34 幅宋元城市古地图，除此之外，像《淳祐玉峰志》目录列有《县境图》《县郭图》《马鞍山图》，其中的《县郭图》应是一城市地图，但今本均缺，类似的还有《剡录》目录所列《城境图》《咸淳重修毗陵志》首列图目所载《郡城》图等，由此亦可知实际刊载城市地图的宋元方志应该更为普遍。

2. 《永乐大典》的宋元残志所收城市地图

1）《临汀志》所收《郡城》图

收录于《永乐大典》卷 7889~7995 的《临汀志》，被称为"唯一一种比较完整保存在残本《永乐大典》中的宋代方志"，研究表明该志成书于南宋开庆元年（1259 年）②，《郡城》图见于《永乐大典》卷 7889。

2）《南宁府志》所收《建武军图》《安南国图》

见于《永乐大典》卷 8506，此志失传既久，今存最早嘉靖《南宁府志》在编修之际已不复见之。按此志体例可知其为《永乐大典》编者汇集当时既有的总志与各地之方志，重加编辑而成，而其中所收建武军、安南国两图，"据所标地名及衙署、驻军名目等，可断其为宋代，具体说是南宋时的地图"。③

---

① 曹杰：《再论〈新安志〉的版本问题——兼论国家图书馆藏旧钞本的文献价值》，《文献》2018 年第 4 期。

② 方健：《〈开庆临汀志〉研究——残本〈永乐大典〉中的方志研究之一》，《历史地理》第 21 辑，2006。

③ 姜纬堂：《〈永乐大典·南宁府志〉及其价值》，《学术论坛》1986 年第 5 期。

3）《三阳志》所收未具图名之潮州城图

《永乐大典》六模"湖"、十三箫"潮"等字收有今潮州的《三阳志》，有关此志成书于宋或元乃至明初，尚有争议，① 然《永乐大典》卷3343所收潮州城图之上，可见"路学""录事司"等机构，显示其为元代之图（见图3）。

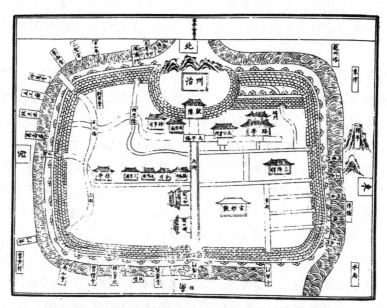

图3 潮州城图（《永乐大典》卷3343所收《三阳志》）

值得留意的是，《永乐大典》残本中还收有许多明初方志，其中的城市图虽然大多绘于洪武初年，但其地图之底本很可能源于前代，尤其是其所反映的城市形态仍留存宋元旧观，此类地图对于实际研究而言其价值不可低估。如《永乐大典》卷2275所收未具名的湖州城图，标出了湖州城中全部的宋元"界"名，② 又如《永乐大典》卷1905所收《广州府境之图》《广州府番禺县之图》《广州府南海县之图》，③ 卷2337所收梧州《府

① 吴榕青：《〈三阳志〉、〈三阳图志〉考辨》，《韩山师范学院学报》1995年第1期。

② 来亚文、钟翀：《宋代湖州城的"界"与"坊"》，《杭州师范大学学报（社会科学版）》2016年第1期。

③ 曾新：《明清广州城及方志城图研究》第三章《明初〈永乐大典〉之广州城图》，广东人民出版社，2013，第42～60页。

城图》《藤州城图》，卷 7963 所收《绍兴府四隅图》，即使并非宋元之图，亦可知此图留存较多前代样态，值得进一步深究。

3. 后世方志转录或摹写的宋元城市地图

按我国方志的编纂传统，重修的方志频繁转录前志内容也是一大特点，不仅作为体例将此前所修的序文一并收录，在具体的内容上也往往予以抄录，而方志中的地图也不例外。因此，现存明清方志尤其是明代方志之中，一定也留存了不少已佚宋元方志之图，下面仅以江阴志图为例予以说明。

位于长江南岸的江阴，在南宋绍定年间曾修撰《江阴续志》，此志元代又有翻刻，惜今无宋元刊本传世。目前可见最早的江阴方志是弘治《江阴县志》15 卷，该志亦为稀见之本，仅见藏于国家图书馆；此后的嘉靖《江阴县志》也只有天一阁藏本，因此，这两种县志中的地图向来缺少关注。弘治《江阴县志》的编排比较奇特，舆图不在卷首而在卷 14，该志编者为了古今对照，特地收录了当时还可见的"宋志"即《绍定江阴续志》中的两幅地图——《宋治全境图》《宋治官治图》，其中前者为区域图，该图也被嘉靖县志所收，后者《宋治官治图》则是一幅典型的南宋江阴军城之图（见图 4），然此图仅见载于弘治县志，且该卷提及："志之有图，常律也，图而为谱，古今之形见焉。宋图二，城府井络、废兴因革具矣，谨为临摹，不敢毫发讹异。"可见弘治县志的这两幅宋图是比较忠实地留存宋志图原貌的。

同时，在近年认定的清抄《永乐大典·常州府》全部 19 卷①之中，几乎完整地包含了《绍定江阴续志》一书，遗憾的是现存抄本没有留下其中的地图。不过，笔者经过对此志的详细地物分析，亦可证实弘治县志所收"宋志"图确为《绍定江阴军志》之原图。例如，该《永乐大典·常州府》抄本中有关于江阴军城子城的 10 余条零散记载，拼接起来的南宋江阴军子城范围跟明弘治志所收《宋治官治图》的表现一致；另外，此图上

---

① 上海图书馆藏清嘉庆间抄本，该馆目录及《中国地方志联合目录》误作洪武《常州府志》，此书经王继宗从卷数、编纂体例、卷次标法、类目标法、正文前目录、目录首行、地图、内容、避讳等方面的详细考证，已经认定系《永乐大典》卷 6400 至卷 6418《常州府》抄本。王继宗：《〈永乐大典〉十九卷内容之失而复得——［洪武］〈常州府志〉来源考》，《文献》2014 年第 3 期。

地物最晚见者"正佑庙"系南宋绍定六年（1233年）在旧"净明观"遗址改建而成，① 故可确证此图源于已佚之宋志无疑。

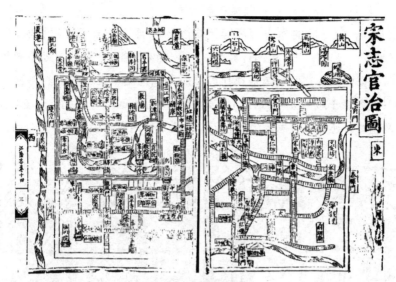

图4　宋志官治图（国家图书馆藏明弘治《江阴县志》卷14）

又如，下文提及的弘治《常熟县志》及此后的多种明代常熟县志，均以"旧图"之名收录南宋《宝祐重修琴川志》中的常熟城市地图，所以即使今存各本均非宋元之刻，或图失不见，但后代转录、摹补之图仍存原图之真。类似明代江阴、常熟县志转录宋元旧志地图的情况，在明前期方志之中应该不是个别案例，鉴于明志传存极多，估计此类地图亦不在少数，具有相当的发掘潜力。

二　宋元版刻城市地图的版本源流及舆图由来

宋元方志存世不多，弥足珍贵，其中的城市古地图更是成为解读中古城市的第一手资料，对于详细的城市历史形态学研究与复原研究、验证所谓"中世纪城市变革论"来说尤为关键。然而，由于传世文献版本流传的复杂，以及由此带来的、不时与书中文字内容分别流传的舆图传存的特异性，在利用此类地图资料之际，需要对今存本的成书年代、版本特别是舆

① 王继宗校注《〈永乐大典·常州府〉清抄本校注》，中华书局，2016，第342页。

图的由来等问题予以厘清，下面以南宋的《严州图经》与《琴川志》所收城市图为例来加以辨析。

1. 《淳熙严州图经》所收城市图考辨

《丛刊》第 5 册的南宋《淳熙严州图经》卷首收录了《建德府内外城图》（图 5）、《子城图》这两种城市图，由于该志编撰于南宋早期淳熙年间，故有学者据此认为这两幅图是现存最早的方志地图，意义非凡。不过，"建德府"之名缘于咸淳元年（1265 年）升严州为建德府，因此，笔者以为对于这两幅图，还要从该志的版本流传与地图具体内容着手加以慎重分析。

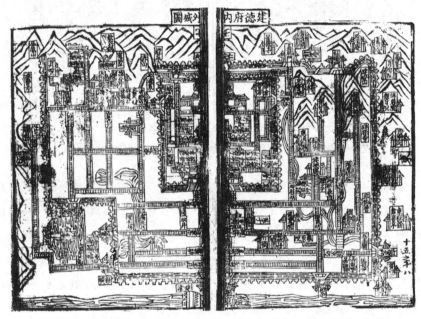

图 5 建德府内外城图（日本静嘉堂藏宋刊本《淳熙严州图经》卷首）

首先，传世的严州宋志，历来就有《淳熙严州图经》《景定严州续志》两种，两书的内容与版本传存较为复杂，而《丛刊》所收均为清光绪渐西村舍汇刊本，系清人袁昶据丁丙影抄陆氏皕宋楼藏宋残本整理刊刻而成，桂始馨曾详细核对渐西村舍汇刊本《淳熙严州图经》中的文字记载与地图标注，得出了该书自南宋淳熙之后，"内容上经过多次增订补版，卷首地图亦是宋末重新绘制镂梓的"，[①] 笔者赞成这一判断，不过桂文未利用日本

----

① 桂始馨：《〈淳熙严州图经〉版本与卷数考》，《中国典籍与文化》2012 年第 4 期。

静嘉堂所藏原皕宋楼宋本，下面再就日藏宋刊原本中的地图资料①来做一考察。

若拿宋本与清代的渐西村舍汇刊本以及上海图书馆所藏丁丙抄本，对勘其中所收《建德府内外城图》《子城图》可以看到，虽然清刻本或抄本比较忠实地保留了宋本原貌，但在具体的笔触上仍然存在较大差异，并且，清刻本在地名牌记上的多处留白（如《建德府内外城图》上的"和平门""安泰门""善利门""东门""双桂坊"等），都是丁丙抄本脱漏或难以识读所造成，这些均可据宋本补足。更为重要的是，从《建德府内外城图》上的具体地物来看，如"汛清""泳泽""净碧""要津"等亭，均是景定元年至三年（1260—1262年）知州钱可则任上所为，同期的地物也见于《子城图》中的"秀歧"堂，"旧名省心，今侯钱可则以近郊献双穗麦更此名"，② 这些地物最晚见者乃《建德府内外城图》上所见"溪伟观"即"溪山伟观亭"，按钱可则所修《景定严州续志》卷一所记，系景定二年（1261年）"今侯钱可则建"。总之，这两种城市地图散发着这位钱知州在任现场的浓烈气氛，再联系钱可则纂修《景定严州续志》之举在景定三年，那么有理由推定两图之作当是钱可则续修州志之际。至于图名所现始设咸淳元年的"建德府"，则可能是实际刊刻晚至咸淳年间，这一点可在《景定严州续志》中"知县题名"等记事中得以印证，如该志的建德县知县题名就记到了咸淳七年。③

以上考察显示，《丛刊》本中《淳熙严州图经》所附之城市地图，并非淳熙修志之时所作，其创作与刊刻应在宋末景定、咸淳之际，而从图上内容分析，两图与《景定严州续志》文本高度契合，可以图史互证。这一案例不仅展现原刊本的地图史料价值，更可说明对于辗转流传至今的宋元古舆图，开展资料批判的必要性。

2.《宝祐重修琴川志》的版本及书中地图溯源

常熟在历史上曾出现多部以"琴川志"为名的方志，现存最早者题名为《重修琴川志》，该志卷首所列《县境之图》是一幅研究价值很高的城

① 《淳熙严州图经》卷首，载日本静嘉堂编《静嘉堂文库所藏宋元版》，雄松堂书店，2015。
② 《景定严州续志》卷一，载《宋元方志丛刊》第5册，中华书局，1990，第4355页。
③ 《景定严州续志》卷五，载《宋元方志丛刊》第5册，中华书局，1990，第4384页。

市古地图（见图6），然而，今存15卷本《重修琴川志》在撰修者、成书
年代上皆存争议，因此有必要予以辨证。

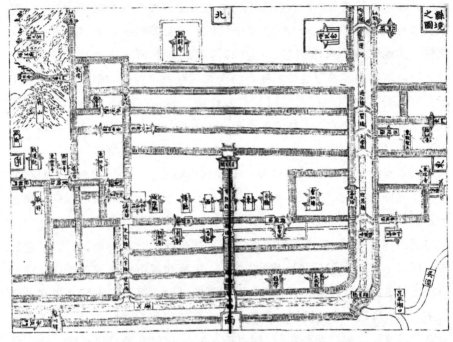

图6 县境之图（国家图书馆藏清道光恬裕斋影元抄本）

今本《重修琴川志》的早期刊本已不行于世，其他各种著录的"琴川
志"与今存15卷本的源流关系迷离不清，不过，各种书目所记此书皆为
15卷，① 推断当是同一种书，即今15卷本《重修琴川志》。为此笔者核之
今存15卷本所载4篇序文，即褚中的未具年代之序、丘岳的宝祐二年
（1254年）之序、卢镇的至正二十三年（1363年）重刻之序、戴良在至正
二十五年（1365年）为卢镇重刻本而作之序。褚序时间无考，其在序言中
说："琴川旧志荒落，丙辰庆元孙应时修饰之，更八政；庚午嘉定，叶凯

① 如《铁琴铜剑楼藏书目录》《皕宋楼藏书志》《中国地方志综录（增订本）》《中国地方
志联合目录》等皆题该书为15卷。详瞿镛：《铁琴铜剑楼藏书目录》，清光绪常熟瞿氏家
塾刻本；陆心源：《皕宋楼藏书志》，清光绪万卷楼藏本；朱士嘉：《中国地方志综录
（增订本）》，商务印书馆，1958；中国科学院北京天文台：《中国地方志联合目录》，中
华书局，1986。

始取而广其传。时久人殊，事多阙且轶，览者病焉。"① 可知当作于宋嘉定之后。褚序主要内容是对全书分目作解题，序中将全书分为"叙县"等 10 个目次，这与今 15 卷本仅在"叙田""叙物"两目的表述上略有差异，所以褚序可对应于今 15 卷本。丘序为鲍廉所撰《宝祐重修琴川志》（下文简称《宝祐志》）而作，其中同样提及"列为十门，条分类析，固不敢谓尽无遗阙，然视旧志则粗备也"，说明《宝祐志》也分 10 目次，与褚序相合，这说明褚序很可能也是《宝祐志》的序文，则今 15 卷本《重修琴川志》很可能就是《宝祐重修琴川志》。而至正卢序提及：

> 按《琴川志》自宋南渡，版籍不存。其后庆元丙辰县令孙应时尝粗修集，迨嘉定庚午县令叶凯始广其传，至淳祐辛丑县令鲍廉又加饰之，然后是书乃为详悉。自是迨今且百余年，顾编续者未有其人，而旧梓则已残毁无遗矣。……爰属耆老顾德昭等遍求旧本，公暇集诸士，参考异同，重锓诸梓。其成书后，凡所未载各附卷末，总十有五卷，仍曰《重修琴川志》，其续志则始于有元焉。

按卢序所说，南宋之志始于庆元年间孙应时，该志粗略，这点丘序也曾提到，而后嘉定年间叶凯"始广其传"，淳祐年间鲍廉又曾增修。由此可知叶凯未曾修志，且鲍廉修撰年代有误。今本《重修琴川志》卷 3《县令》"叶凯"条确记"刊《琴川志》"而非修撰。另，"淳祐辛丑"为淳祐元年（1241 年），时任县令并非鲍廉。鲍廉于淳祐十二年（1252 年）上任，次年即宝祐癸丑元年（1253 年），再次年是丘序所作之宝祐二年，所以卢序的淳祐辛丑当为宝祐癸丑之误。

据卢序，元至正时，孙应时庆元志和鲍廉宝祐志都已不常见，卢镇访得后重刻出版，并在每卷末附补记之文。此版有 15 卷，卷数与今本合，题名"仍曰《重修琴川志》"说明至少上一版即鲍廉宝祐志也用此书名，此亦为今本《重修琴川志》乃《宝祐重修琴川志》之证。

从上述诸序可知，到元卢镇时至少出现过 5 部常熟县志：宋室南渡前的《琴川志》、孙应时《庆元志》、鲍廉《宝祐重修琴川志》、卢镇《至正

---

① 鲍廉：《重修琴川志》卷首，哈佛藏明末毛氏汲古阁刻本。下文提及的丘序、至正卢序原文均引自此本。

重修琴川志》与卢镇《至正续志》。除第一与最后一部外，另三部都可能与今 15 卷本《重修琴川志》有关。那么。该书与其他已佚诸《琴川志》关系如何？是在旧志上增辑还是独立编撰？若要探究这些问题，还需从今本之文本入手加以分析。

按今本 15 卷本《重修琴川志》卷 3《叙官》存有县令、县丞、主簿、县尉 4 种官职表，县令记至宝祐六年（1258 年），县丞记至宝祐元年（1253 年），主簿记至宝祐三年（1255 年），县尉记至嘉定七年（1214 年）；卷 8《叙人》"进士题名"记至嘉熙二年（1238 年）。这 5 种年表均截至鲍廉修书前后，而距孙应时修志相去甚远。再者，综观全书内容，宝祐之前的南宋年号都有出现，且分布书内各卷，数量也不在少数，但宝祐年号本身则只在卷 3《叙官》的年表中出现过几次，宝祐之后的年号除了卷 10《叙祠》中出现 3 次"咸淳"，其他年号均不见，也未见元代记事。因此今 15 卷本的绝大部分文本当形成于宝祐以前。根据丘序落款"宝祐甲寅中元日"断定鲍廉《宝祐志》成书于宝祐初年，因而今 15 卷本最大可能为鲍廉《宝祐志》。第三，今 15 卷本常见征引"庆元志"，出现 10 多次。其中卷 8《进士题名》夹注称"按《吴郡志》列'进士题名'一卷，以端拱初元龚识为首，然未尝彪分邑进士之目。《庆元志》虽析而列之，年序错杂无考焉，今纪其次"。清晰区分了《庆元志》与《重修琴川志》的文本差异，证明今本《重修琴川志》并非在《庆元志》基础上增修，而是独立重修的。并且，其中提到的《吴郡志》一书初刻于绍定二年（1229 年），孙应时并无可能见到。[①]

总而述之，今 15 卷《重修琴川志》当为南宋鲍廉编修，成书约在宝祐二年（1254 年）。今日所见之本绝大部分内容仍是宝祐编修时之原貌，这一判断对于该志地图的年代判定来说具有决定性作用。

今本《重修琴川志》的早期版本宋宝祐初刻本、元至正再刻本虽已亡佚，不过现存重刻本与抄本颇多，较重要的有明末毛氏汲古阁刻本、清张海鹏传望楼刻本、清嘉庆《宛委别藏》抄本、清道光三年（1823 年）瞿

---

① 有关今本《重修琴川志》成书年代、卷次的详细考证，参见孙昌麒麟、钟翀《南宋〈宝祐琴川志〉及其所载常熟城图考证》，《江南社会历史评论》第 16 期，商务印书馆，2020 年刊行预定。

氏恬裕斋（即铁琴铜剑楼前身）影元抄本等。其中汲古阁本为现存最早刻本，《宛委别藏》本和恬裕斋抄本则收有舆图5幅。

今哈佛大学藏汲古阁本4册，其卷1前页有红字批注，显示此书乃乾隆五十七年（1792年）由王氏所抄陆贻典批校本，卷前有陆贻典命人摹绘的地图5幅。这个本子卷1前有崇祯二年（1629年）龚立本和康熙六年（1667年）陆贻典的书跋，讲述该本流传情况。陆贻典是汲古阁主毛晋的亲家，其文说毛扆觅得元至正再刻本后交予他批校汲古阁本。该元本有图5幅，颇有些漫漶不清，现此刻本所附5图系另据他本摹绘。因此作为《重修琴川志》现存最早传本的汲古阁本原是没有舆图的。

元本流传既久，至清道光三年（1823年）仍有恬裕斋影元抄本问世。该抄本收录了常熟人言朝楫嘉庆十年（1805年）书跋，称其家藏有元本，"各图皆全"，① 由此可知元本确有舆图，以元本为底本的道光恬裕斋影元抄本就有包括《县境之图》等5幅舆图，当是今存此图的最善之本。② 除恬裕斋影元抄本外，《宛委别藏》本和陆贻典批校汲古阁本皆有此图，两本都是摹绘而来。按哈佛所藏汲古阁本可见陆贻典批校提及"图五叶从新志得二，复命童子摹其三，列于序后"。"新志"当指《重修琴川志》之后所编方志，如弘治《常熟县志》及此后多种县志均收录了这5幅《宝祐志》之图。此外，上述汲古阁等3个版本中的《县境之图》内容几乎一致，这正说明此图在流传中幸未佚失。笔者曾统计图中地名73个，绝大部分在《宝祐志》有载，可以说《县境之图》与《宝祐志》年代契合，其内容亦互为表里。

综上可知，今本《重修琴川志》初刻于南宋宝祐间，元至正时重刊，但宋元二本皆佚。然元至正本在后世多有影抄，清道光间仍见存世，由此造成今存《宝祐重修琴川志》版本众多。书中舆图虽在今存数种刻、抄本之中存缺不定，但元刊本的长期传存，加之明弘治县志等距宋元志较近方志中也有忠实转录，故即使是清代的影抄本，就舆图这一项观之仍有可能

---

① 鲍廉：《重修琴川志》卷首，清道光三年（1823年）瞿氏恬裕斋影元抄本，中国国家图书馆藏。

② 今本所见南宋《县境之图》都是摹绘而来，但相互之间存在细微区别，如恬裕斋影元抄本之图较其他版本少"燕喜楼"左侧一座名为"宣诏"的建筑，然此本舆图笔触绝似刻本，而不类他本之图，最有可能是依元刊本之图细加描摹而成。

留存宋椠之原貌。《琴川志》的版本与其所载地图的分析表明，除了《宝祐四明志》《乾道临安志》那样宋元原刊之本，今存再刻本或据原刊本转录传抄之本，其来源有时极为复杂，而其中所载城市地图，也是自宋元时代以来历经七八个世纪辗转流传而来，因此，需要聚焦于书中地图本身，同时兼顾书志学考察的慎重资料批判，方可得以确认并安心利用。

三　宋元版刻城市地图的图式与内容

本节将根据上面统计的宋元版刻城市地图，对其基本的图式与内容表现做一初步分析。

上文统计了《丛刊》本及其他刻本或抄本所收宋元方志类图 34 种、《永乐大典》所收者 4 种、可以确认的明弘治《江阴县志》所收之宋城市图 1 种、宋纂元刊本《事林广记》等其他刻本所收者 3 种，合计为 42 种宋元版刻城市地图。从图式上看，这 42 种地图明显可区分为江南地区城市地图与其他区域的城市地图这两大类型，前者存数最多，涉及城市包括临安、建康、明州、台州、严州等都城或府级城市，乃至常熟、江阴、黄岩、定海（今镇海）等县城；后者仅见长安、东京、洛阳等都城以及《永乐大典》幸存的临汀、潮州、南宁等数城，两者在图式与表现内容上均差别甚大。

《长安志》《雍录》《河南志》所收之图多为历史城市地图，时间跨度很长，如《长安志》所载《汉故长安城图》《唐宫城图》《奉元城图》，只有最后一种具有现实临场制图的意义。这一类地图从具体的绘制手法上看，例如对城墙、道路等线状地物的表达，既有采用单线线描的简单表达形式（如《雍录》所收《汉长安城图》等），也有采用较为复杂立面图形式来描摹城墙等地物的（如《潮州城图》等），对于其他地物的表现也比较多样，因此较多呈现创作的个性。当然，在图式上还是有些共同特色的，若以《奉元城图》（见图 7）观之，此类地图绘制大致可总结如下。

其一，此类城市地图以围郭与城内衙署等政治性机构为表现主体，有的也描绘一些祠庙或古迹名胜（像《奉元城图》中标注"民居"的属于特例），但除了《唐都城内坊里古要迹图》等极个别图之外，大多都没有表现街巷路网，最多仅绘出联通主要城门或政治核心机构的主干道路（如临汀《郡城》图、《潮州城图》等），而对于坊、市等城市建成区或商业区的描绘虽不能说完全忽视，但也显得十分的简化。

其二，衙署机构的描绘一般采用局部放大的"凸镜处理"方式（这也是中国古代城市地图的常套手法），此类机构通常具体到绘出形象的建筑物，有一定的写真功能，故存在考证甚至复原研究的可能。也有的图上出现了以类似贴签形式的符号化标注，不过这种形式从方框的形状一致、大小接近来看更可能只是一种地名贴签，但如《奉元城图》所示，也有个别以大小不一、形状不同的方框的画法，则可能显示该种标注初步具有了对地物实体面积、形状的一定的表现功能。

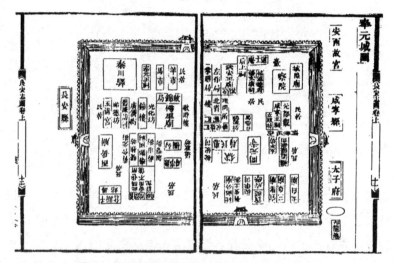

图7　奉元城图（清乾隆《经训堂丛书》刻本）

江南地方城市地图则是现存宋元版刻地图中数量最多、覆盖城市最广的一类，此类地图在绘制手法与内容表现上均显示出很强的共性，且具有鲜明的地方特色，具体归纳如下。

其一，与其他区域的城市地图相比，虽然围郭与城内衙署仍作为主要内容，但一般也会留意对其他公共设施的表现，同时，描绘详细的路网也是江南城市图最显著的特点，再结合对城内水道与桥梁的表现，以及对地物大小、方位、曲度、面积等相对较为准确的描摹等绘法处理，可以看出此类地图一般也具有真正的导览功能，而非如前者那样仅仅是配合书中文字描述的示意图式制作。当然，此类地图（图8）仍缺乏对建成区要素的表达，需要通过其他地物的综合分析来做一些复原研究。

其二，从图式上看，宋元江南城市地图绘制也已出现非常高的共性。

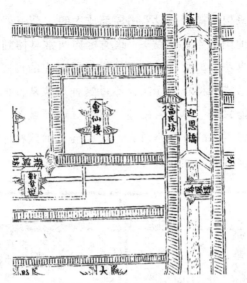

图8　常熟《县境之图》局部（清恬裕斋影元抄本）

主要表现为：街道统一以描绘石板或阶梯的双线加细横线方式来表达；河道或湖塘一般以水波纹加以填充；桥梁径以街路横压河道并在街路上加注桥名为原则，少数重要或考究的也有绘出桥形的；衙署、祠庙一般以统一的图例表达，少数重要机构则一般会另绘子城图、衙署图等以详细表现其内部构造。并且，上述特征在著名的南宋苏州石刻地图《平江图》中也可观察到（见图9）。此类高度一致的绘制图式，真实反映了宋元江南的测绘者与图版雕刻匠团体的绘制传统，甚至可以推测这类技术不仅传承有序，而且很可能其参与者就是数代连绵的同一派匠人。

作为我国古代城市地图的高峰之作，表现精细、描绘准确的大比例尺《平江图》碑在宋代苏州的出现，应该不是孤例。如以南京为例，《景定建康志》卷33《石刻》中就有《金陵图》《建康图》碑，《至正金陵新志》卷12下《碑碣》中的"金陵建康图"条也记载了南宋初洪遵（1120—1174年）在南京刊刻的《建康图》碑，该条注云：

洪遵《跋杨备览古诗》曰：暇日料简故府，得《金陵图》，六朝数百载间粲然在目，又以今日宫阙、都邑、江山为《建康图》，并刻石以献。上称善，有旨令参订古今，微识其下。客有以前诗示遵，亟锓之木。……图旧在玉麟堂，今好事家有大本。

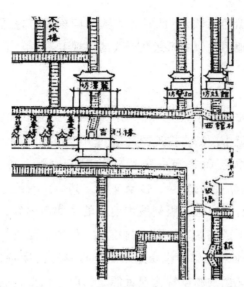

图 9　苏州《平江图》局部（苏州文庙宋碑线描）

　　《景定建康志》有多处引用这种《金陵图》，如卷 19《山川志》"钟浦条"有"考之《金陵图》，其地有钟浦桥"等，从桥梁等小地名注记推知该图很可能也是一幅相当详细的宋代城市地图。① 宋代平江、建康等江南城市图碑的存在、《建康图》碑拓本的流行以及将之锓木雕版的议论，不仅实证了宋代江南城市地图刊刻并非个例，同时也可推测宋元江南地区出现的此类地物表现细密，且存在较多共性的版刻城市地图，在演化上或是源自更适于大幅面刊刻的石刻之城市图碑。

　　其三，值得留意的是，从明清方志等材料来看，宋元时代在江南地区出现的此类高度特化的城市图制作方式并没有流传下来。入明以后，此类地图就已步入退化通道，这一点可从《永乐大典》所收明初湖州、绍兴方志的《湖州城图》《绍兴府四隅图》不少要素都出现了简化的倾向（如街道的表现都舍弃了内部的细横线填充等），明初洪武《苏州府志》所收城市地图亦能印证上述退化的观点。到明中期以后，与版刻的粗率化相一致，此种退化倾向在城市地图制作上也愈发显著，只有诸如上海那样当时的偏僻小县城，在嘉靖《上海县志》所收《上海县市图》上仍然偶尔可现

---

① 潘晟：《从宋代诗文看幽思与胜览思想对宋代地图学发展的影响》，《中国历史地理论丛》2010 年第 2 期。

前代江南城市地图的回响，① 此时大多数的版刻城市地图均已退行至与宋元其他区域城市地图类似的示意图形式的表现上了。

结语

以上笔者初步整理了宋元版刻城市地图这一类形式的古代专题地图，本文考察揭示，就中国城市古地图的资料留存状况而言，只有宋元时代方有开展研究的可能；而作为一种特殊的图像史料，对于此类地图的载体——宋元刊本或后世的转录、抄录文献，其传存与流传史的审慎辨析是必不可少的。综合考察宋元版刻城市地图的图式与内容，可以看到，宋元时代在江南地区形成的城市地图绘制技术与传统，无论从地图的图式与内容上看，还是从地方性与时代变化来看，都具有高度特化的倾向。不过，要了解此种城市地图的高度特化究竟源于何时、何处，则还有待于今后从当时该区域的测绘技术、绘图技术的流转、绘图主体构成等多方面加以深入研究。

（原载《社会科学战线》2020 年第 2 期，收入本书时编者有所删改）

---

① 钟翀：《上海老城厢平面格局的中尺度长期变迁探析》，《中国历史地理论丛》2015 年第 3 期。

从古地图看早期西方人对中国城市的命名方式

徐春伟*

【摘要】元末明初起，最早接触到西方人的中国东南沿海城市逐渐有了外文名，并出现在西方人的地图上。不过，这些外文转写并非直接音译，而是与当地的本名或实际政区名有不小的差异。

【关键词】名物　政区　命名方式

从元末明初起，随着大航海时代的来临，最早接触到西方人的中国东南沿海城市逐渐有了外文名，并出现在西方人的地图上。这些外文转写并非直接音译，而是与当地的本名或实际政区名有不小的差异。这里面也有规则可循，主要有名物误当地名、颠倒政区级别、京号误当地名三种现象。

一　名物误当地名

这类命名方式典型的就是澳门的葡文名 Macau。不过，并不是"妈阁"的音译。元末明初，广东香山县的澳门半岛北部开始出现村落，起先称"蚝镜（境）澳"。澳门附近海域，明时以产蚝（牡蛎）而闻名；"澳"则指船只靠泊的地方。后来，文人们嫌弃"蚝（蠔）"字土，将"蠔"雅化为"濠"，继而出现了"濠镜澳"的雅称。澳门半岛有南台、北台（今日西望洋山和东望洋山），两山高耸相对如门，则是"门"的来历。这样，"澳门"逐渐成为这一地区最常见的称谓。迄今所见最早出现"澳门"地

---

* 徐春伟，宁波市镇海口海防历史纪念馆档案馆员。

名的官方文件是嘉靖四十三年（1564 年）广东南海人庞尚鹏之奏稿《陈未议以保海隅万世治安疏》，疏云："广州南有香山县，地当濒海，由雍麦至蚝镜澳，计一日之程，有山对峙如台，曰南北台即澳门也。"

澳门葡文名 Macau，距离澳门一词读音相差甚远。有一种流传较广的说法，说是当年葡萄牙人登陆澳门，最早的地点是在澳门半岛西南部的妈阁庙（天妃庙）前。登陆后的葡萄牙人问当地人地名名称。当地人误以为是问这座庙的名字，便答道"妈阁"。葡人听到后，便以"妈阁"的读音，将其转写为 Macau。

这一说法真的站得住脚吗？"阁"是入声字，澳门是粤语区，粤语今音为［kok］，尚有－k 韵尾，何况是明代；而 cau 音节无－k 入声韵尾。Macau 是"妈阁"的音转，只是后人的臆断而已。认为 Macau 是"马鲛（马角、马交）"的转写更是错得离谱，澳门马鲛石是在清代文献中才出现的；近年出来的 Macau 是"泊口"（意为靠泊口岸）的说法则是错上加错。

虽然澳门 Macau 不是"妈阁"的音转，但也与天妃有关，确实是一个以名物指代地名的现象。Macau（Macao）其实是 Amagao（阿妈港）的缩写。由于时人将天妃（清朝升格为天后）称为"阿妈"或"娘娘"的关系，故澳门天妃庙附近的水域称为"阿妈港（亚马港）"。郭棐《粤大记》的香山县图中，有濠镜澳的村子，右侧标有"番人房屋"的房屋图像，向右即"亚马港"。1952 年，日本学者写的《长崎轶事》提到的澳门旧地名也是"妈港"。

瑞典历史学家龙思泰（Anders Ljungstedt）的《早期澳门史》称："澳门……远在葡萄牙人到此定居以前，就以安全的港湾而著名。因在娘妈角炮台附近有一座供奉偶像的神庙，所供奉的女神称为阿妈（Ama），所以外国作家称之为阿妈港（Amagao，Port of Ama）。"

利玛窦在他的《中国札记》中也曾明确指出 Macau 得名与阿妈港的关系："他们（广东官员）从未完全禁止贸易，事实上他们允许贸易，但不能太快，而且始终附有这样的条件：即贸易时期结束后，葡萄牙人就要带着他们全部的财物立即返回印度。这种交往持续了好几年，直到中国人的疑惧逐渐消失，于是他们把邻近岛屿的一块地方划给来访的商人作为贸易点。那里有一尊叫作阿妈（Ama）的偶像。今天还可以看见它，而这个地方就叫作澳门（Amacao），在阿妈（Ama）湾内。"

图1 《粤大记》香山县图

Amacao 中的 cao 对应的其实是汉字"港",此词本应写作 Amacão。葡萄牙语没有 ng 韵尾,在拼写 ng 尾汉字的读音时,只能用鼻化符号"～"表示。语言有趋简性,就像本名"阿妈港"很早变成"妈港"一样,Amacão 也很快缩写成了 Macão。Amacão 缩写成 Macão 后,早期葡萄牙人地图也确实出现过将澳门拼写成 Macão 的地名。葡萄牙语在拼写时经常省略"～",如此一来,Macão 就成了 Macao。早期"妈港"的译名有 Macão、Macao、Macau 等多种写法,后来被统一为 Macau。Macau 与 Amacão 读音相距略远,才造成了回译成汉字的混乱。

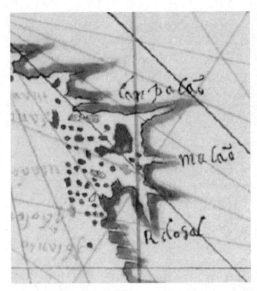

图 2　1630 年葡文沿海图（局部）

　　受本地人影响，以名物指代地名的现象不止澳门一例，"泉州"的拉丁文转写 Zayton 亦是如此。五代时晋江王留从效修建泉州城，环城种植刺桐，泉州因此被称作"刺桐城"。宋元时代，泉州成为我国重要的对外口岸，"刺桐城"一名被阿拉伯人带到西方，从此有了 Zartan 或 Zayton 等转写。1375 年《加泰罗尼亚地图》中就出现了 Zayton（见图 3）。

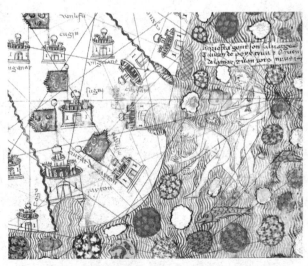

图 3　1375 年《加泰罗尼亚地图》（局部）

二 颠倒政区级别

政区地名是有级别的，由于早期西方人不了解情况，有将政区级别搞错的现象，典型的是宁波省和广东府。葡萄牙人在澳门一带站稳脚跟后，随着活动范围的扩大，Macau（Macao、Macão）一名也逐渐扩大为指代香山县的地名。远方的江南也出现了类似情况，宁波的葡文转写 Liampo 扩大成了指代全省和江南的地名。

Liampo 应是拉丁文 Niampo 的音转，Niampo 之名应该出现在 1554 年。是年，意大利学者拉穆西奥（Giovanni Battista Ramusio）编辑出版了《航海与旅行丛书》，Niampo 被标在中国东海岸的陆地内侧，指的是宁波城。Niampo 应该是欧洲对宁波城的最早音译，而 Liampo 则还没出现在地图中，故这一地名的出现亦早于 Liampo（见图 4）。

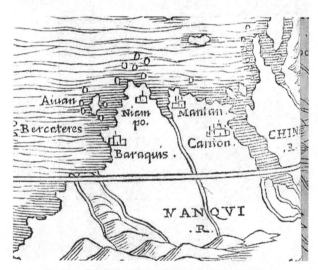

图 4 《航海与旅行丛书》东亚地图（局部）

1522 年西草湾之战后，葡萄牙人曾一度被逐出广东。他们认为与中国的贸易实在太有吸引力了，以至于不能放弃。他们遂越过广东，从马六甲直接前往福建和浙江。嘉靖十九年（1540 年）左右，在中国私商的协助下，定海（今镇海）县辖下的葡萄牙居留地逐渐形成，即当时亚洲最大的走私基地双屿港（Syongicam）。

葡萄牙人占据双屿之后，把舟山群岛以及对岸的宁波沿海伸入海中的地带称为 Liampo。Liampo 是闽南语"宁波"的音读,是因为葡萄牙人先接触闽南人,而闽南语 l、n 混。然而,葡萄牙人接触的人物有限,以至于不能了解 Liampo 是个府名;他们不但将 Liampo 误当作省名,甚至还将南京应天府当作"宁波省"的一部分。

Macau、Liampo 这类早期西方地图出现的错误地名,往往不是名从主人,是西方走私者染指中国造成的。他们不了解地名的界限,也不会被允许去了解地名的界限,就造成了与实际相差极大的地名。广州则出现了与澳门、宁波相反的现象,它的西文地名 Canton 本意是省名"广东"。

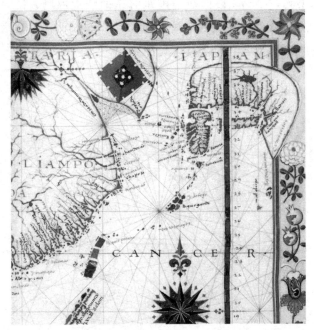

图 5　1570 年前后葡萄牙人杜拉多地图(局部)

受最早来华的葡萄牙私商影响,清代之前的西方人甚至一度认为中国南方只有两个省:其一是 Liampo 宁波省;其二就是 Canton 广东省。在《中国札记》和《早期澳门史》中,Canton 原本都是指省名广东。Canton 在其他领域的名词也是与省名有关,广东的主要河流珠江称为 Canton River,珠江三角洲则是 Canton Delta。1655 年,意大利地理学家卫匡国出版了西方最早的中国分省地图集——《中国新地图集》,广东分图也是省名、府名不混，拉丁文 Qvangtvng 指广东，Qvangchev 指广州。然而，卫匡国的正确记录并未被西方后来者继承，由于未知的原因，Canton 逐渐成了省城广州最为知名的外文名称。

1906 年春季，在上海举行的帝国邮电联席会议，对中国地名的拉丁字母转写进行了统一和规范。会上决定，基本上以翟理斯所编 1892 年初版《华英字典》写法为依据；而闽粤的部分地名有习惯拼法的，可保留不变，如 Canton（广州）、Amoy（厦门）等。这个错误的地名转写被官方机构大清海关确定后，就产生了一个荒唐的现象：邮政地图中，Kwangtung 指广东，Canton 指广州；但是两个拼音（西文转写）对应的汉字实际上都是"广东"。

汉语拼音成为国内外标准后，Canton 等早期地名西文转写都被废止不用。然而，它们并未被完全忘却。在广州塔落成之前，就其英文名称，广州人对 Canton Tower 还是 Guangzhou Tower 曾产生过争论。最终，广州塔的正式英文名称还是使用了西方人所熟悉的传统称谓，即 Canton Tower。

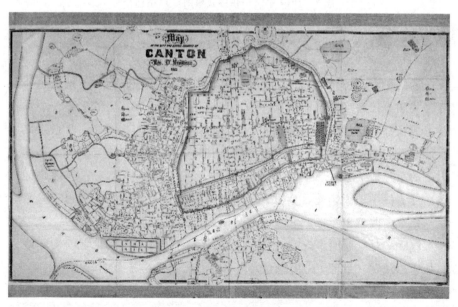

图 6　1860 年广州地图

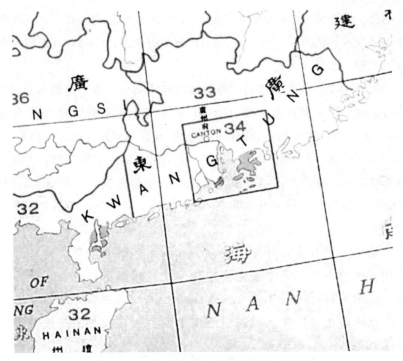

图7　1919年《中华邮政舆图》广东部分

三　京号误当地名

我国还有一种特殊的地名命名方式，就像人有官职一样，地名也有职务。我国古代有多京制的现象，为了区分不同的都城，会依其方位，称作某京或某都。地名的这类头衔被叫作"京号"。唐朝有两都：西京京兆府（今陕西西安）、东都河南府（今河南洛阳）。随着时间的流逝，个别深入人心的京号成为流行于朝野的俗名，以至于人们都快遗忘它们的政区本名。受古代中国人影响，西方人也有误当京号为正式地名、通过京号来转写当地地名的现象，Peking 这一地名便是典型的例子。

Peking 对应的两个汉字是"北京"，但一直到民国，北京的实际政区名从未出现过"北京"。我们今天所熟悉的北京其实是个明朝以来的俗名。今天的南京市，在明朝洪武年间，真正的政区名是应天府，并拥有京师的京号。明成祖朱棣经靖难之变夺得皇位后，于永乐元年（1403 年）升自己的发迹地北平府为"行在"（天子行銮驻跸的所在），并改统县政区名为"顺天府"。永乐十九年（1421 年）正月，朱棣正式以"顺天府"为京师。

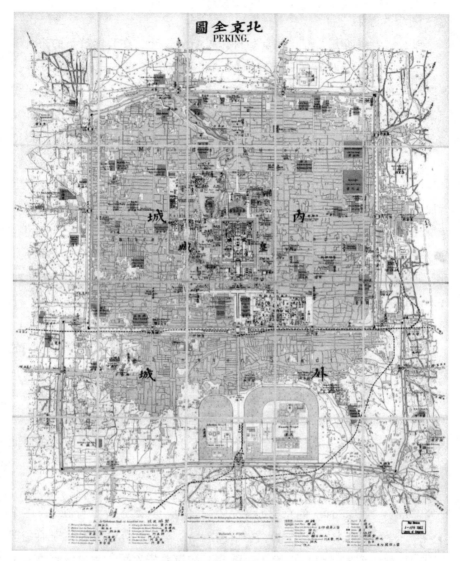

图 8　制作于 1900～1901 年的北京全图

而旧都应天府获得留都的名分，京号改称"南京"。南北两京制形成后，因留都为"南京"，京师被对应地有了"北京"的俗名。

　　1644 年清兵入关，迁都北京，原旧都盛京改为留都。顺治十四年（1657 年），清世祖仿效顺天府的命名和建制，在盛京城内设奉天府。如果按照方位，顺天府俗名应该为"南京"，奉天府为"北京"。但经过几百年的沉淀，"北京"开始与地域挂钩了，成了特指顺天府的地名，民间一直称呼它为"北京"。

那么，为何西方人将"北京"拼作了 Peking 呢？在我国最早的拼音著作之一金尼阁的《西儒耳目资》里的"北"被记作 pě，是当时官话读书音"北"的入声念法，略似现行汉语拼音 be 并念短促（收喉塞音）。虽然当时北方话实际口音中已无入声，但是读书音仍旧保留着入声。再是"京"读 king 的由来，它发音如现行汉语拼音 ging。《西儒耳目资》里的"京"的声母仍然是舌根音 k（汉语拼音 g）。

明末开始，北方话中舌根音 g、k、h 的细音（韵母为 i、ü 的音节）向舌面音 j、q、x 转变，出现了舌根音腭化现象。gi、ki、hi 的读音分别变成了 ji、qi、xi。以"希"字为例，它本来读作 hi，类似英语"他"he［hi］的读音；腭化后，读成了 xi。相应地，king（ging）就变成了 jing。即便如此，我国到清末还存在着一个较为保守的南派官话。它保留了入声和舌根音不腭化的读法。在读书音方面，它的影响力甚至要超过北派官话。于是，近代西洋人受南派官话影响将北京拼作了"Peking"。

在南方，明亡后，应天府失去了南京的头衔，也失去了带"天"字的资格，清政府将其改为江宁府。经过几百年的沉淀，"南京"已演变成特指江宁府（应天府）的地名，开始与地域挂钩了。这个民间俗名也影响到了西方人，导致他们的地图将清代的江宁府也写成 Nanking。1737 年，法国地理学家唐维尔《中国新图集》中的江宁府就被注为"Nanking"，而此时的中国已经处于清朝乾隆二年（1737 年）。

北京和南京并非我国最早出现在西方地图上的京号地名，更早的是一个叫 Cansay 或 Quinsay 的京号地名。它们对应的汉字是"行在"，这个"行在"当然不是朱棣的行在，它具体指代的地名是南宋国都临安府，即今天的杭州。南宋在绍兴八年（1138 年）定都临安府后，为显示收复故土的决心，京号不称为"京城"，只称之为"行在"。《马可·波罗游记》中多次提到的东方最美城市 Quinsay 就是行在（杭州）。"行在"成了明代以前杭州在西方最为知名的译名，《加泰罗尼亚地图》中的 Cansay 指的即是杭州。

1638 年，德国曾出现一幅凭想象描绘杭州城的铜版画"Xuntien alias Quinzay（Hangchow, China）"（见图 9）。原图的 Xuntien 即顺天，明朝京师的政区名"顺天"府，Quinzay 为行在。图名直接翻译是"顺天别名行在"，这当然不妥当。显然这是西方人曲解了 Xuntien 的意思，误为"京号"的译名，"Xuntien alias Quinzay"全句应译为"京号为行在"。

图 9　1638 年杭州城市地图铜版画 Xuntien alias Quinzay（Hangchow，China）

我国早期地名西文转写大部分是西方人自说自话，画在了地图之上，写在了书籍之中。它们都没遵从名从主人的这一重要原则。这给今人寻找早期拼音对应的地名带来了极大的困惑，为挖掘历史真相也带来了很大的难度。即便如此，除了对照地图中的地名位置外，了解一定的语言学知识，对于破解有关地名的真相，也是大有帮助的。

郑和航海天文导航技术及丁得把昔等古代海军基地的发现

张江齐[*]

【摘要】本文通过利用现代 Google 的天体模型、地磁模型、季风与罗盘知识对郑和航海技术做了实验研究，将古代观测结果反演在现代地图系统中，通过对比得到一些实验结果，以此作为郑和航海研究成果的一个补充。

【关键词】郑和航海图 牵星图与指角天文与指南针导航航路点 季风与航速 中国式古城池

一 郑和出使西洋政治背景——朝贡制度

明成祖朱棣为了树立自己的正统地位遣使出访各国，他派郑和率领27000 多人的庞大船队七下西洋，威服四海，让各国前来朝贡，这是郑和等出使西洋的主要目的。朱棣驾崩后，郑和这样的官方出使活动也就戛然而止。

二 郑和船速是多少？

在此探讨郑和下西洋时驶风用帆的速度问题，以便在研究中通过距离判断航路点的位置。三国时期《南州异物志》中有这样的记载：吴国海

---

* 张江齐，正高级高级工程师，地理、哲学硕士，现任国家基础地理信息中心档案部主任，国家测绘局学术技术带头人，从事大地测量工作多年，曾多次参加珠峰测量，科学考察等工作。

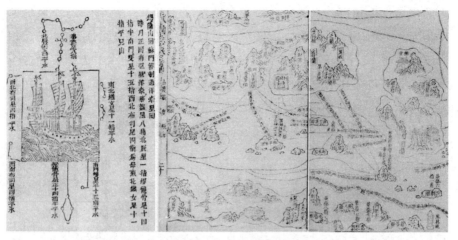

图1 《武备志》中郑和航海图局部，左图为过洋牵星图，右图为针路图

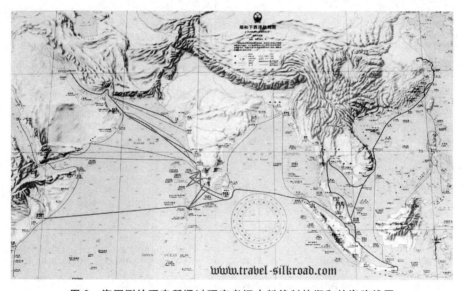

图2 海军测绘研究所通过研究考证史料编制的郑和航海路线图

船航行到南海一带，在船头上把一木片投入海中，然后从船首向船尾步行，看木片是否同时到达，来测算航速航程。不过规定更具体些，就是以一天一夜分为十更，把木片投入海中，人从船首走到船尾，如果人和木片同时到称为上更，计算的更数才标准，如人先到叫不上更，木片先到叫过更。马欢的《瀛涯胜览》中记载一更是现在的30千米航程，这样通过计时便可算出航速和航程。从古人的描述推理，正常的航速应该与

人的疾走速度相当。查阅现在的竞走世界纪录为 3.9 米/秒，与季风的速度相当，平均 14 千米/小时。这个速度与古人记录的速度每更 60 里，相当于每小时 13 千米的速度接近。这是准确的郑和船速么？为了解释这个谜题，我们将郑和航海图中航路的针路更数记录统计出来，准确找到起点与终点，再利用 Google 地球的距离测算工具量出里程，可以算得郑和船队的航行速度平均 6.65 千米/小时，最高航速不超过 11.3 千米/小时。统计表如下。

表 1　航速测算表

起点	终点	实测距离（千米）	更数	速度（千米/更）	千米/小时
官屿	摩加迪沙	3135	150	20.90	8.36
加平年溜	古里	268	28	9.57	3.83
加平年溜	柯枝	285	25	11.40	4.56
官屿	小葛兰	620	45	13.77	5.51
官屿	甘巴里头	621	29	21.41	8.56
官屿	柯枝	705	25	28.20	11.28
官屿	古里	820	50	16.40	6.56
高郎务	加平年溜	765	55	13.91	5.56
高郎务	任不知溜	719	45	15.98	6.39
高郎务	起来留	758	50	15.16	6.06
安都里溜	古里	232	15	15.47	6.18
龙涎屿	锡兰山	1497	90	16.63	6.65
加剌哈	莽葛奴儿	1964	125	15.71	6.28
加剌哈	阿习刁	1781	110	16.19	6.47
加剌哈	缠打兀儿	1650	87	18.96	7.58

这样的测算统计表明，明代的帆船速度为 4.5～11 千米/小时，平均 6.65 千米/小时，比书中记录的 13 千米/小时（每更 60 里）的速度差了近一半。

三　针经与牵星术配合导航

中国在战国时期就发明了指南针、指南车等导引工具，两宋时期航海技术最突出的是指南针的广泛应用，宣示了利用仪器的航海时代的到来，那时海上航行已逐步依靠指南针指示方向。元代指南针的应用更为普遍，也更为精确，已成为海舶必备的航海工具。明朝的航海技术主要表现在对海洋综合知识的运用以及航行技术方面有较大的提高与进步。把指南针许多针位点联结起来，以文字表明航线，称之为针路或针经。

据说牵星术源于阿拉伯沙漠国家，当地的沙漠居民常常在瀚海中旅行，在长期的实践中总结出导航定向经验。郑和航海图中，与针路并行记录了大量的牵星坐标，如北极星三指、灯笼骨星七指等，这些类似恒星高度角的观测值表示了某个地点的纬度值。船队航行过程中一边依据指南针的定向，以更数计里程，一边观测北辰等星座修正南北的偏移，在接近目标后对景定位，最后抵达目的地。在航行中还依据针路与牵星观测的纬度来寻找目的地。牵星观测的纬度如同现在的航路点，可不断地修正磁针导航的路线。在此要说明的是牵星坐标是目的地的准确坐标值，以纬度表达，尤其是在长距离跨洋发挥着重要的修正作用。因为如果只有指南针的话，在茫茫大海中，季风会使航向平行偏移，有了牵星观测就会有效修正偏移差错，准确抵达目标。郑和航海图后面附了 4 张过洋牵星图，代表了 4 个重要的古代海军基地纬度坐标。

四　指牵星辰，每指 2.15 度

元明时期，已能观测星辰的高度角来定地理纬度，这种方法当时叫"牵星术"，观测星辰高度的工具叫牵星板。用牵星板观测北极星时，左手拿木板一端的中心，手臂伸直，眼看天空，木板的上边缘照准北极星，下边缘切水平线，这样就可以测出所在地的北极星距水平的高度角。不同的星辰高度可以用 12 块木板和象牙块四缺刻交替测量。当知道了目的地的高度角，就可以在航海中牵着星星，调整航向，计算里程，将船舶导引到目的地。

为了验证 4 幅郑和过洋牵星图所表达的地理位置，必须有真实的度量

标准统一度量衡，搞清每指到底是多少度，徐胜一、陈有志先生的文章，提出了每指 1.57 度。在 Google 提供的恒星模型软件上开展 15.5 指为基础的中天天顶角距测量试验时，可以测量南方灯笼骨与北方北极星的夹角，得到天顶距的夹角为 146.5 度，高度角之和为 33.5 度，可以计算出每一指角相当于 2.15 度。

在此要说明两点：

1. 地球作为宇宙中的一个点来看待，任何两颗恒星经过中天时产生的天顶夹角都应该是恒定的，因为极移量大小 0.5 秒内，计算每一指时不需要考虑岁差和章动造成的去极度问题。

2. 北极星并不是真北的位置，绕北极轴夹角 3 度，这称为去极度，日复一日都是这样，600 年前与现在基本没有大变化，600 年来的地球在整个恒星大背景中变化是十分微小的，恒星相对地心的夹角不会变化，反演时不必考虑去极度问题。

五　大气折射对纬度定位的影响

一旦知道了每一个指角的度数为 2.15 度，似乎就有了定位的条件，可以帮助我们利用现在的地球仪推导位置。Google 电子地球仪是以自转轴为纬度参考点的，而不是以北极星参照的，两个不同的参照点间必然存在参照系统的差异，这个差异值应该是个常数。如果用龙涎屿的北极星观测值与地球仪的实际量测值作比较，这个值为 3.35 度左右。这项改正的试验结果是在明代观测的纬度坐标值上加 3.35 度左右，就可以得到现在地名纬度一致的值。但实际情况却不是这样的，随着纬度的增加，这一差值却在变小。究其原因却是因为大气折射造成的。赤道附近离北极远，光线穿过大气距离大，折射也大，靠近北极高度角越大，折射角就越小。在表中众多目的地的纬度坐标在现代地图上是已知的，同时又有参考北极星的古代观测值，为了可以有效地内插、推估未知的待定位置，需要统计这样的差异趋势，作为修正依据，找准目标。在实际航行的过程中其实并不需要，直接利用古代的原始观测值就可以。

统计表明 600 年前的北极星观测值与现在真位置的确定受到了大气折射的强烈影响，在 0 度与 3.6 度之间，越靠近赤道北极星的光穿过大气的距离越长，影响越大。

表 2　北极星纬度观测值与测量值差

地名	高度角（指）	计算高度角	量算高度角	高度角差值
已龙溜	− 1.50	− 3.2225550	0.416666667	− 3.639221667
木骨都束	− 0.75	− 1.6112775	2.00000000	− 3.611277500
官屿	0.50	1.0741850	4.166666667	− 3.092481667
柯枝国	3.25	6.9822025	9.933333333	− 2.951130833
加平年溜	3.50	7.5192950	10.066666670	− 2.547371667
安都里溜	4.00	8.5934800	10.83333333	− 2.239853333
古里国	4.00	8.5934800	11.25000000	− 2.656520000
莽葛奴儿	5.00	10.7418500	12.83333333	− 2.091483333
阿丹	5.00	10.7418500	12.78333333	− 2.041483333
阿者刁	6.00	12.8902200	14.75000000	− 1.859780000
缠打兀儿	6.50	13.9644050	16.03333333	− 2.068928333
丁得巴昔	7.00	15.0385900	16.00000000	− 0.961410000
左法尔	8.00	17.1869600	17.00000000	0.186960000
珂胡那	9.00	19.3353300	19.70000000	− 0.364670000
马哈音	9.00	19.3353300	18.88333333	0.451996667
大湾	9.50	20.4095150	20.75000000	− 0.340485000
麻楼	10.00	21.4837000	21.70000000	− 0.216300000
坎八叶坎	11.00	23.6320700	22.30000000	1.332070000
沙姑马，麻实吉	11.00	23.6320700	23.61666667	0.015403333
忽鲁姆斯（苦碌马刺）	14.00	30.0771800	30.08333333	− 0.006153333

研究这一规律的目的是为能够利用古代的观测值，在现代的地图上找到准确位置，这对于发现丁得把昔、忽鲁谟斯及几个航海军事基地的城池位置起了重要作用。

六　导航星辰、对照索引

天文航海技术主要是指在海上观测天体来决定船舶位置的各种方法。这种方法的实质是将观测位置投影在天球仪上的恒星星体间，从而确定位置关系。郑和航海图中，有多幅地图在航海路线附近的岛屿上标注了北极星的指角高度，以此作为航路导航的重要参考坐标，与航线的针路更数及航线两侧地标高度角结合，用于航海导航。北极星不仅仅是航海导航的重要标志，在郑和海图最后所附的过洋牵星图中，我们看到利用更多的其他星辰导航的记录，这说明当时的航海者不仅仅只是使用北极星确定纬向方位，也能够利用织女星与南北布司星等作为航海定位的方式，尤其在北极星观测困难的低纬度地区，如苏门答腊、锡兰山、古里等地，利用其他星座也能同样确定目标纬度。

在设想中，用其他星座确定纬度应与观测北极星所得纬度一致。为了验证，在 Google 的星图上，对四幅牵星图进行了验证试验。首先需要在星图上找到当时各个航海牵星的星辰所在，标注于电子星图上，现参考徐胜一先生提供的线索，将有关恒星列于下表，以便今后研究者参考使用。

表3　过洋牵星图有关星辰统计表

牵星名	星座古名	星座名称	星座英文名称	恒星名称
北辰	勾陈一	小熊星座	URSA MINIMOα	POLARIS
北辰第一小星	太子	小熊星座	URSA MINIMOγ	PHERKAD
北斗头双星	天枢与天旋	大熊星座	URSAMAJOR	DUBHE/MERAK
华盖星	小熊头双星	小熊座	URSA MINIMO	PHERKAD
织女	织女	天琴座	LYRα	VEGA
水平	老人星	船底座	CRARINAβ	CANOPUS
灯笼骨	南十字	十字架座	CRUXγ	GACRUX
南布司	南河三	小犬座	CANIS MINORα	PROCOYON
北布司	北河三	双子座	GEMINIβ	POLLUX
南门双星	马腹1、2	半人马座	CENTAULUSα，β	HARDAR、RiGILKENT
七星	卯星团	金牛	TAULUSEα	ALDEBARAN

七　恒星导航法

天文定位原理和方法，就是确定相对在天体间的位置。在航海上就是通过观测天体高度求得天文船位线。按照天球和地球的对应关系，被测天体在观测时刻所对应的地理位置，即天体向地心投影的地面点，称为星下点（S）。天体星下点的经度和纬度分别等于该天体在观测时刻的格林时角和赤纬，二者均可根据观测时间从航海天文历查得。观测所得天体高度（h）的补角为天体顶距（z），即：$z = 90° - h$，观测时测者必定位于以星下点为中心、以天体顶距在地面所跨距离（1角度分相当于1海里）为半径的圆上，这个圆称天文船位圆，又称等高圆。观测两个不同天体可得两个天文船位圆，两圆相交，靠近推算船位的交点就是天文船位。

从古代牵星图的有关记载可以知道，当时人们尚不知道利用计时的方式来确定经度值，但推测出利用同时观测不同的星辰来确定南北的纬度位置，或者说只要是参考目的地所观测到的高度角（指角）这种唯一性，就能引导人们控制住航行的南北位置，可作为远距离跨洋的有效技术手段。试验就是要验证利用除观测中天的北极星以外的星座，牵星得到与之相同纬向位置。步骤如下：利用中天时北极星或灯笼骨星观测的指角，确定纬度位置。我们将指角（高度角）换算成天顶距，以该天顶距为半径，以北极星为圆心，在子午线上截取纬度，得到已知的纬度。

利用牵星图中所列出的东边织女星、西北布司星的同步观测的牵星指角，换算成对应的天顶距，再分别以相应观测星座为圆心，对应的天顶距角度值为半径，画圆弧相交，交点的位置，就应是唯一纬度。

试验中上述两种方式的纬度在 Google 模型上基本上都能够重合，这也就证明不依靠北极星，利用其他的几个星座也能够观测出唯一的纬度。这可作为在星图软件上获得南北向控制的结论。

八　揭秘牵星图

1. 以织女为"母"的含义

以织女七指为母的确切含义是：当观测织女星到达了海平面以上七指高度角时，同时观测东西南北的其他星辰的高度角，这应该是以某星为母的含义。试验中当同时能够观测到两颗以上的星时就能依据星辰天顶距做船位圆来交会出唯一的纬度。当然在不同的纬度也能够获得以七指为母的时刻，但这个时刻与另一个为母观测的时间是不同的，观测的其他星辰天顶角也不同，同样可以得到不同的纬度。以某星为"母"可以达到纬度定位的目的。

2. 指示岛屿、对景定位

在郑和航海图中，从别罗里开始，在针路航线附近的众多岛屿与沿岸的山上都标注了山峰及岛屿的指数角度，两侧成对或成组出现，航船时可以牵住多个高点辅助导航，并与针路导航信息配合，确保航行正路通道的准确性。这是航海图中的对景方法，也是古代地图中经常采用的对景绘制法。

3. 解说过洋牵星图 1：此图名应该是丁得把昔往忽鲁谟斯过洋牵星图

原文："指过洋，看北极星十一指，灯笼骨星四指半，看东边织女星七指为母，看西南布司星九指，看西北布司星十一指。丁得把昔开到忽鲁谟斯，看北极星十四指。"（见图3）

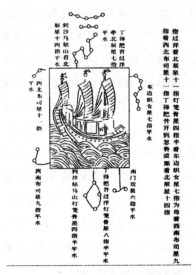

图 3　过洋牵星图 1

在这幅图的图说中开头少了几个字，全文估测应为"时月正，丁得把昔牵北极星七指过洋。看北极星十一指，灯笼骨星四指半，看东边织女星七指为母，看西南布司星九指，看西北布司星十一指。丁得把昔开到忽鲁谟斯，看北极星十四指。"

"看北极星十一指，灯笼骨星四指半，看东边织女星七指为母，看西南布司星九指，看西北布司星十一指。"均指马斯喀特附近沙姑马山的纬度坐标，23 度左右。

从丁得把昔开到忽鲁谟斯，看北极星十四指，相当于北纬 30 度，在试验中发现一处为图上标注的沙姑马山北极星十四指，那么这个十四指的位置可以肯定不是沙古马，而最有可能是伊拉克的沿海城市阿巴丹。从航海图上看忽鲁谟斯为现在的霍尔谟斯岛，但它的坐标在北纬 27 度，与牵星图文字描述的忽鲁谟斯的 30 度位置相差 3 度，这是个较大的差值。没有理由相信古代人会将一个孤岛作为贸易及出使国家对待，故可推理忽鲁谟斯应该在两河流域入海口附近，按照北纬 30 度去定位搜索，可定其为伊拉克国

图4　北纬30度20分的阿巴丹

图5　令许多学者疑惑的丁得把昔确定在这里，坐标：16°02′31″N，
73°27′35″E；

巴士拉以南古老的阿巴丹或者霍拉姆沙赫尔。

　　同样的道理，我们根据观测值搜索到丁得把昔位于北纬16度，在这里
找到了缠达兀儿附近的一个岛屿，四周围有城墙，类似中国的一座古城，
筑城模式与明朝类似，有许多马面。坐标：16°02′31″N，73°27′35″E；人们

一直疑惑的丁得把昔，据推算应该是这座岛，似为郑和航海舰队一个重要的航海基地。

图 6 中可以看到岛四周的围城，城墙上有突出的敌台马面，与中国明代的城池制式雷同。

图 6　古城摄影照片

别罗里为现在斯里兰卡的加勒，在这里也发现了类似的古代城堡（见图 7）。

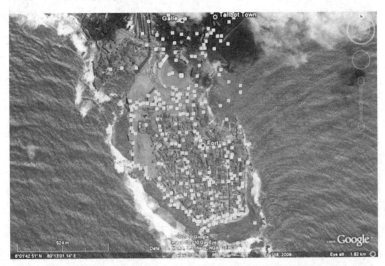

图 7　斯里兰卡的别罗里城堡，周围环有成墙，墙上筑有多处敌台马面

4. 解说过洋牵星图 2：锡兰山回苏门答剌过洋牵星图（别罗里回龙涎屿及新加坡过洋牵星图）（见图 8）

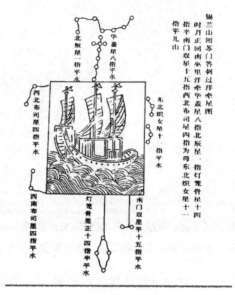

图 8　过洋牵星图 2

原文："时月正回南巫里洋，牵华盖星八指，北辰星一指，灯笼骨星十四指半，南门双星十五指，西北布司星四指为母，东北织女星十一指平儿山。"

这幅星图表达从锡兰山国航行到苏门答剌国的两个目的地的坐标。第一个目的地是龙涎屿，从"北辰星一指，灯笼骨星十四指半"可以断定目的地是龙涎屿，纬度为 5.5 度。第二个目的地是新加坡，从南门双星十五指的中天纬度为 1.2 度附近，应该断定为新加坡，配合西北布司星四指与西南布司四指，也能够交会在新加坡的纬度上。

在龙涎屿这一关键航路转折点上也发现有城堡炮台如下。

在以西北布司为母，牵织女星十一指，所得到的纬度位置约 18.5 度，纬度位置可以在广东。可以判断，东北织女星十一指的角度存在差错，应该在一指左右，而不是十一指，这样与新加坡的实际位置相符。

华盖星到底是什么星一直有争议，按照已知的别罗里坐标纬度反推牵8 指的华盖星，应该是 74 度的北辰的头双星，也就是小熊星座过天顶时的头双星。

图9　苏门答剌北端的龙涎屿炮台，建在重要的航路拐点处

这一张图名称含义是对的，但具体的命名应该为别罗里往龙涎屿及新加坡的过洋牵星图。

5. 解说过洋牵星图3：龙涎屿往锡兰山过洋牵星图（见图10）

图说："看东西南北，高低远近四面星，收锡兰山。时月往忽鲁别罗里开洋，牵北斗头双星三指，看西南边水平星五指一角正路，看东南边灯笼骨星下双星平七指正路，看西边七星五指半平。"

此为一个含混不清的图说，题目与图说不相符合，利用西南水平星与东南灯笼骨星交会可得11度纬度，应理解为从忽鲁谟斯到别罗里途中莽葛奴儿作为目的地的牵星坐标。莽葛奴儿是从忽鲁谟斯跨越印度洋的目的地之一。

6. 解说过洋牵星图4：忽鲁谟斯回古里国过洋牵星图（见图11）

图说："忽鲁谟斯回来沙姑马开洋，看北辰星十一指，看东边织女星七指为母，看西南布司星八指平丁得把昔，看北极星七指，看东边织女星七指为母，看西北布司星八指。"

沙姑马山的定位：对于图中沙古马山的定位试验中，只牵北极星的结果与牵织女同时牵北布司星的结果吻合，纬度在23.65度，位置在麻实吉。

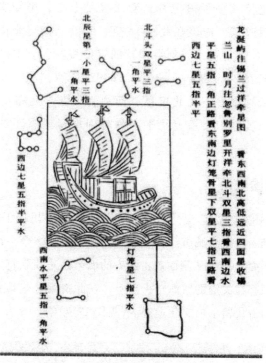

龙涎屿往锡兰过洋牵星图　看东西南北高低远近四面星收锡

兰山　时月往忽鲁别罗里开洋牵北斗双星三指看西南边水

平星五指一角正路看东南边灯笼骨星下双星平七指正路看

西边七星五指半平

北辰星第一小星平三指一角平水

北斗头双星三指一角平水

西边七星五指半平水

西南水平星五指一角平水

灯笼星七指平水

图 10　过洋牵星图 3

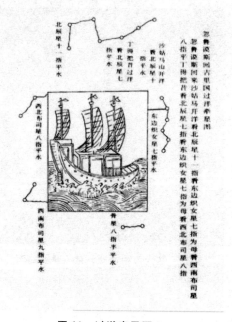

忽鲁谟斯回古里国过洋牵星图

忽鲁谟斯回来沙姑马开洋看北辰星

八指平丁得把昔看北辰星七指看东边织女星七指为母看西北布司星八

沙姑马山开洋看北辰星七指平水

丁得把昔过洋看北辰星七指平水

北辰星十一指平水

西北布司星八指平水

东边织女星七指平水

西南布司星九指平水

骨星八指半平水

图 11　过洋牵星图 4

丁得把昔定位：平丁得把昔，看北极星七指，可知实测纬度 15.05 度，加上去折射改正，应该在北纬 16 度；织女七指与北布司星八指的牵星结果，也在 16 度左右，与丁得把昔的定位相吻合。丁得把昔的位置该是缠达兀儿附近的一个岛屿，坐标：16°02′31″N，73°27′34″E。可以证明一点，即使低纬度看不见北极星，而利用织女与北布司星是可以实现独立导航的，只要在织女星七指平水的时刻观察其他已知的星座就应该得到唯一纬度。

九　城堡图说明

实验发现城堡的位置有马六甲、龙涎屿、别罗里、丁得把昔、孟买、忽鲁谟斯岛及其海湾沿海城市。从卫星图上看出城池多个，筑城的形态尤其是突出墙外的马面（用于从侧面攻击敌人的墙体）是明朝特点，很少见于欧洲的城堡。它们都在关键的航海转折点上，在此猜测这些具有明显中国特征的城池，是中国古代留下的文化遗迹。（见图 12～16）

图 12　马六甲古城池，可见敌台马面

图 13　古城池位置分布图，黄色标注

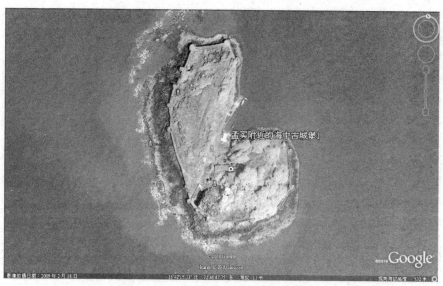

图 14　孟买附近海中带有敌台马面的古城池

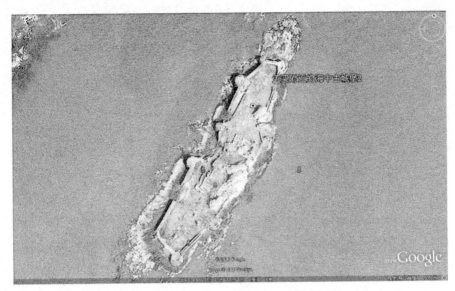

图 15　孟买附近海中带有敌台马面的古城池

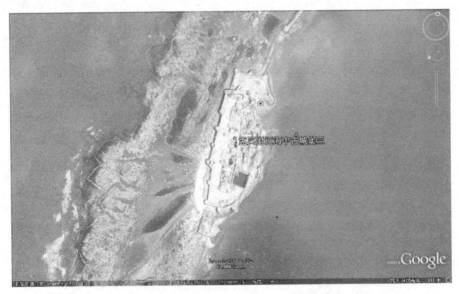

图 16　孟买附近海岛上的有敌台马面的城池

结语

本文利用了 Google 地球的天文软件，针对过洋牵星图的记载，展开反演推算，统一了指的角度，对四幅过洋牵星图进行了解释，反演了国名与地名位置，验证了牵其他星座确定纬度的可行性，在重要的关键航路位置上发现了一些与中国古代筑城制式类似的城堡。

明《北京城宫殿之图》补记

唐晓峰 *

日本东北大学藏有一幅明代《北京城宫殿之图》，中国传有单色影印本。笔者有机会在日本东北大学见到原图，原图为彩色绘本，经重新装裱，品相比想象的好很多。任金城、孙果清对《北京城宫殿之图》早有介绍，[①] 该图纵横约 96cm × 50cm，[②] 用平、立面形象画法，名为宫殿图，实为北京内城图。图内有建于嘉靖十年的"历代帝王庙"，又紫禁城三大殿未更名，[③] 故应编绘于明嘉靖十年至四十年（1531～1561）。而图端文字有"万历当今福寿延"，表明该图于万历年间被特别推送，而推送者取此彩图，显然是为盛世增饰。

观看这幅图，都会注意到图西北角的一条河道，这可能是本图历史地理价值最大的一项内容。"图上明确绘出了'海子胡'（今积水潭）有一走向西南流入北沟沿的河道，这是现今最早绘出这一段河道的明代地图。它为争议多年的'北沟沿河上源无水'问题，提供了珍贵的实物史料。"[④]

---

* 唐晓峰，辽宁海城人，北京大学城市与环境学院历史地理研究中心教授、博士生导师。主要研究方向为历史人文地理、城市历史地理、先秦历史地理、近代北京历史地理、地理学思想史等。

① 任金城：《明刻北京城宫殿之图——介绍日本珍藏的一幅北京古地图》，《北京史苑》第三辑，北京出版社，1985，第 423～429 页；孙果清：《最早的北京城古代地图——〈北京城宫殿之图〉》，《地图》2007 年第 3 期。

② 日方提供数字为 96cm × 50cm，孙果清提供的数字是 99.5cm × 49.5cm。按日方提供的应为装裱后的数字，装裱后，图下黑边略有压进。

③ 据《世宗实录》和《明会典》，嘉靖四十一年（1562 年）改奉天殿为皇极殿，改华盖殿为中极殿，改谨身殿为建极殿。

④ 孙果清：《最早的北京城古代地图——〈北京城宫殿之图〉》。任金城也指出了这一点。

解决了北沟沿水上源的疑点。

　　很多老北京城图上，在西城区总会绘出一段很长的河道，俗称"沟沿"（北段称北沟沿，南段称南沟沿），其起自西直门内大街崇元观（俗称曹公观）附近的横桥（此处原有一座横桥，又称洪桥、红桥），向南流经颇长一段距离，最后汇入内城南护城河。在历史文献中，所见其最早的名称叫"河漕"，时间为明代。清代称其为"大明濠"，也被人贬称"枯渠"，显然已近废弃。民国年间，终于加盖，改为马路，今天称赵登禹路、佟麟阁路。

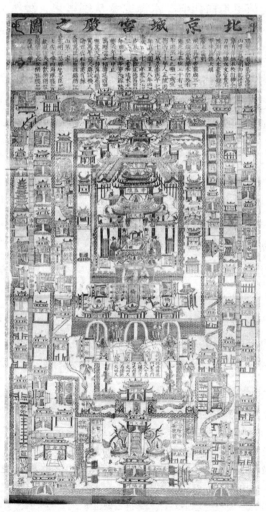

明刻《北京城宫殿之图》，96 厘米 ×50 厘米，日本宫城县东北大学图书馆藏

其实，沟沿河本身便是北京城历史地理中的一个疑案，它河床体大，非郊外"野河"，在京师贯穿半个城区，却不见任何能说明其身世的记载。这条河道在明代以前叫什么，又缘何置身大都城内？侯仁之先生最早注意到这些问题，他推测，这条水道是金代开凿的人工渠道，沟通北部的水源与南部金中都城护城河，目的是向金中都城补充水源。理由是，它斜向的河道在元大都城以及后继者明清北京城正方向的街道体系中很不协调，应当在规划街道之前就存在，故必早于元代。① 不过，问题仍没有完全解决。所有查检到的材料，只提供从西直门内大街崇元观横桥为起点而南流的证据，横桥以北的河道走向如何，水源究竟从哪里来，渺然无考。从方位推断，这条水道应从积水潭西北角引出，西南流过横桥，再继续南下。此推断相当合理，但苦无证据。

直到 20 世纪 80 年代，侯先生得见英国国家图书馆藏绘本《首善全图》照片，该图在北京城西北部赫然画有一条河道，连通积水潭与横桥。侯先生自然兴奋，遂撰写文章指出其在北京水利史研究中的价值。② 李孝聪在伦敦亲见此《首善全图》，并在侯仁之研究的基础上再做探讨，提出两点重要见解。一是摹本与母本问题，李孝聪分析了几份十分相似的《首善全图》，指出它们应来自同一个母本，但各个摹本又略有不同，这是一桩地图史上很典型的案例。在不同的摹本上，可发现不同的时代特征，如万聚斋刻本《首善全图》有避讳乾隆名字的缺笔，但丰斋制的《首善全图》则没有这项避讳，说明二者摹绘的时间不同。另一重要见解是，虽有摹本若干，但只有这份绘本《首善全图》绘出了横桥以北的渠道，且"经对比全图其他水道，发现惟有这一段渠道画成与胡同叠压的关系，图内的新街口二、三、四条胡同皆横压在渠道上，而与他处的渠道画法截然不同"③。显然，这段河道为摹绘者加绘，而加绘时又保留了母本在该位置的胡同，因此出现渠道与胡同叠压

---

① 参见侯仁之：《北平历史地理》（邓辉等译），外语教学与研究出版社，2013。

② 《北京历代城市建设中的河湖水系及其利用》，原载《环境变迁研究》第二、三合辑，北京燕山出版社，1989；《记英国国家图书馆所藏清雍正北京城图——补正〈北京历史地图集〉明清北京城图》，原载《历史地理》第 9 辑，1990。二文均收入侯仁之：《北京城的生命印记》，生活·读书·新知三联书店，2009。

③ 李孝聪：《记英国伦敦所见四幅清代绘本北京城市地图》，载北京大学中国传统文化研究中心《国学研究》第二卷，北京大学出版社，1994，第 449 ~ 481 页；引文见第 453 ~ 454 页。

的情况。这是有个有趣的问题。

胡同与渠道叠压的画法，不合常理，但或许也有另一种可能，即有意表达一种特别的认知。从图面来看，内城水系十分醒目，如李孝聪推测，主体部分均加绘波纹，显示为活水，以区别其他"源头已断"的沟渠，沟沿河道即加绘了波纹。或许为追求内城流动水系的完整性，摹绘者在"断头"的横桥以北加绘了源头水道。因为没有源头，何来活水。而这种加绘，或不是全然凭空为之，也许就有类似《北京城宫殿之图》等资料的提示，或其他口述史闻，当时的这类信息一定比今天多。

将河道与胡同叠压这种绘制方式本身又提供了一个信息，即在此《首善全图》绘制的时候，甚至母本绘制的时候①，横桥之北的河道已不复存在，绘本《首善全图》画有此河道的这个区域只是一份"历史地图"，而且是古今对照，昔日的河道与当下的胡同一并标出。

横桥以北河道的消失，至少要早于乾隆时代，所以在一般乾隆时代的京城图上都见不到。而其消失的直接原因当然是积水潭出口的堰塞。这里不妨做一大略的推论。"沟沿"水道最初的功能，按照侯先生的推测，是向金中都城供水，那么其废弃的原因也应是这种供水功能的放弃。那么什么时候会彻底放弃这个功能呢？当然是金中都城彻底消失的时候。元大都时代之所以保留这条渠道，是因为当时中都旧城还在，当然其排水的功能也是重要的。② 中都旧城的彻底毁弃，是在明嘉靖修筑外城之后。这幅《北京城宫殿之图》为嘉靖中后期所绘，则所画的沟沿上游河道已是其尾声了。另外，明清时期，白浮瓮山河断流，京师全部用水都仰仗玉泉山与昆明湖，在水源紧缺的情形下，堵塞积水潭向西南的出口，减少分流，也在事理之中。积水潭出口堵塞之后，横桥北部的河道因地势偏高，很快干涸，并改建为胡同民居。而横桥南部，地势偏低，河道尚有排水功能，大片城区有所仰仗，故留下成为沟濠。③

下面一个问题，《北京城宫殿之图》中的这段上游河道为何没有像绘

---

① 李孝聪认为大致在乾隆时期。

② 元大都城的规划十分重视排水，见《析津志》。

③ 侯仁之指出其排水功能一直维持到 20 世纪初。见《北平历史地理》，第 87 页。

本《首善全图》那样受到重视？[①] 也许因为这段河道与德胜门的方位关系尚存疑问，所以不便引用。按从图面上看，这段河道在德胜门之东，此种方位关系当然不符合做北沟沿上源的条件。但从以下几点看，其应与北沟沿河道有关。首先，在图上，德胜门的位置画得不对，过于偏西，以致造成与河道的错位；其次，此河道直通西直门附近，海子湖不可能有其他水道通往西直门方向；再次，在水道与西直门接近处画有一座桥，这座桥只能是横桥；最后，这条水道之所以止于西直门附近再无南延，是因为《北京城宫殿之图》将沟沿河南北一带全部省略，故水道画至横桥之后，不再表现。另外，在海子湖的东侧，画有一条水道通鼓楼一带，这正是表现鼓楼前通惠河的一段。在图上，海子湖代表了积水潭至什刹海的全部水面，而这片水面东西的确各有一个出口，西边即北沟沿上源，东边应为通惠河。图上画法虽然简略，却正确地表现了这个特征。现在看来，此图正可以联合绘本《首善全图》一起为证据，提高横桥以北河道存在的可信性。[②]

接下一个问题是，确认了横桥北段水道的存在，又引发了元大都金水河的问题。徐萍芳先生曾基于对沟沿河道在元大都城内存在的认识，将其与元金水河联系起来。他认为："金水河引玉泉山水自和义门南约120多米处入城，入城的水门是在拆除西城墙时发现的。金水河入城后，一直向东流，沿今柳巷胡同至北沟沿而南折，再由北沟沿南流，过马市桥，至今前泥洼胡同西口转向东流，再转南折东，沿宏庙胡同，过甘石桥，流至今灵境胡同西口内。至此分为两支：北支沿今东斜街向东北流，至今西黄城根后，直向北流，在今毛家湾胡同东口处转向东流，经北海公园万佛楼以北、九龙壁西南，向东而注入太液池（今北海）。南支自今灵境胡同一直往东，过今府右街而注入太液池（今中海），复自太液池东岸流出，经西华门而入故宫，过熙和、协和二门向东，由东华门北出故宫，沿今东华门大街以北东流而注入通惠

---

① 除任金城、孙果清简单提及外，笔者尚未见有更多的讨论。此图在侯仁之与蔡蕃文中也未见引用。蔡著《北京古运河与城市供水研究》（北京出版社，1987）一书中推测横桥之北的水源来自正北方向的北护城河，未提及《北京城宫殿之图》。

② 在修订的《北京历史地图集》政区城市卷的"元大都城"图中，对这条横桥以北的河道做了适当表现。

河（今南河沿）。"① 简言之，沟沿河道的大部分都是元金水河的故道。很多关于元大都城的复原图都采纳徐先生的观点。而如果横桥以北河道被确认，则金水河的问题要重新考虑。因为金水河乃玉泉山水单独入太液池的导水渠，而不与其他河水相混。既然沟沿之水出自积水潭，则金水河在与其相交时便要"跨河跳槽"而去。这样，问题又回到70多年前侯仁之在《北平金水河考》中所感到的研究困局："唯金水河自和义门南水门入城后以至太液池畔之一段河道，愚苦无从探求焉。今之地安门西皇城根大街有'厂桥'，西直门大街又有'横桥'，度其命名，或亦有所本欤？"② 这里侯先生仅做了比较含糊的推测，即金水河可能从横桥流到今平安里一带的"厂桥"，之后东流，入太液池。

按金水河从横桥一带向东流，必须绕过护国寺高地。这有两种可能：或者从其南边绕过，即向东南流至今平安大道一线，再东流汇入太液池，此为南线；或从高地北面绕过，先略向东北，大致沿蒋养房胡同至后海附近，再折向东南，流至平安大道，再入太液池，此为北线。无论是南线还是北线，从今天的地图看，都要穿过密集的胡同居民区，所以很难确定。《北京历史地图集》文化生态卷中的"元大都周边河湖水系分布图"的金水河城内段选择了北线，这也只是推测。到目前为止，这仍然是一个未解的难题，望日后有新的发现。

《北京城宫殿之图》内容比较简单，至于其他值得关注的地方，姑列出以下几项。

此图以皇权为主题，所以在图中部皇宫区域加绘了皇帝、大臣、武士、宫女等皇朝人物，午门外还有四头大象站列两侧，以壮威严。在奉天殿，只见皇帝与大臣围坐桌案边，皇帝手展"天下太平"卷，一派盛世图景。图中围绕奉天殿、华盖殿、谨身殿这三大殿又加绘一圈城墙，且十分厚重，不知何意。

图中对于正统、景泰皇兄弟"土木之变"与"夺门之变"的故事有所

① 徐萍芳：《元大都的勘查与发掘》，载《中国城市考古学论集》，上海古籍出版社，2015，第107～122页，引文见第111～112页。

② 侯仁之：《北平金水河考》，此文原载《燕京学报》1946年第30期，第107～133页，收入侯氏著《我从燕京大学来》，生活·读书·新知三联书店，2009，第103～128页，引文见第118页。

关注，特意在皇城东部画出一所"南正宫"并标记"正统上位转来居此"，又在皇城西部画出一所"南城殿"并标记"景太在此养病"。皇城东、西的这两处，确为两位皇帝失位之后的软禁场所，均有悲情意味，反映出那场事变在图作者（以至很多明朝人）心中的深刻印象。在一般文献上，正统所居的地方叫南宫或小南城，景泰"养病"的地方是西内。正统在南宫待了 7 年，后复辟，而景泰在西内养病不多日便故去。

图中所标衙署甚多，对于研究明北京官衙有所帮助。如乌蛮驲，即乌蛮驿，乌蛮指西南少数民族。南京本有乌蛮驿，《大明会典·兵部·会同馆》："永乐初，设会同馆于北京，三年，并乌蛮驿入本馆。"又如旗守卫，即旗手卫，掌大驾金鼓旗纛，选民间壮丁力士随皇帝出入。北京曾有旗手卫胡同，在人大会堂西。

北京胡同上千，但图上仅标一个苏州胡同，符号乃是一座大门。不知当年这个位于崇文门内的苏州胡同有何特殊之处。明人张爵撰有《京师五城坊巷衚衕集》，此书作于嘉靖三十九年（1560 年），与《北京城宫殿之图》编绘年代相近，但书中关于苏州胡同，仅列其名，没有任何多余的话。清初朱彝尊的《京师坊巷志稿》也是如此。

图中非正规地名（或为俗名）、错写地名多见，反映出作者的非官方身份。

最后试讨论古代城市图编绘方法上的两个特点。本图所绘内容，根据门类，可分为宫殿系统、官衙系统、寺庙系统、城门城墙系统、河道桥梁系统、街道系统，以及其他零散个体要素如梓金山（景山）、水井、苏州胡同、观象亭等。作者编绘地图，除了以区域为纲，还会以要素门类系统为纲进行绘制。在每一门类系统之内，容易表现每项个体要素的空间关系，也就是容易达到相对位置的准确性。例如编制城门这个系统，每个城门的相对位置都会是准确的，编制宫殿这个系统，每座宫殿的相对位置也会是准确的。这是一种基本思路。困难在于不同系统之间的关系，如官衙系统与寺庙系统的关系，或官衙系统与河道桥梁系统的关系，就不那么容易处理了。两个系统尚可，若是三个以上的系统相交汇，其间个体要素之间的关系就极难把握，最不易对准，错乱最多。在《北京城宫殿之图》中，德胜门与安定门（图中误作东安门）是一个系统，在北城墙的东西两端，相对位置没有问题，但把水系、街道系统、寺庙系统结合起来，就很难做到个个准确了，所以出现德胜门偏西的状况。在这幅图上，很多城门内没有画街道，而事实上城门、街道这二者是最直接的对应体系，但因为寺庙衙署等要占据大幅空间，所以许多城门前的大街干脆不画，虽然画了宣武门大街，但并没有对正宣武门。解决多系统相互干扰的办法只有首先建立一个公用空间坐标系统，即经纬网格系统，然后计里画方，按方填充，但这需要好的测量技术支撑，古人很难办到。

抽象符号的运用，是地图编绘发展的方向，在这个方向上，城市图进展最慢。古人编制城市地图，很难舍弃立面表达。《北京城宫殿之图》中布满了宫殿房屋的立面图标，犹如一幅密集的城市建筑图画。这也是造成图面拥挤、错位连连的原因之一。

附：《北京城宫殿之图》地名（注记）录

（顺序：自左而右，自上而下）

皇城外侧（西）：

德胜门、海云寺、西直门、宛平县、朝天宫、大市街、富峪卫（按：富字少一横）、西厂、皇城、塔、西院、大市街、灵济宫、刑部、双塔寺、梳妆台、阜城门、正义街、西安门、都察院、太仆寺、大理寺、石灰厂、历代帝王庙、城隍庙、旗守卫、宣武街、西长安门、右开门、社北门、象房、拱辰门、行人司、六十间、庆寿寺－宣德修九丈阔十一长六尺深、宣武门、琉璃厂

皇城内侧、宫城外侧（西）：

海子胡（湖）、凌渊阁、甲乙丙丁戊字库、棹龙舟、桥、暑阁、凉亭、西安东门、南城殿－景太（泰）在此养病、西上北门、西上中门、西上南门、社稷、后府、太常寺、通政司、锦衣卫、千步廊、中府、左府、右府、前府、武功坊、西江米巷

皇城、宫城北部：

鼓楼、乾明门、真武庙、后宰门、北上西门、梓童庙、梓金山（按：景山）、兵仗局、东上东门、顺天府

宫城内：

玄武门、宫、宫、望番楼、谨身殿、清宁宫、武英殿、华盖殿、此夫人朝后所、太庙、奉天殿、桥－内各王、天下太平（按：皇帝手卷上的

字）、文华殿、井、武楼－十二丈、文楼－十二丈、奉天门、御膳所、右顺门、桥、左顺门、井、朝房二十八间、桥、桥、朝房二十八间、右腋门、午门、左腋门

午门至端门之间：

朝房、朝房、此丹墀端门至午门直八十丈长横六十四丈内有一丈四尺外西傍共二丈四尺、端门

端门至正阳门之间中线：

御河桥、承天门、大明门、正阳门

皇城内侧宫城外侧（东）：

监、监、监、监、监、东北门、光禄寺、东上中门、东上南门、南正宫－正统上位转来居此、奉先殿、拱辰、千步廊、宗人府、吏部、户部、礼部、兵部、工部、鸿胪寺、钦天监、太医西院、上林苑、乌蛮驿、东江米巷、文德坊、玉河桥

皇城外侧（东）：

东安门（按：应为安定门）、国子监、隆福寺—景太修、东直门、旧火仓－一二三四五、大兴县、会同馆、百力仓－一二三四、东察院、海云仓－一二三、东安门、顺化门、十王府、试院、翰林院、京卫武寺、銮驾库、苏州胡同、拱辰门、吏科、户科、礼科、左开门、申厨门、洗马厂、右春坊、詹事府、左春坊、观象亭、崇文门

郑若曾系列地图中对岛屿的表现方法

孙靖国[*]

【摘要】 明代著名军事学家与地图学家郑若曾所编撰的《筹海图编》《江南经略》《郑开阳杂著》等图籍中有大量的地图，其中对岛屿有比较统一的表现形式，以将岛屿绘制成平视侧面的山峦形状为主，少数绘制成垂直视角的平面轮廓，后者主要用来表现较大或较平坦的岛屿和沙洲。这种表现方法主要是源于观测者在实际生活与航行中对中国岛屿形态的认知，也是中国古代沿海地图对岛屿地貌的重要表现方式。

【关键词】 明代　郑若曾　地图　岛屿

中国岛屿众多，按其成因可分为三类：一、基岩岛，即由基岩构成的岛屿，它们受华夏构造体系的控制，多呈现北北东方向，以群岛或列岛形式做有规律地分布。二、冲积岛，即指河流入海，泥沙在门口附近堆积所形成的沙岛。三、珊瑚礁岛，珊瑚礁岛主要分布在南海。[①]

本文选取对明代后期以及清代地图尤其是沿海地图有重要影响的郑若曾系列地图进行分析。

一　郑若曾系列地图的绘制背景与版本传布

郑若曾（1503～1570），字伯鲁，号开阳，南直隶苏州府昆山（今属

---

* 孙靖国，1977年生，吉林省吉林市人，历史学博士，中国社会科学院古代史研究所副研究员。

① 陈吉余、金元欢：《中国的岛屿》，陈史坚：《南海诸岛》，《中国大百科全书》"中国地理"卷，中国大百科全书出版社，1992，第622～623、344页。

江苏）人。他夙承家学，"幼有经世之志，凡天文地理、山经海籍靡不周览"。嘉靖十六年（1537）和十九年（1540），郑若曾两次以贡生参加科举考试，并因对策内容直指时弊而落榜，之后绝意仕途，潜心治学。

倭寇之患，几乎贯穿明朝始终，但最为剧烈的，则是在嘉靖时期，倭寇为患整个东南沿海，攻陷城郭，抢掠村落，人民生命财产损失严重，郑若曾的家乡昆山，正是倭寇侵扰的重灾区。为总结御倭方略，郑若曾编纂《沿海图》12 幅，受到普遍重视。随着倭患日益严重，郑若曾毅然应聘加入总督胡宗宪的幕府，[①] 正是在胡宗宪的幕府中，郑若曾"详核地利，指陈得失，自岭南迄辽左，计里辨方，八千五百余里，沿海山沙险阨延袤之形，盗踪分合入寇径路，以及哨守应援，水陆攻战之具，无微不核，无细不综，成书十有三卷，名曰《筹海图编》"。胡宗宪在《筹海图编》的序中说："……余既刊其《万里海防》行世，复取是编厘订，以付诸梓"。[②]

郑若曾的著述颇多，据其六世孙郑定远所撰《先六世祖贞孝先生事述》中所述，除《筹海图编》外，与史地相关者还有《江南经略》八卷、《万里海防》二卷、《日本图纂》一卷、《朝鲜图说》一卷、《安南图说》一卷、《琉球图说》一卷、《四隩图考》二卷、《海防大图》十二幅、《黄河图议》《海运图说》一卷、《三吴水利考》一卷等。[③]

在郑若曾著作流传刊刻的过程中，地图风格基本保持相对稳定，所以本文所讨论对象，系以中华书局点校本《筹海图编》为主，参以隆庆本《江南经略》、康熙本《朝鲜图说·安南图说·琉球图说》以及陶风楼本《郑开阳杂著》进行比较。[④]

二　郑若曾系列地图中对岛屿的表现方法

通过比较上述郑若曾著作中地图对岛屿的表现方法，我们可以发现：

---

① 乾隆《江南通志》卷 151《人物志》，文渊阁四库全书本，台湾商务印书馆影印，1986。

② （明）胡宗宪：《筹海图编序》，（明）郑若曾撰《筹海图编》，李致忠点校，中华书局，2007，第 991 页。

③ （清）郑定远：《先六世祖贞孝先生事述》，《筹海图编》，第 986 页。

④ 需要指出的是，由于中国古代地图并无通行图例，对各类地物的认识和表现方法亦无统一标准，所以即使是郑若曾本人的地图中，也未必所有不同表现方法的岛屿均有严格的区分。由于其资料来源、个人的绘制习惯与认识程度，不同地图对同一地物的表现也未必一定相同，故本文亦仅就其总体表现方式进行分析和归类总结。

第一，在全国总图或体现全部局势的小比例尺地图中，较大岛屿多以平面形态出现，勾勒出垂直视角所审视的轮廓，较小的岛屿则只以并无特点的点或线圈表示，如《筹海图编》中的《舆地全图》《日本国图》和《日本岛夷入寇之图》。

第二，则是郑若曾系列地图中的绝大部分，即分幅的海防图、沿海图、江防图、湖防图等区域地图，在这类地图中，岛屿的表现则分为两类，一为绘成山峦形态，另一为以垂直视角审视的平面轮廓。

绘成山峦形态，可以说是郑若曾系列地图中表现岛屿的主流方式，沿海的岛屿（包括长江中的一些岛屿）基本上绘成侧面平视或略带鸟瞰视角的山峦形状，大多数山峦比较陡峻，挺立高耸突出于海面。而绘成垂直视角的平面轮廓的，主要有如下几种情况。

1. 较大的岛屿，这种情况较少，只有下列几个岛屿：

（1）海南岛，完全以垂直视角的平面轮廓绘出，而且占据了几乎全部图幅，在其上绘制了众多的山峦、河流符号，以及密布的府、州、县、卫、所等政区治所，营、堡、巡司、驿、寨等军政设施，简、都、图、村等基层聚落，以及澳、浦、港等沿海地理单位等。[1]

（2）福建铜山所所在的今东山岛、中左所所在的今厦门岛、金门所所在的今金门岛、浙江舟山岛、南直隶海州郁洲岛（今已与大陆连成一片），[2] 这几个岛屿都是绘成平面轮廓，在其上亦绘制出若干山峦，整个岛屿只占图幅的一部分，平面与山峦都各占岛屿的相当比例。与厦门岛和鼓浪屿等周边岛屿的绘制方法对比，可见金门岛、烈屿和厦门岛与周边小岛面积的差别。

2. 南直隶沿海和长江、黄河入海口的一些河流搬运堆积而成的岛屿，如《直隶沿海山沙图》中在长江口所绘出的"南沙""竺箔沙""长沙""无名沙""小团沙""烂沙""孙家沙""新安沙""县后沙""管家沙""大阴沙""山前沙""营前沙"等，以及黄河口处的"栏头"等。[3]

3. 沿海的一些水中地物，以广东沿海为最多，计有：青婴池、蛇洋洲、

---

① 《筹海图编》，第 3～4 页。

② 《筹海图编》，第 26、29、66、99 页。

③ 《筹海图编》，第 91～93、101 页。

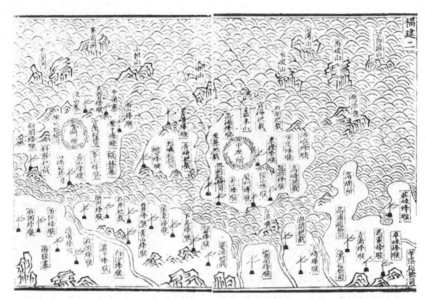

图 1　《筹海图编》卷 1《福建沿海山沙图》中中左所与金门所附近海域①

图 2　谷歌地球卫星图片中的中左所与金门所附近海域

---

① 《筹海图编》，第 28～29 页。

杨梅池、平江池、对达池、泖洲、润洲、调洲、调鸡门洲、碉洲、小黄程、大黄程、海珠寺、珊瑚洲、合兰洲、大王洲、马鞍洲、急水旗角洲、上下横当洲、龙穴洲、陶娘湾、石头村、石牌门、大村澳等，在抱旗山－沙湾巡检司－茭塘巡检司后亦绘有一片平面轮廓。① 在福建南部的铜山所所在的东山岛外海中亦绘有平面轮廓的侍郎洲。②

　　按雍正《广东通志》"珠母海"条曰："珠母海，在（合浦县）城东南八十里，巨海也。旧《志》载：'海中有平江、杨梅、青婴三池，大蚌吐珠，故名。'"③ 而据《粤闽巡视纪略》记载："珠池，旧《志》云一称珠母海，相传有七，曰青莺、曰断望、曰杨梅、曰乌坭、曰白沙、曰平江、曰海渚，俱在冠头岭外大海中，上下相去约一百八十三里。前巡抚陈大科曰：'白沙、海渚二池地图不载，止杨梅等五池，又有对乐一池在雷州，共六池。予访之土人，杨梅池在白龙城之正南少西，即青莺池，平江池在珠场寨前，乌坭池在冠头岭外，断望池在永安所。珠出平江者为佳，乌坭为下，亦不知所谓白沙、海渚二池也。'旧《志》又载有珠场守池巡司及乌兔、凌禄等十七寨，而不著其所自始，白龙城亦不载于城池条，但言钦、廉土不宜谷，民用采珠为生，自古以然，商贾赍米易珠，官司欲得者，从商市之而已。……明洪武初罢，永乐、洪熙屡饬弛禁罢采。至天顺四年，有镇守珠池内使谭记奏廉州知府李逊纵部民窃珠，下逊诏狱，逊亦讦记擅杀人，夺取民财诸状。……官采率十数年一举行，余年皆封池禁断。盖蚌胎必十余年而后盈，频取之，则细嫩不堪用故也。自天顺后，弘治一采，正德一采，嘉靖初首尾七载，而三遣使，得珠遂少。……于是抚臣林富疏请罢免，许之。嘉靖十年，富复请撤回内臣，略曰：'合浦县杨梅、青莺二池，海康县乐民一池，俱产蚌珠，设有内臣二员看守，后乐民之池所产稀少，裁革不守，止守合浦二池。计内臣所用兵役每岁共费千金，约十年一采，已费万金，而得珠不置数千金，亦安用此？请撤之，而兼领于海北道'。疏上，大司马李承勋力持之，又得永嘉张文忠公为之主，

_____

① 《筹海图编》，第 7～25 页。

② 《筹海图编》，第 26 页。

③ 雍正《广东通志》卷 13《山川志四》，文渊阁四库全书本，台湾商务印书馆，1986。

内臣遂撤。万历间，复诏采珠。用抚臣陈大科之言而罢。"①

从上面两则史籍所记述内容可知，青婴池、杨梅池、平江池、对达池应系海中的采珠之珠池，青婴池应即《粤闽巡视纪略》中之青莺池。对达池，史无所载，颇疑即《粤闽巡视纪略》中之对乐池，② 就图上位置而言亦距雷州不远。所以，这四处海中的垂直视角平面轮廓并非岛礁，而是海中的采珠海域。

雍正《广东通志》曰："涠洲山在城西南二百里海中，周围七十里，古名大蓬莱。稍南为蛇洋山，形如走蛇，与涠洲山对峙，古名小蓬莱，其地名蛇洋洲。"③ 又，《粤闽巡视纪略》中记载："涠洲在海中，去遂溪西南，海程可二百里。周七十里，内有八村，人多田少，皆以贾海为生。昔有野马渡此，亦名马渡。有石室如鼓形，榴木杖倚着石壁，采珠人尝致祭焉。古名大蓬莱，有温泉、黑泥，可浣衣使白如雪。前为蛇洋洲，周四十里，上有蛇洋山，亦名小蓬莱，远望如蛇走，故名。二洲之上各有山阜，缥缈烟波间，可望不可登。"④

从上面的记述可知，涠洲山在雷州府遂溪县西南二百里海中，周围七十里，考之位置，当系今天广西北海市之涠洲岛，面积为 24.74 平方千米，海岸线全长 36 千米，恰与史籍记载之七十里相符。该岛为新生代第四纪时期火山喷发堆积形成，所以有《粤闽巡视纪略》中所记之"温泉、黑泥"。而硇洲当系今湛江市海外之硇洲岛，地势较平坦，且面积较大，有 56 平方千米。

龙穴洲，从其位置和名称来看，很可能是今广州市南沙区龙穴岛，而大王洲应系今东莞市东江中大王洲岛。至于海珠寺，据《大明一统志》记载："海珠寺在府城南二里江中，随水高下。"⑤ 明代乌斯道诗《游海珠寺》："吟到中流一凭栏，云烟散尽水天宽。灵鳌化石支金刹，神物凌波弄木难。隔岸市尘千里远，炎风禅榻九秋寒。何须更觅三神岛，消得携琴此处弹。"⑥ 说明海珠寺系在珠江中的沙洲上。据《粤闽巡视纪略》记载：

---

① （清）杜臻：《粤闽巡视纪略》卷 1，文渊阁四库全书本，台湾商务印书馆，1986。

② 按：《大清一统志》卷 349《雷州府》珠池条下亦曰对乐珠池，可见应系《筹海图编》之错讹。

③ 雍正《广东通志》卷 13《山川志四》。

④ 《粤闽巡视纪略》卷 1。

⑤ 《大明一统志》卷 79《广东布政司》，三秦出版社，1990。

⑥ （明）乌斯道：《春草斋集》，文渊阁四库全书本，台湾商务印书馆影印，1986。

"佛堂门海中孤屿也，周围百余里。潮自东洋大海溢而西行，至独鳌洋，左入佛堂门，右入急水门，二门皆两山峡峙，而右水尤，驶番舶得入左门者，为已去危而即安，故有佛堂之名。自急水角径官富场，又西南二百里，曰合连海，盖合深澳、桑洲、零丁诸处之潮，而会合于此，故名。又西南五十里，即虎头门矣，其地又有龙穴洲，尝有龙出没其间，故名。每春波晴霁，蜃气现为楼台、城郭、人物、车马之形，上有三山，石穴流泉，舶商回国者必就汲于此。又有合兰洲，与龙穴对峙，上多兰草，故名。潮至此，始合零丁洋，即文信国赋诗处。桑洲之旁又有大王洲、马鞍洲。"① 从这段记述来看，合兰洲与龙穴洲相对，位置在珠江口虎门之处，而珊瑚洲与大王洲接近，所以，龙穴洲、大王洲、合兰洲、珊瑚洲、海珠寺等处都是珠江出海口一带江水中的沙洲，地势平坦，所以没有绘成山峦形象。又在大连图书馆所藏《广东沿海图》中，上横档、下横档、龙穴等均绘成平面轮廓，上横档、下横档绘在虎门处，可为一证。②

至于图上的急水旗角洲和上下横当洲，据《古今图书集成·方舆汇编·职方典》中所记："急水海门，在县城南一百五十里，官富巡检司南。""合兰洲，在县南二百里海中靖康场，与龙穴洲相比，其上多兰，旁有二石，海潮合焉，蜃气凝焉。旧《志》谓之康家市，又有马鞍洲、急水旗角洲、大王洲、上下横当洲，并在大海中"。③ 按急水门应即今香港大屿山与马港交接处之汲水门，图中绘在"急水旗角洲"的左上方（就地理方位而言应系东南），在海中绘出了山峦形状的"大奚山"，即今之大屿山，那么，急水旗角洲当系珠江出海口处的沙洲，而上下横当洲应亦如是。在广东珠江中的海珠寺以外，图上在沙湾巡检司、抱旗山、茭塘巡检司三处山峦形状岛屿之后，绘有一片平面形态的区域，抱旗山"在（广州）府西南四十里，以形似名，为郡之前案，江水环绕，……其南为南山峡，屹立江滨"。④ 沙湾与茭塘二地均在今广州市番禺区，可见此处应在珠江中，其

① 《粤闽巡视纪略》卷 2。

② 曹婉如等编《中国古代地图集（清代卷）》，文物出版社，1997，图版 134。

③ （清）陈梦雷原辑《古今图书集成·方舆汇编·职方典》第 1300 卷《广州府部》，中华书局，1934。

④ （清）顾祖禹撰《读史方舆纪要》卷 101《广东二》，贺次君、施和金点校，中华书局，2005，第 4597 页。

后的平面轮廓很可能亦系江中沙洲。

从上面的分析可知，广东沿海绘制较多的垂直视角平面轮廓地物，基本上为珠江口上下的沙洲，或者是采珠区，抑或为较大以及较平坦的岛屿。

综合上面的梳理，我们可以清楚地了解到，郑若曾系列地图中，对岛屿的描绘基本按其形态进行区分：较大的岛屿或比较平坦的岛屿（包括沙洲），由于高差视角效果相对不甚明显，故绘成平面轮廓；而较小的岛屿，或高峻的岛屿，则绘成山形，以强调其高差。这样的区分，在郑若曾系列地图中，基本上是统一的，比如《筹海图编》之《松江府图》和《苏州府图》中，崇明等沙洲都绘成平面轮廓，而大金山、小金山、羊山、许山、胜山等岛屿乃至太湖中的洞庭东山、洞庭西山则绘成山峦形态，[1] 究其原因，当系两种类型岛屿形态上的差异，比如大金山岛挺拔出海面，最高点高程达到 103.4 米。[2] 在以江南地区为对象的《江南经略》中，亦是如此处理。[3] 总体而言，古人对岛屿的认识，多在水面经行眺望，只能平行观测其侧面形态，而非在上方俯视，故多对其耸出水面的形态印象最为深刻，尤其是在航行中将其作为航标，如前所引章巽所藏《古航海图》和耶鲁大学所藏《航海图》，亦均将岛屿或海岸上的地物绘作平视侧面形态。大率海中岛屿，多耸立于海中，尤其是如前所述，中国沿海岛屿以基岩岛为主，多系大陆架构造的一部分，换言之，即海底大地上的高山，只是被海水淹没而已，所以一般来说，从古代航海者的视角来看，大多数岛屿均

---

① 《筹海图编》，第 376 ~ 379 页。

② 《中国海岛志》编纂委员会：《中国海岛志·江苏、上海卷》，海洋出版社，2013，第 455 页。

③ 但在描绘范围更小，按今天的惯例可以理解为比例尺更大的《吴县备寇水陆路图》中，则将太湖中的洞庭东山等岛绘成平面轮廓，其中若干处绘有山峦。而在范围更小的《洞庭东山险要图》《洞庭西山险要图》中，亦将岛屿绘成平面轮廓，其上绘出更多山峦形状（《江南经略》卷 2、3，隆庆三年刻本）。这应该是随着表现范围的变化而进行的调整，正如在沿海山沙图中绘出平面轮廓的一些较大岛屿，在《舆地总图》中并不绘出一样。又如今天小比例尺、中比例尺地图一般不绘出城市平面形态，但在大比例尺地图中则要绘出一样。但平坦的沙洲，如三片沙、三沙、竹箔沙、县后沙等，即使在专幅地图中，亦绘成平面轮廓，并无山形，可见对地貌形态的区分是不同绘制方法的基础。

呈现山峦形态，但较大的岛屿，因其幅员较广，所以山形并不明显，所以在古代的渔民看来，何者为兀出海面的山，何者为有绵延海岸线的岛，何者为平坦的沙洲，有直接的观感分别，体现在地图上，则有不同的表现方法。

三 郑若曾地图对岛屿表现方式所反映的地理学背景

在中国古人看来，岛屿虽然处于水域，尤其是大海中，但与陆地上的地物并无本质上的区别，只不过处于水中而已，所以基本上会根据目测感受把海中基岩或火山喷发形成的岛屿绘制成山形。与此同时，将岛屿绘制成平面轮廓，或是描绘较大规模岛屿，或是描绘河流中及出海口处堆积形成的沙洲，抑或是突出少数较大或较平坦的岛屿的特殊形态。

需要指出的是，中国古代地图，尤其是覆盖大地域范围的地图，其绘制者可能是署名者本人，但更多可能是画工，如《江南经略》所表现的江南地区，是郑若曾"携二子应龙、一鸾，分方祇役，更互往复，各操小舟，遨游于三江五湖间。所至辨其道里、通塞，录而识之。形势险阻、斥堠要津，令工图之"。虽然系由其父子亲身考察，但仍"令工图之"，则很有可能带有画工绘制惯例的痕迹。而其他地区的绘制，揆诸史籍，未见郑若曾在浙直以外的沿海各地考察的记载，其在入胡宗宪幕府前，亦未闻有何航海经历，所以此类地图应系郑若曾根据所收集资料绘成。

从《筹海图编》的各序跋中，可知十二幅沿海图的制作方式，亦并不相同。如胡松谓其"缮造《沿海图本》十有二幅"，范惟一谓其"辑《沿海图》十有二幅"。而其他序跋，多论其入胡宗宪幕府后，著《筹海图编》之事。[①] 因为郑若曾最初的十二幅沿海图今天已经不存，《筹海图编》和《郑开阳杂著》中的沿海图并非其原貌。按胡宗宪主政东南，身边人才济济，获取资料应远比郑若曾在家中容易得多。所以，郑若曾的地图，尤其是进入胡宗宪幕府后所绘制的各图，应是由其所获得的包括地图在内的各种地理信息整合而成，其对地物的表现形式，以理推之，很有可能受到其所依据的原始资料的影响。而从《江南经略》中，可清晰窥到郑若曾对江南地区地貌形态的熟稔和认知，亦可确认江南地区岛屿地貌形态的区分以

---

① 《筹海图编》，第 990~998 页。

及不同尺度岛屿形态的表现方法，是郑若曾亲身踏勘的结果，而与其著作中其他地区地图中岛屿的表现方法一致，亦可以推测此种表现方法既反映了郑若曾以及其所依据的资料来源作者对岛屿地貌的感知与认识，又可能带有一定程度上的普遍性。①

　　（本文原载于《苏州大学学报（哲学社会科学版）》2019年第4期，收入本书时作者对文字有少部分改动，编者有所删改）

---

① 　如明代《武备志》中的《郑和航海图》和中国科学院图书馆藏《江防海防图》中就是将山形的基岩岛与与平面轮廓的沙洲区分得非常清楚；《福建海防图》和中国国家图书馆所藏《全海图注》中会将若干较大岛屿绘成岛屿上有山峦的平面轮廓；而中国科学院图书馆藏《山东登州镇标水师前营北汛海口岛屿图》中，将较为平坦的桑岛绘成台地形状。见向达整理《郑和航海图》，中华书局，1981；孙靖国：《舆图指要：中国科学院图书馆藏中国古地图叙录》，中国地图出版社，2012；曹婉如等编《中国古代地图集（明代卷）》，文物出版社，1995。

《坤舆万国全图》与"郑和发现美洲"

——驳李兆良的相关观点兼论历史研究的科学性

龚缨晏[*]

【摘要】 中外学者公认，明末意大利来华传教士利玛窦于 1602 年在北京绘制的《坤舆万国全图》，是中西文化交流的结晶。但近年来，美洲郑和学会会长李兆良在一系列论著中提出，《坤舆万国全图》其实是郑和为了"准备第七次"下西洋而绘制的，"成图时间为 1428～1430 年"，该地图证明了"明代中国人比哥伦布先抵美洲"。李兆良的著作在海内外产生了很大影响，有专家甚至将其誉为"石破天惊"之作。但认真分析李兆良所依据的中外文资料，可知其观点在史实上是错误的、在逻辑上是乖谬的，完全违背了历史研究的科学性，因而根本不能成立。

【关键词】 利玛窦 《坤舆万国全图》 梁輈 《乾坤万国全图古今人物事迹》

1602 年，意大利传教士利玛窦（Matteo Ricci）在北京绘制出《坤舆万国全图》，比较全面地介绍了欧洲人在地理大发现中获得的世界地理新知识。这幅地图不仅猛烈地冲击了中国人传统的"天下观"，[①] 而且还影响到日本、朝鲜等周边国家。即使在今天出版的中文世界地图上，仍然可以看到利玛窦世界地图的痕迹。中外学者公认，利玛窦《坤舆万国全图》是中西文化交流的结晶，是东西方共同的文化遗产。[②] 但近年来，美洲郑和

---

* 龚缨晏，宁波大学浙东文化研究院教授。

① 葛兆光：《中国古代文化讲义》，复旦大学出版社，2006，第 16～17 页。

② 黄时鉴、龚缨晏：《利玛窦世界地图研究》，上海古籍出版社，2004，第 1 页。

学会会长李兆良在一系列论著中提出，《坤舆万国全图》并不是利玛窦的作品，而是郑和为了"准备第七次"下西洋绘制的，"成图时间为1428～1430年"，该图"证明明代中国人比哥伦布先抵美洲"。①李兆良的观点引起了国内外学者的重视。明史学者毛佩琦教授把李兆良的著作誉为"石破天惊"之作，并认为该书"挑战了世界史三大经典学说：（1）明代郑和下西洋止于东非；（2）哥伦布发现美洲新大陆；（3）利玛窦把西方的地理知识带来中国"。"对世界三大经典学说的改写，不仅仅是要改变一两个历史事件的记录，实际上改写的是数百年世界历史的叙述格局，改变以西方为中心主导的历史话语体系。这件事意义之重大，比物理学上广义相对论迈进到狭义相对论还要大，直可比于日心说取代地心说。"针对上述种种观点，我们必须从学术的角度进行认真分析，以明是非，避免讹传。

一　利玛窦绘制世界地图的过程及李兆良的"新发现"

在分析李兆良的观点之前，先介绍利玛窦在中国绘制世界地图的过程。

1578年3月，利玛窦与几位传教士一起乘坐帆船，从葡萄牙里斯本港出发，越过好望角，9月抵达印度果阿；1582年8月，搭乘葡萄牙帆船，从果阿来到澳门，从此开始了在中国的生活。1583年，利玛窦获准在广东

---

① 李兆良：《公元1430年前中国测绘美洲——〈坤舆万国全图〉探秘》，《测绘科学》2017年第7期；《明代中国人环球测绘〈坤舆万国全图〉——兼论〈坤舆万国全图〉的作者不是利玛窦》，《测绘科学》2016年第7期。李兆良的其他论著还有：《坤舆万国全图解密：明代测绘世界》，联经出版事业股份有限公司，2012；该书大陆版2017年由上海交通大学出版社出版，书名为《坤舆万国全图解密：明代中国与世界》。《黄河改道与地图断代：中国地图学西传辩证》，《测绘科学》2017年第4期。《〈坤舆万国全图〉与〈利玛窦中国札记〉中外译本考疑》，《测绘科学》2017年第5期。《谁先发现美洲新大陆——中国地理学西传考证》，《测绘科学》2017年第10期。李兆良（Lee, Siu - Leung.）的英文论文主要有："Chinese Mapped America Before 1430," ICC 2047 Online Proceedings, Washington, DC, Jul 4, 2017, pp. 1 - 10; "Did Chinese Visit Pre - Columbian America? A Few Bones to Pick," *Midwestern Epigraphic Society. ewsletter*, vol. 32, no. 1, 2015, pp. 3 - 6; "Maps that Turn World History Upside Down," *Midwestern Epigraphic Society Journal*, January 20, 2015, pp. 4 - 25; "Zheng He's Voyages Revealed by Matteo Ricci's World Map," in Lin Sien Chia and Sally K. Church, eds. , Zheng He and the Afro - Asian World, Singapore：International Zheng He Society, 2012. pp. 306 - 334。

肇庆居住；1584 年，他在肇庆绘制出第一幅近代意义上的中文世界地图。虽然利玛窦在用意大利文撰写的书信及回忆录中都提到了这幅世界地图，[①]但没有记下该图的中文名称。1935 年，洪业（煨莲）提出，利玛窦在肇庆绘制的世界地图中文名称应是《山海舆地图》。[②] 这个观点很快被国内外学者普遍接受，几成定论。2015 年，汤开建、周孝雷根据新发现的中文史料指出，利玛窦在肇庆绘制的世界地图中文名称是《大瀛全图》，从而解决了一个学术难题。[③] 遗憾的是，《大瀛全图》并没有保存下来。

　　1595 年 4 月，利玛窦离开广东韶州，6 月来到南昌，直到 1598 年 6 月底才离开。在南昌期间，利玛窦绘制过多种世界地图，但多数已经失传，只有两种保存在南昌学者章潢编辑的《图书编》卷 29 中。第一种为《舆地山海全图》，是用正轴椭圆形投影绘制而成的单幅世界地图；第二种为《舆地图》，由上（赤道以北）、下（赤道以南）两幅组成，是用正轴方位投影绘制而成的南北两半球图。这是我们目前所能见到的最早的利玛窦世界地图。[④]

　　1598 年 6 月 25 日，利玛窦离开南昌前往北京；7 月 5 日或 6 日到南京，7 月 16 日离开南京继续北上。[⑤] 大概就在南京逗留期间，利玛窦将自己带来的新绘世界地图交给了南京吏部主事吴中明。利玛窦离开南京北上后，吴中明将此地图刊刻出版，这就是《山海舆地全图》。《山海舆地全图》失传已久，但吴中明等人为此图撰写的序文却保存在明末冯应京所编《月令广义》卷首及清初刘凝所编《天学集解》卷 3 中。[⑥]

　　1598 年 9 月，利玛窦首次进入北京，由于无法获准居留，只得于 1599 年 2 月回到南京；1600 年 5 月离开南京，于 1601 年 1 月第二次到达北京，

① 利玛窦：《利玛窦书信集》上册，罗渔译，光启出版社、辅仁大学出版社，1986，第 60 页；《耶稣会与天主教进入中国史》，文铮译，梅欧金校，商务印书馆，2014，第 109 页。

② 洪煨莲：《考利玛窦的世界地图》，《禹贡》1936 年第 3、4 合刊，第 1～50 页。

③ 汤开建、周孝雷：《明代利玛窦世界地图传播史四题》，《自然科学史研究》2015 年第 3 期。

④ 龚缨晏：《现存最早的利玛窦世界地图研究》，《历史地理》第 38 辑，复旦大学出版社，2019，第 1～12 页。

⑤ 方豪：《利玛窦年谱》，《方豪六十自定稿》下册，台湾学生书局，1969，第 1574 页。

⑥ 冯应京：《月令广义》卷首，明万历二十九年刊本，哈佛燕京社藏，第 72～73 页；《天学集解》，参见汤开建汇释、校注《利玛窦明清中文文献资料汇释》，上海古籍出版社，2017，第 99～101 页。

并获准居留。在北京期间，利玛窦绘制过多种世界地图，其中最为著名的是 1602 年李之藻版《坤舆万国全图》和 1603 年李应试版《两仪玄览图》。《坤舆万国全图》原刻本由 6 条屏幅组成（总长度 4.14 米，高 1.79 米）①，在欧美及日本都有保存②。《两仪玄览图》原刻本由 8 条屏幅组成（总长度 4.44 米左右，高约 2 米）③，目前所知仅有两幅存世，分别收藏在中国辽宁省博物馆和韩国崇实大学基督教博物馆④。

利玛窦本人在中外文著述中都说《坤舆万国全图》是他亲手绘制的，李之藻、陈民志、杨景淳、祁光宗在《坤舆万国全图》的序文中也有同样的说法，阮泰元《两仪玄览图》序文中亦提及此事。⑤ 19 世纪末以来，中外学者从未对此产生过怀疑。而在李兆良看来，利玛窦、李之藻等人都在撒谎，因为"《坤舆万国全图》的原图是明代内府藏的世界地图，约 1430 年成图，远早于利玛窦和李之藻的时代"⑥；"利玛窦与李之藻对《坤舆万国全图》的地理测绘没有贡献"⑦。因此，李兆良的观点不仅彻底推翻了利玛窦、李之藻等当事人的陈词，而且全盘否定了一百多年来中外学者的研究结论，同时也完全颠覆了国内外普遍接受的基本常识，真可谓惊世骇俗、耸人听闻。

那么，李兆良凭什么提出这些惊人之论呢？他是不是在中外文献中发现了什么新史料？仔细阅读条理紊乱的冗文，可知李兆良根本没有找到任何新的史料，而只是在严重缺乏历史知识的背景下，通过凭空想象演绎出自己的观点。李兆良所有演绎的逻辑起点是：《坤舆万国全图》"是利玛窦以奥特里乌斯的 1570 年世界地图为蓝本绘制的"，但《坤舆万国全图》上面共有"1114 个地名，全部中文标注，比奥特里乌斯的世界地图增加了几

① 黄时鉴、龚缨晏：《利玛窦世界地图研究》，第 137 页。

② 高田时雄：《俄藏利玛窦〈世界地图〉札记》，北京大学中国古代史研究中心编《舆地、考古与史学新说——李孝聪教授荣休纪念论文集》，中华书局，2012，第 593~604 页。

③ 黄时鉴、龚缨晏：《利玛窦世界地图研究》，第 156 页。

④ 杨雨蕾：《利玛窦世界地图传入韩国及其影响》，《中国历史地理论丛》2005 年第 1 期。

⑤ 黄时鉴、龚缨晏：《利玛窦世界地图研究》，第 167~172 页。

⑥ 李兆良：《谁先发现美洲新大陆——中国地理学西传考证》，《测绘科学》2017 年第 10 期。

⑦ 李兆良：《公元 1430 年前中国测绘美洲——〈坤舆万国全图〉探秘》，《测绘科学》2017 年第 7 期。

百个"①，于是，李兆良发问，《坤舆万国全图》上这些多出来的几百个地名是从何而来的呢？他的结论是：这些多出来的地名"只能得自中国资料"，② 即15世纪前期郑和环球航行时所绘的中文世界地图。需要说明的是，李兆良此处所说的"奥特里乌斯的1570年世界地图"，指的是奥特里乌斯（Abraham Ortelius）所编地图集《地球大观》（*Theatrum Orbis Terrarum*）中的一幅世界地图。《地球大观》于1570年首次出版，是世界史上第一部近代地图集。

不过，李兆良在《坤舆万国全图解密：明代测绘世界》一书中，显然没有想好如何回答以下问题：1602年在北京生活的意大利人利玛窦，是如何获得170年前郑和所绘世界地图的呢？在李兆良陆续发表的几篇论文中，他终于逐渐形成了一个带有浓厚"阴谋论"色彩的答案。他写道，《坤舆万国全图》完成于"1430年左右，即郑和第六次大航海之后"，它本来就是"中国文献""与欧洲测绘无关"；"成化年间，宪宗朱见深有意再下西洋，但是有人禀告，郑和文档已毁，只得作罢。其实，原来的地图，即《坤舆万国全图》前身，还存内府"③。为了自圆其说，李兆良后来进一步提出，这里所说的"内府"是指明朝第一个都城南京，而不是指北京。李兆良这样推论道："郑和文献失踪，万历皇帝当然知道。郑和时代绘制的《坤舆万国全图》原图不能再出现，不然就有人要担当欺君之死罪"，所以，当明朝官员"知道利玛窦来华"后，就"准备把《坤舆万国全图》借利玛窦名义公开，怕万历知道有欺君之罪，只得假利玛窦之名出版，所以利玛窦顺利担当了《坤舆万国全图》的作者"④；或者说，"李之藻等众臣为公开保存这份珍贵的地图，宁可把作者让给利玛窦，免去杀戮之灾"⑤。李兆良还写道："《坤舆万国全图》有原本藏在南京，官吏们密谋

① 李兆良：《〈坤舆万国全图〉与〈利玛窦中国札记〉中外译本考疑》，《测绘科学》2017年第5期。
② 李兆良：《坤舆万国全图解密：明代中国与世界》，第15页。
③ 李兆良：《明代中国人环球测绘〈坤舆万国全图〉——兼论〈坤舆万国全图〉的作者不是利玛窦》，《测绘科学》2016年第7期。
④ 李兆良：《谁先发现美洲新大陆——中国地理学西传考证》，《测绘科学》2017年第10期。
⑤ 李兆良：《明代中国人环球测绘〈坤舆万国全图〉——兼论〈坤舆万国全图〉的作者不是利玛窦》，《测绘科学》2016年第7期。

以利玛窦顶替作者"，"官员们在原图上添加序言和有限地名，利用利玛窦名义公开"，这样，利玛窦虽然因为《坤舆万国全图》而被后人誉为"中国的托勒密"，但实际上，"《坤舆万国全图》的内容与利玛窦的时代和身份严重不相符"①。因此，在李兆良心目中，利玛窦是个欺世盗名的伪君子。

在举世闻名的《坤舆万国全图》上，李兆良认为自己"发现"了明朝官员的一个惊天阴谋。那么，李兆良的依据是什么呢？反复阅读他的文章，可以发现，李兆良主要依据两种文献：一是明代梁辀的《乾坤万国全图古今人物事迹》，二是《利玛窦中国札记》。下面分别讨论这两种文献。

二 梁辀的《乾坤万国全图古今人物事迹》

《乾坤万国全图古今人物事迹》（以下简称《乾图》）全图纵 172.5 厘米，横 132.5 厘米，木刻墨印。② 此地图于 18 世纪由欧洲来华传教士从中国带至欧洲，曾经是英国收藏家罗宾逊（Philip Robinson）的藏品，1974年在大英博物馆展出过，1988 年出现在索斯比（Sotheby）拍卖行的目录上（编号 85 号）③，现在下落不明④。1977 年，日本学者榎一雄撰文介绍过这幅地图⑤，并很快被译成中文，作为"外国史学动态"在《历史研究》上发表⑥。1987 年，任金城也对这幅地图进行过探讨。⑦

《乾图》上方的长篇序文，落款为："常州府无锡县儒学训导泗人梁辀

---

① 李兆良：《〈坤舆万国全图〉与〈利玛窦中国札记〉中外译本考疑》，《测绘科学》2017年第 5 期。

② 曹婉如等编《中国古代地图集（明代）》，文物出版社，1995，第 11 页。

③ Sotheby's, *The Library of Philip Robinson*, Part 2, the Chinese Collection, London：Sotheby's, 1988, pp. 77 – 78. 参见李孝聪《欧洲收藏部分中文古地图叙录》，国际文化出版公司，1996，第 146～147 页。

④ 参见李孝聪《欧洲收藏部分中文古地图叙录》，国际文化出版公司，1996，第 146～147 页。

⑤ 榎一雄：《支那関係古地図資料の集成と発現》，《東方学》第 54 辑，1977，第 141～148 页。

⑥ 冯佐哲：《国外出版和展出一批中国古地图资料》，《历史研究》1978 年第 2 期。

⑦ 任金城：《流失在国外的一些中国明代地图》，《中国科技史料》1987 年第 1 期；《国外珍藏的一些中国明代地图》，《文献》1987 年第 3 期。

谨镌。万历癸巳秋南京吏部四司。刻于正巳堂。"由此可见，这幅地图的绘制者是无锡县儒学训导梁辀。至于这幅地图的缘起，梁辀在序文中写得非常清楚：

> 尝谓为学而不博夫古，无以尽经理之妙；好古而不穷夫远，无以尽格致之功。是以《禹贡》之书，历乎九州，《职方》之载，鳖乎四海，班氏因之而作《地理志》，则图史之从来久矣，考古证今者所必资也。此图旧无善版，虽有《广舆图》之刻，亦且挂一而漏万。故近睹西泰子之图说，欧逻巴氏之镂版，白下诸公之翻刻有六幅者，始知乾坤所包最巨，故合众图而考其成，统中外而归于一。①

此处的"西泰子"就是指利玛窦，"欧逻巴"是对 Europe 的音译。万历十七年（1589）就与利玛窦相识的刘承范曾为利玛窦写过传记，首句就是："利玛窦者，西域高僧也，别号西泰。"利玛窦还告诉刘承范说，自己是"欧罗巴国人也"。②而尚未与利玛窦见过面的梁辀，则误以为"欧逻巴"是个人名。梁辀在序文中非常清楚地说：中国人自古以来都很重视地图，但一直没有好的版本；最近南京（"白下"）有人翻刻了利玛窦地图，共有 6 条屏幅；我见到这幅地图后，才知道世界是多么广大，因而将多种地图综合在一起，绘制出《乾图》。

李兆良引述了梁辀的这篇序文，但他却别出心裁，从梁辀的序文中得出如下结论："梁辀的序言说南京的'六幅地图'其实就是《坤舆万国全图》原图，正式公开以前，在《乾坤万国全图天下（'古今'之误——引者注）人物事迹》的序言里作了舆论准备。"③对照一下梁辀原文，没有一个字可以支撑李兆良的观点。李兆良的观点完全建立在对史料的错误解读之上，根本无法成立。

李兆良还认为他在梁辀《乾图》上找到了关键证据："梁辀的地图有亚伯尔耕，没有亚墨利加，利玛窦来华之前，中国是不知道亚墨利加的。

---

① 曹婉如等编《中国古代地图集（明代）》，图版 145。

② 刘明强：《万历韶州同知刘承范及其〈利玛窦传〉》，《韶关学院学报》2010 年第 11 期。

③ 李兆良：《谁先发现美洲新大陆——中国地理学西传考证》，《测绘科学》2017 年第 10 期。

利玛窦带来的奥特里（原文中此处及以下均缺'乌'字——引者注）斯1570年世界地图没有亚伯尔耕，新大陆主要为亚墨利加。假如地图是利玛窦按奥特里斯地图绘制，应该有亚墨利加，没有亚伯尔耕，这是重要的疑点"；"1593年以后，西方的美洲地图才稳定地有亚伯尔耕这一地名"。[①]这里包含两个主要观点：第一，《乾图》上没有亚墨利加；第二，利玛窦带来的奥特里乌斯1570年世界地图上没有亚伯尔耕。

尽管《乾图》原图不知收藏何处，但影印本还是比较容易见到的。《中国古代地图集（明代）》收录了这幅地图，[②] 中国国家图书馆也藏有此图的复印件。[③] 只要稍加留心，就可以在《乾图》的亚洲大陆北部沿海找到"亚墨利加国"几个字（见图1），因此李兆良第一个论点是完全错误的。"亚墨利加"是America之类西文词汇的音译，此词源自意大利航海家亚美利哥·维斯普奇（Amerigo Vespucci）之名。我们知道，哥伦布虽然于

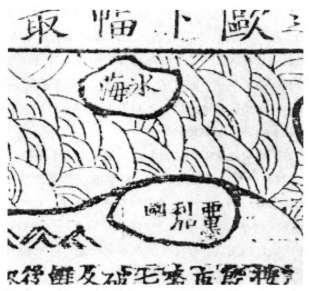

图1 《乾图》上的"亚墨利加国"

---

① 李兆良：《谁先发现美洲新大陆——中国地理学西传考证》，《测绘科学》2017年第10期。

② 曹婉如等编《中国古代地图集（明代）》，图版145。

③ 北京图书馆善本特藏部舆图组编《舆图要录：北京图书馆藏6827种中外文古旧地图目录》，北京图书馆出版社，1997，第1页。

1492 年发现了美洲，但他认为自己到了亚洲。1500 年前后，亚美利哥几次从欧洲横渡大西洋到美洲进行探险，并且提出美洲是一块前所未知的"新大陆"。1507 年，德国制图学家瓦尔德泽米勒（Martin Waldseemüller）首次用亚美利哥的名字来命名美洲。利玛窦来到中国后，将西方文献上的 America 音译成"亚墨利加"。郑和下西洋时，亚美利哥还没有出生，更没有人用他的名字来命名美洲。因此，《乾图》上面出现的"亚墨利加国"，本身就证明这幅地图并非郑和下西洋时代所绘。只不过尚未与利玛窦见过面的梁辀误将"亚墨利加"当成了一个国名，并且根据自己的需要，将其错误地标绘在亚洲大陆的最北部。

确实如李兆良所说，梁辀《乾图》上出现了"亚伯尔耕"地名；他还知道，"亚伯尔耕"一名就是 Apalchen 的音译，而且"西方地图对亚伯尔耕有各种不同拼法，如 Apalache，Apalaci，Apalatci，Apalache，Apala-celm"。[①] 不过，李兆良说"利玛窦带来的奥特里斯 1570 年世界地图没有亚伯尔耕"，这就完全错了。只要浏览一下奥特里乌斯 1570 年版《地球大观》，就可以在这部地图集的《美洲地图》（*Americae Sive Novi Orbis Nova Descriptio*）上面，看到颇为醒目的 Apalchen 一名（见图 2）。这样，李兆良的第二个论点也是错误的。

图 2   1570 年《地球大观》中《美洲地图》上的 Apalchen

① 李兆良：《谁先发现美洲新大陆——中国地理学西传考证》，《测绘科学》2017 年第 10 期。

　　《乾图》虽然非常著名，但学术界对其缺乏深入研究，许多基本问题尚不清楚，包括绘制年代。梁辀序文所署时间是"万历癸巳秋"，即万历二十一年，学者在探讨《乾图》的绘制年代时，都是根据这一时间进行推测的，这就产生了一个问题：1593 年，利玛窦尚在广东韶州，根本没有到过梅岭以北地区。因此，一些学者认为，早在 1593 年，有人已经在南京翻刻利玛窦在肇庆绘制的世界地图了；① 另一些学者则认为，梁辀序文中的"癸巳"可能被误刻了，应当是癸卯年（1603 年）或乙巳年（1605 年），甚至可能是丁未年（1607 年）。② 李兆良更是以梁辀序文中的"万历癸巳"为依据，认为"1593 年，利玛窦还在韶州，没有到南京"，因此，"梁辀的序言说南京的'六幅地图'其实就是《坤舆万国全图》原图"，即"1430 年明代中国人完成的"世界地图。③

　　李兆良的这个观点是站不住脚的，因为他根本没有认真看过《乾图》。《乾图》上有许多信息表明，此图是在 1593 年之后绘制的。其中最直接、最明确的证据，就是关于"遵义府"的注文："一州四县。杨应龙叛，万历卅年征平，立府县。"（见图 3）此外，地图下方关于四川省户口赋税的说明中，也有类似的文字："播州，杨应龙叛处，今改遵义府，管一州四县。"万历二十四年，播州土司杨应龙公开起兵反叛，直到二十八年六月才被明朝军队彻底镇压，杨应龙自缢而亡。这就是"万历三大征"中的"平播之役"。《明实录》明确记载，万历二十九年四月丙申，"命分播地为二郡，以关为界。关内属川，关外属黔。属川者曰遵义，属黔者曰平越。遵义领州一，曰真安；县四，曰遵义，绥阳，桐梓，仁怀。平越领州一，曰黄平；县四，曰湄潭，余庆，瓮安，安化"④。万历三十一年八月，川贵总督王象乾报告，"遵义城垣公署营建告成，田地粮差丈摊已定"⑤。

① 本杰明·艾尔曼：《中国近代科学的文化史》，王红霞等译，上海古籍出版社，2009，第 31 页。

② 米歇尔·德东布：《入华耶稣会士与中国的地图学》，安田朴、谢和耐等编《明清间入华耶稣会士和中西文化交流》，耿昇译，巴蜀书社，1993，第 219～234 页；邹振环：《晚明汉文西学经典：编译、诠释、流传与影响》，复旦大学出版社，2011，第 60 页。

③ 李兆良：《谁先发现美洲新大陆——中国地理学西传考证》，《测绘科学》2017 年第 10 期。

④ 《明神宗实录》卷 358，台湾"中研院"历史语言研究所，1962，第 6696 页。

⑤ 《明神宗实录》卷 387，第 7287～7288 页。

因此这幅地图无疑是在万历三十年之后绘制的。此外，在万历二十九年新置的州县中，遵义府所属真安、绥阳、桐梓、仁怀在《乾图》中也都出现了。

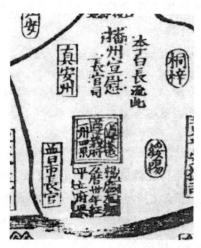

图3　《乾图》上的"遵义府"

通观《乾图》还可以发现，梁辀非常重视平播之役，天启元年（1621年）同样发生在西南地区的奢安之乱，在《乾图》上却不见任何踪影；万历四十四年，后金建立之后发生的一系列关系明朝生死存亡的事件，历史意义远比平播之役重大，在《乾图》上也无一丝痕迹。据此推断，《乾图》应绘制于平播之役结束后不久，所以在梁辀的心目中，"平播之役"就是新近发生的最大事件。因此可以确定，梁辀序文中"万历癸巳"一定是误刻，因为这一时间比平播之役整整早了十年。此外，《乾图》虽然提到了"万历卅年"（壬寅年），但将"癸巳"误刻成"壬寅"的可能性不大，因为这两组干支年代没有任何共同之处。而且，如果这幅地图是万历三十年绘制的话，那么，遵义府下方的"万历卅年"更可能用"今岁"之类的词汇。从语气上来看，"杨应龙叛，万历卅年征平，立府县"，不像是指当年发生的事件。所以笔者推测，梁辀序文中的落款"万历癸巳"，应当是"万历癸卯"的误刻。也就是说，《乾图》应是在万历三十一年绘制的。这一年，距离杨应龙死亡只有三年，而此后导致明朝灭亡的一系列重大事件尚未发生，因此梁辀将平播之役当作近期发生的重大事件记入地图。

前已述及，1598 年，吴中明在南京刊刻了利玛窦的《山海舆地全图》；1602 年，利玛窦在北京绘制出《坤舆万国全图》。因此，1603 年梁辀在绘制《乾图》时所参考的"西泰子之图说"，既有可能是指《山海舆地全图》，也有可能是指《坤舆万国全图》。但有两条证据表明，梁辀所参考的，正是《坤舆万国全图》。

一是李之藻在《坤舆万国全图》上写的一段话：

> 白下诸公曾为翻刻，而幅小未悉。不佞因与同志为作屏障六幅，暇日更事杀青，厘正象胥，益所未有。

这表明吴中明在南京刊刻的《山海舆地全图》面积并不大，而且也不是由六屏幅组成的，否则李之藻就无须点明北京版《坤舆万国全图》是由"屏障六幅"组成的；而梁辀所见到的利玛窦世界地图，恰恰是由"六幅"组成的。据此推断，梁辀所参考的就是《坤舆万国全图》。

二是《乾图》上的一段注文：

> 伯西儿国：无房居，开地为穴。衣鸟毛，食兽肉人肉。

对照奥特里乌斯等欧洲制图学家绘制的地图，可以知道，这个"伯西儿"就是 Brasilia 的音译（现在译写成"巴西"）。在《坤舆万国全图》上也有类似的注文"伯西儿，此言苏木。此国人不作房屋，开地为穴以居。好食人肉，但食男不食女。以鸟毛织衣"。显然，《乾图》上的注文是从《坤舆万国全图》简化而来的。而利玛窦 1595～1598 年在南昌期间绘制的《舆地图》上，就只有"食人"，而没有"伯西儿"之类的地名。[1] 1598 年在南京刊刻的利玛窦《山海舆地全图》虽然失传了，但其摹本却保存在明代冯应京的《月令广义》[2] 和王圻的《三才图会》[3] 中。在这两部书所收录的摹本上，巴西一带同样被称为"食人国"，而非"伯西儿"。因此，如果梁辀参考了在南京出版的《山海舆地全图》，那么出现在《乾图》上的就应当是"食人国"，而不是"伯西儿"。可事实上，《乾图》和《坤舆万

---

① 章潢：《图书编》卷 29，明万历四十一年刊本，日本国会图书馆藏，第 36～37 页。

② 冯应京：《月令广义》卷首，明万历二十九年刊本，哈佛燕京社藏，第 72～73 页。

③ 王圻、王思义编集《三才图会·地理一》，上海古籍出版社，1988，第 326 页。

国全图》一样，都在这一区域标出了"伯西儿"，并写下了长段注文。因此，《乾图》所参考的一定是《坤舆万国全图》。

李兆良认为，《乾图》是"1430 年明代中国人完成的"。但这幅地图上关于"万历卅年"平播之役的注文，有力地否定了李兆良这一观点；《乾图》上的"亚墨利加国"、奥特里乌斯 1570 年《美洲地图》上的 Apalchen，则否定了李兆良关于《乾图》上"没有亚墨利加""利玛窦带来奥特里乌斯 1570 年世界地图没有亚伯尔耕"的看法。因此，梁辀的《乾图》不仅不能支持李兆良的观点，反而可以证明他的观点是完全错误的。

三 关于《利玛窦中国札记》

李兆良论著中一个更大的错误，是他试图通过解读《利玛窦中国札记》来否定《坤舆万国全图》是利玛窦绘制的，因为他并不知道《利玛窦中国札记》的形成及流传过程。

李兆良曾经专门讨论过《利玛窦中国札记》的"不同版本"，并且认为："《利玛窦中国札记》一书是另外一位比利时籍传教士金尼阁（Nicolas Trigault，1577—1628）在利玛窦死后，根据他的笔记整理的。……利玛窦笔记原文为意大利文，金尼阁 1615 年首先出版的是拉丁文版本。随后几年，陆续发行了法文、西班牙文、意大利文、德文等翻译本，书名略异。之后的其他欧洲语本基本上根据拉丁文版，该书是欧洲汉学者首次认识中国必读的一本书。"[①] 李兆良还说，他"主要参考"了 7 个版本的《利玛窦中国札记》，其中最为重要的是"1622 年意大利文版"。通过分析这些译本，他有两个发现。第一，关于《坤舆万国全图》的绘制地点，"意大利文版第 352 页"说是在"南京（Nanchino）"，李兆良因此写道："值得注意是'南京'的字眼来自利玛窦意大利文原文。后来拉丁文、法文、西班牙文翻译为京城/宫廷，没有指明北京或南京。英译本与中译本的'北京'不是'京城/宫廷'的规范翻译。朱元璋定都南京，朱棣于 1421 年迁都北京。这点差别是关键的改写。因为金尼阁没有见过利玛窦，他整理笔

---

① 李兆良：《〈坤舆万国全图〉与〈利玛窦中国札记〉中外译本考疑》，《测绘科学》2017 年第 5 期。

记，必然因为地图出现在南京而疑惑，因此首先出现的拉丁文版，把南京改为京城/皇城（Regia），以后的法文（Cour）、西班牙文（Court）没有出错。300 多年后的英文版把皇城改成'北京'是绝对错误的，翻自英文的中文版因此也出错。"李兆良为什么如此重视意大利译本中的"南京"呢？因为他要据此得出如下"新见"：《坤舆万国全图》是郑和下西洋时期绘制的，一直秘藏在明朝的第一个都城南京。他推论说："利玛窦的笔记原文是意大利文，不应该有误。最可能的解释是南京的确原来就有《坤舆万国全图》的原本，利玛窦与李之藻在北京合作是在南京原有的《坤舆万国全图》上编修的。"①

李兆良通过分析《利玛窦中国札记》多种中外译本得出的第二个结论是："利玛窦描述地图尺幅不准确。札记拉丁文、法文、西班牙文描述的《坤舆万国全图》是一人高，没有宽度，顶多是方形，不是长方形地图，不是英译本的 6 平方英尺，也不是中译本的 6 平方英尺"，"假如利玛窦实际参与地图绘制，不致地图尺幅也含糊不清"，因此，利玛窦"对《坤舆万国全图》的制作参与非常有限"。②

为了证明自己的观点，李兆良找来了中外文多种《利玛窦中国札记》译本，并且广征博引，不厌其烦地分析不同版本的翻译错误，甚至"按照中古时代欧洲人的墓与武士盔甲高度"来推算《坤舆万国全图》的大小尺寸，洋洋洒洒地写下了一万多字，貌似博学而严谨，但实际上非常可笑：因为他所依据和分析的，并不是利玛窦原作。

研究表明，早在 1594 年，尚在韶州的利玛窦就开始萌发撰写中国札记的念头，"直到 1608 年，利玛窦才真正开始将他的这个愿望变成现实"，此后他一直用意大利文坚持撰写札记，直至 1610 年去世。1612 年，金尼阁带着利玛窦中国札记的手稿从中国返回欧洲。"在漫长的旅途中，金尼阁开始将这部用意大利文写成的手稿译为拉丁文，因为罗马天主教传统上一直用拉丁语作为教会的正式语言和礼拜仪式的专用语言。"1615 年，金

① 李兆良：《〈坤舆万国全图〉与〈利玛窦中国札记〉中外译本考疑》，《测绘科学》2017 年第 5 期。

② 李兆良：《〈坤舆万国全图〉与〈利玛窦中国札记〉中外译本考疑》，《测绘科学》2017 年第 5 期。

尼阁翻译的拉丁文版《利玛窦中国札记》在德国首次出版，后来又被翻译成欧洲其他语言。[①] 我们可以将所有这些译本，统称为"《利玛窦中国札记》金尼阁删改本系列"。

金尼阁在把利玛窦的意大利文《利玛窦中国札记》手稿翻译成拉丁文时，进行了"增补、修改和编辑"，[②] 因此书中许多内容并不是利玛窦本人的思想；根据这部译本而转译的其他译本，更不能完整地表达利玛窦的原意。李兆良所重视的"1622 年意大利文版"《利玛窦中国札记》，也是从金尼阁的拉丁文译本翻译而来，而不是像他所声称的是"利玛窦意大利文原文"。所以，李兆良的长篇大论，其实只是探讨了这样一个问题：金尼阁《利玛窦中国札记》拉丁文译本在翻译成其他文字时，出现了哪些不同的译法？显然，金尼阁删改本系列中关于"南京"或"北京"的不同译法，以及对于《坤舆万国全图》尺幅大小的不同描述，都是翻译者的事情，与利玛窦无关。试图根据这些译本来确定《坤舆万国全图》的大小，或者来证明南京"内府"中一直珍藏着郑和下西洋时绘制的地图，都是缘木求鱼。

李兆良深知"利玛窦意大利原文"的重要性，并在《利玛窦中国札记》金尼阁删改本系列中进行了艰苦而徒劳的查找。他根本不知道，利玛窦自己用意大利文撰写的《利玛窦中国札记》"笔记原文"其实早就公之于世了，而且还有两种中文译本。1909 年，意大利学者文图里（Pietro Tacchi Venturi）在耶稣会档案馆中发现了利玛窦的这部意大利文手稿，并对其进行了整理，于 1911 年将其作为《耶稣会士利玛窦神父历史著作集》（Operestoriche del P. Matteo Ricci S. I.）第 1 卷出版，题为《中国回忆录》（I Commentarjdella Cina）。后来，德礼贤（Pasquale M. D. Elia）在文图里的基础上，对利玛窦手稿进行了大量考证与注释，完成了《利玛窦史料：天主教传入中国史》一书，共 3 册，于 1942～1949 年陆续出版。[③] 1986年，刘俊余等将德礼贤整理出来的《利玛窦史料：天主教传入中国史》译成中文，取名为《利玛窦中国传教史》，由台湾光启出版社、辅仁大学出

---

① 利玛窦：《耶稣会与天主教进入中国史》，商务印书馆，2014，第 I～III 页。

② 利玛窦：《耶稣会与天主教进入中国史》，商务印书馆，2014，第 V 页。

③ Pasquale M. d'Elia, Fonti Ricciane: *Storia dell'introduzione del Cristianesimo in Cina*, Roma: laLibreria dello Stato, 1942-1949.

版社联合出版。2014 年，文铮将德礼贤的《利玛窦史料：天主教传入中国史》译成中文，取名为《耶稣会与天主教进入中国史》，由商务印书馆出版。

这样，要研究李兆良所关心的"南京"或"北京"问题，以及《坤舆万国全图》尺幅大小问题，完全没有必要去考证《利玛窦中国札记》金尼阁删改本系列中的不同译法，直接查阅德礼贤《利玛窦史料：天主教传入中国史》即可。李兆良所探讨的内容，都在该书第 17 章"北京的传教事业又有新起色"中。这里，利玛窦清楚地使用了 Pacchino（北京）这个地名，而不是 Nanchino（南京）。而且，利玛窦还注明了所有的事情都发生在 1608 年初到 1609 年 12 月 25 日，[①] 此时他已在北京生活了七八年。况且，即使证明《利玛窦中国札记》中的原文是"南京"而不是"北京"，也不能就此证明当时的南京依然保存着关于郑和下西洋的档案资料，更不能证明利玛窦可以获得这些档案资料。

至于《坤舆万国全图》尺幅大小问题，利玛窦原文是 sei quadri。[②] 刘俊余将此词译为"六个版面"，[③] 文铮采用了同样的译法，并将全句译为：李之藻"做的第一件事是重新刊印《坤舆万国全图》，这一版比以前的版本都大，分为六个版面，尺幅比一般人身高还高，各版面之间满是带扣，中国式样，非常美观"。[④] 事实上，《坤舆万国全图》就是由六条屏幅组成的，每条屏幅的高度为 1.80 米左右，确实"比一般人身高还高"。[⑤] 因此，

[①] Pasquale M. d'Elia, *Fonti Ricciane*：*Storia dell'introduzione del Cristianesimo in Cina*, vol. 2, Roma：laLibreria dello Stato, 1942 – 1949, pp. 471 – 473.

[②] Pasquale M. d'Elia, *Fonti Ricciane*：*Storia dell'introduzione del Cristianesimo in Cina*, vol. 2, p. 171.

[③] 利玛窦：《利玛窦中国传教史》，刘俊余等译，台北：光启出版社、辅仁大学出版社，1986，第 370 页。

[④] 利玛窦：《耶稣会与天主教进入中国史》，商务印书馆，2014，第 306 页。

[⑤] 由于装帧方式及测量方式的不同，已经公布的《坤舆万国全图》屏幅高度略有差异。例如，梵蒂冈藏本和俄国国家图书馆藏本的高度为 1.70 米，法国收藏家亨利·希勒（Henri Schiller）从索斯比拍卖行购得的藏本高度为 1.875 米，可参见黄时鉴、龚缨晏：《利玛窦世界地图研究》，第 137 页；高田时雄：《俄藏利玛窦〈世界地图〉札记》，北京大学中国古代史研究中心编《舆地、考古与史学新说——李孝聪教授荣休纪念论文集》；Sotheby's, *The Library of Philip Robinson*, Part 2, the Chinese Collection, p. 79.

李兆良根据《利玛窦中国札记》金尼阁删改本系列来指责利玛窦“连（《坤舆万国全图》）实际比例尺的描述也不清楚”是毫无道理的；据此认为利玛窦“对《坤舆万国全图》的制作参与非常有限”，更是难以成立。

四 李兆良引用的西方古地图资料

李兆良的论著引用了不少西方古地图资料，并试图通过似是而非的叙述来证明自己的观点。一些不是专业研究西方古地图的学者因此被其迷惑。实际上，李兆良根据西方古地图资料所得出的结论，都是站不住脚的，因为他在利用资料时出现了以下几个明显错误。

第一，事实错误。

1492 年，哥伦布发现美洲。1522 年，麦哲伦船队完成了人类历史上首次环球航行。欧洲人通过地理大发现，进入了前所未知的广阔世界，获得了日益丰富的世界地理新知识。在此背景下，西方地图学在 16 世纪进入了一个关键转折时期。主要表现为，以托勒密为代表的古代地图学逐渐被反映地球全貌的近代地理学所取代；新的地图投影方法不断被发明出来；[1] 地图大量增多，“在 1400 年至 1472 年这个手稿时代，大约有 1000 幅地图在流传；从 1472 年至 1500 年，大约有 5.6 万幅地图在流传；从 1500 年至 1600 年，有几百万幅地图在流传”[2]。而李兆良完全无视西方地图学史上的这些事实，甚至故意隐瞒真相，用错误的观点误导读者。试举两个例子。

第一个例子是地图上的经纬度（线）问题。李兆良说，奥特里乌斯 1570 年世界地图“有经纬度”，而“1548 年，意大利人加斯塔尔迪（Gia-comoGastaldi，1500—1566）制作的第一份美洲地图”，以及“1550 年，塞巴斯蒂安·明斯特（Sebastian Münster，1488—1552）绘制的第一幅美洲地图，没有经纬度，整个美洲与现代理解的美洲差别悬殊，亚洲与美洲相隔很近，日本是长方形的。亚洲最大的是印度，中国（国泰）是小国。比较

---

① Johannes Keuning, "The History of Geographical Map Projections until 1600," *Imago Mundi*, vol. 12, 1955, pp. 1–24.

② David Woodward, *The History of Cartography*, vol. 3, part 1, Chicago and London: University of Chicago Press, 2007, p. 11.

20 年后的奥特里斯 1570 年地图有天渊之别。根据 1550～1570 年的测量技术，当时绝对不能达到测绘奥特里斯世界地图的水平"；此外，"1580 年，荷兰人瓦根乃尔（Lucas Janszoon Waghenaer，约 1533—1606）出版了被称为欧洲第一本航海著作《航海明镜》（Spieghel der zeevaerdt），里面有 23幅欧洲各国地图，只有其中一幅有经度"。因此，"奥特里斯、墨卡托的世界地图则是翻译自郑和时代流传在外的使节地图"，这些地图"是中国的世界地理知识传入西方"的证据。[①]

李兆良的这个观点，与西方地图学史的基本事实完全不符。稍具西方文化史知识的人都知道，古代世界"最卓越的创造"之一，就是古希腊科学巨匠托勒密（Claudius Ptolemy）在其名作《地理学》中提出的两种地图投影方法。[②] 自 1406 年开始，托勒密《地理学》重新传回西欧，并被大量印刷。[③] 因此，在 15～16 世纪，画有 360 度经纬线的地图可以说不胜枚举。李兆良在文章中利用了多幅收藏在美国国会图书馆的西文古地图，这个图书馆中就藏有明斯特和"意大利人加斯塔尔迪"绘制的多幅画有经纬线的地图。

李兆良称，与奥特里乌斯 1570 年世界地图相比，明斯特的美洲地图上"没有经纬度"，中国是"小国"，试图以此来说明奥特里乌斯 1570 年世界地图上有来自"中国的世界地理知识"。这种比较毫无道理。因为明斯特的美洲地图本来就是以表现美洲为目的，因此，只能把中国的局部地区以"小国"的形式表现出来；而奥特里乌斯的世界地图则是以表现整个世界为目的，中国当然比较大。此外，明斯特的美洲地图大小只有 26cm ×35cm，而奥特里乌斯世界地图却有 33.7cm × 49.3cm，所以有更多的空间来表现世界。选择不同性质、不同大小的地图进行所谓的比较，只能得出荒诞的结论。这种比较方法本身就是违背科学的。

第二个例子是普兰修斯（Petrus Plancius）1594 年世界地图。李兆良非

---

① 李兆良：《谁先发现美洲新大陆——中国地理学西传考证》，《测绘科学》2017 年第10 期。

② 保罗·佩迪什：《古代希腊人的地理学——古希腊地理学史》，蔡宗夏译，葛以德校，商务印书馆，1983，第 177 页。

③ O. A. W. Dilke, *Greek and Roman Maps*, Baltimore: Johns Hopkins University Press, 1998, pp. 161 - 162.

常重视这一地图，认为郑和他们不仅测绘了北美洲西部的广大区域，而且还根据当地的"地理特征"对许多地方进行了命名①，包括美湾（B. Hermosa）、雪山（Sierra Nevada）、水潮峰（Cabo de Corrientes），并且将这些地名标绘在《坤舆万国全图》上，因此，"《坤舆万国全图》是中国人测绘的正本"；② 由于 16 世纪欧洲人尚未到过北美洲这些地方，所以奥特里乌斯 1570 年世界地图上就没有水潮峰、美湾、雪山这些地名；"1583 ~ 1589 年，荷兰人颜海艮·凡·林斯豪滕（Jan Huygen van Linschoten）在果阿担任葡萄牙大主教的秘书，获得大批葡萄牙在亚洲的资料，包括世界地图和航路文献，包括亚洲地图"；"林斯豪滕的重要著作《旅程》（Itinerario），重要资料来自一位航海者德尔克·贾力逊（DirckGerritszoon，1544—1608），外号 Dirck China（中国通），22 岁开始航海（1568 年），来往印度、中国、日本之间，渡（应为"度"）过 20 多年海员生涯。林斯豪滕的书使他成为荷兰的'马可·波罗'，不同的是他从来没有踏入中国，关于中国的信息极有可能来自贾力逊"；而这些信息又为普兰修斯所获得，于是，"1590 年的普兰修斯地图有北美洲西部地名：水潮峰、美湾、雪山等奥特里斯 1570 年地图没有的地名"，"1570 ~ 1590 年，普兰修斯获得美洲西部地名和其他中国的世界地理知识，欧洲人到 200 年后才知道美洲西部地理"。③ 总之，"中国明代地理信息流入欧洲是介于 1570 年与 1594 年。普兰修斯根据明代信息更新了地图"；"普兰修斯世界地图（1594 年）首次标示了北美西部的地名"④。

这里姑且不去追问李兆良的这些观点是否有史料依据，我们只要列举奥特里乌斯的几幅地图，就可以证明李兆良虚构出来的这个"中国地理学西传"过程是完全错误的。在奥特里乌斯 1570 年世界地图上面固然没有雪山（Sierra Nevada），可是，李兆良不知道的是，奥特里乌斯的这幅世界地图，只是地图集《地球大观》中的一幅，再往下翻几页，有一幅《美洲

---

① 李兆良：《谁先发现美洲新大陆——中国地理学西传考证》，《测绘科学》2017 年第 10 期。

② 李兆良：《明代中国人环球测绘〈坤舆万国全图〉——兼论〈坤舆万国全图〉的作者不是利玛窦》，《测绘科学》2016 年第 7 期。

③ 李兆良：《谁先发现美洲新大陆——中国地理学西传考证》，《测绘科学》2017 年第 10 期。

④ 李兆良：《公元 1430 年前中国测绘美洲——〈坤舆万国全图〉探秘》，《测绘科学》2017 年第 7 期。

地图》（Americae Sive Novi Orbis Nova Descriptio），上面就清楚地写着 Sierra
Neuada，也就是李兆良所说的"雪山"。在《地球大观》中，1587 年新版
《美洲地图》上，出现了 Grandes Corrientes；1590 年新增的《太平洋分区
图》（Maris Pacifici）上，既有 Grandes Corrientes，也有 Baia Hermosa。更
重要的是，在奥特里乌斯《1564 年世界地图》（Nova Totius TerrarumOrbis）
中，已经出现了 Sierra Neuada 和 C. de Corintes（见图 4）。事实上，Sierra
Neuada 一名的来历是非常清楚的。1542 年 11 月 18 日，葡萄牙探险家卡布
里罗（Juan Rodríguez Cabrillo）在加利福尼亚沿海探险时，远远地望见一
座"耸入云天"的高山，"山顶上覆盖着白雪，他们于是称其为雪山
（Sierras Nevadas）"。① 随后，制图学家们以卡布里罗的航行记述为依据，
在地图上标绘出了这个"雪山"。但由于制图学家们对这些航行记述的理
解各不相同，因此，在不同的地图上，雪山的位置也各不相同。从 1772 年
开始，欧美人才将现在的内华达山脉认定为 Sierras Nevadas。② 因此，李兆
良关于"普兰修斯世界地图（1594 年）首次标示了"水潮峰、美湾、雪
山等"北美西部的地名"的说法是完全错误的，他据此得出的 1570～1594
年"中国明代地理信息流入欧洲"的结论更是无稽之谈。

图 4　奥特里乌斯《1564 年世界地图》上的 Sierra Neuada 和 C. de Corintes

---

①　Herbert Eugene Bolton, ed., *Spanish Exploration in the Southwest*（*1542 - 1706*），ew York：
　　Charles Scribner's Sons, 1916, p. 32.

②　Francis P. Farquhar, *History of the Sierra. evada*，Berkeley, Los Angeles, London：University
　　of California Press, 1965, p. 15.

第二，逻辑混乱。

李兆良的论著中，充斥着违背逻辑的推论。德礼贤在 1938 年出版的巨著《利玛窦神父的汉文世界地图》（IlMappamondo Cinese del P. Matteo Ricci）中，对《坤舆万国全图》上的汉译地名进行了考证，并努力将其复原为意大利文写法。李兆良振振有词地写道："假如《坤舆万国全图》的美洲地名来自欧洲命名翻译，德礼贤就不需要把《坤舆万国全图》的地名翻译为意大利文，应该直接引用原来欧洲人绘制的地图上的地名，从中文翻译为欧洲文字的美洲地名是一个重要的提示：这些地名是中国人命名，不是欧洲人命名的。"[①] 李兆良大概不知道，德礼贤的这部著作本来就是用意大利文撰写的，他将《坤舆万国全图》上面的中文地名翻译成意大利文，这不是很正常吗？李兆良从德礼贤这种正常的文字翻译中，推断出"中国人发现并命名了美洲"的结论，这才是不符合逻辑的。还需要说明的是，《坤舆万国全图》上有些地名，德礼贤并没有考证出来。但德礼贤未能考证出这些地名，并不意味着这些地名在西方古地图上不存在，只能说明有些西方古地图尚未被发现，或者是德礼贤没有见到。因此，要探究《坤舆万国全图》上的汉译地名来源，必须更加广泛深入地去查找更多的西方古地图，而不是随便找两张西方古地图就宣称由于"中国明代地理信息流入欧洲"而导致了西方地图史的变化。

在讨论《坤舆万国全图》与奥特里乌斯世界地图之间的关系时，李兆良的逻辑上也是错乱的。如前所述，他的逻辑起点是：《坤舆万国全图》"是利玛窦以奥特里乌斯的 1570 年世界地图为蓝本绘制的"，可是此图共有"1114 个地名，全部中文标注，比奥特里乌斯的世界地图增加了几百个"[②]，因此他断定，这几百个多出来的地名"唯一可能"就是来自郑和环球航海时绘制的地图。[③]

李兆良在进行上述推论时，显然忽略了三个事实。首先，《坤舆万国全图》固然参考了奥特里乌斯的 1570 年世界地图，可是，这仅仅是奥特

---

① 李兆良：《谁先发现美洲新大陆——中国地理学西传考证》，《测绘科学》2017 年第 10 期。

② 李兆良：《〈坤舆万国全图〉与〈利玛窦中国札记〉中外译本考疑》，《测绘科学》2017 年第 5 期。

③ 李兆良：《明代中国人环球测绘〈坤舆万国全图〉——兼论〈坤舆万国全图〉的作者不是利玛窦》，《测绘科学》2016 年第 7 期。

里乌斯巨作《地球大观》中的一幅地图，而且，这幅世界地图还有 1570
年、1589 年两个不同的版本。《地球大观》的版本就更多了。这部地图集
的首版是 1570 年拉丁文版（共有 53 幅地图），后来又以荷兰文、德文、
法文、西班牙文等文字推出增补版。至 1598 年奥特里乌斯逝世时，已经出
版了 30 多个版本，其中 1592 年拉丁文版的地图数量增加到 134 种。① 其
次，除了《地球大观》之外，奥特里乌斯还绘制过其他地图，包括前面提
到的《1564 年世界地图》。最后，奥特里乌斯固然是利玛窦时代非常著名
的制图学家，可当时欧洲还活跃着一大批杰出的制图学家。在 1570 年第一
版《地球大观》中，列出了 87 位被引用过的制图学家姓名，到奥特里乌
斯去世时，这份制图学家名单增加到 180 多位。② 因此，如果在奥特里乌
斯 1570 年世界地图上找不到某个地名，并不意味着该地名在《地球大观》
所有版本的所有地图中都无法找到，也不意味着该地名在奥特里乌斯绘制
的所有地图上无法找到，更不意味着在 16 世纪西方人绘制的所有地图上无
法找到。虽然国内外学术界都认为，利玛窦利用了奥特里乌斯的世界地
图，但是，这并不意味着利玛窦只利用了奥特里乌斯的某一幅世界地图。
因此对于《坤舆万国全图》上面多出来的几百个地名，李兆良未能在奥特
里乌斯 1570 年世界地图上都找到原名，只能说明他查找的地图太少，而不
能说明这些地名在 16 世纪欧洲人所绘地图上都不存在。李兆良关于《坤
舆万国全图》上面"美洲一半的地名在同时期的欧洲绘地图上没有出现"③
的断言，同样是仅仅根据他所知道的几幅地图而推导出来的。即使《坤舆
万国全图》上某个美洲地名无法在同时代西方地图上找到严格对应的原
名，那也可能是由于利玛窦的误写或刻工的误刻而造成的，未必一定由于
该地名在西方地图上不存在。例如，对照西文地图，《坤舆万国全图》美
洲部分的"哥妙国""乌水河""何勒利西那""里汉"几个地名，显然是
"哥沙国"（Cossa）、"乌水河"（Rio Negro）、"何勒利两那"（Oregliana）、

① Marcel van den Broecke, *Ortelius Atlas Maps: An Illustrated Guide*, second revised edition, Houten: HES &DE GRAAF, 2011, pp. 24 – 26.

② Marcel van den Broecke et al., eds., *Abraham Ortelius and the First Atlas: Essays Commemorating the Quadricentennial of His Death, 1598 – 1998*, Houten: HES Publishers, 1998, p. 391.

③ 李兆良:《公元 1430 年前中国测绘美洲——〈坤舆万国全图〉探秘》,《测绘科学》2017
年第 7 期。

"里漠"（Leon）之误写或误刻。

第三，无视历史。

古代地图上的地名及其他信息，都是经过历史沉淀而形成的，有着特定的历史内涵。由于李兆良对这些历史内涵知之甚少，所以得出了错误的结论。他关于本初子午线的观点，就是一个例子。李兆良认为，"16 世纪的欧洲测绘地图把本初子午线定在大西洋中的加那利群岛（Canary Islands，13°–18°W）或佛得角群岛（Cape Verde Islands，22°–25°W）"，而"《坤舆万国全图》的本初子午线贴着西非洲最西海岸，例如塞内加尔的达喀尔（Dakar，Senegal，17°33′22″W）。这是亚欧非大陆板块的最西点，离开非洲最西岸就进入大西洋，这是制定本初子午线的合理思路，也表示中国人曾到达非洲西海岸，在这里测绘"①。

李兆良自认为通过研究《坤舆万国全图》"把整个世界地理大发现历史颠倒过来"②，但他不知道的是，在《坤舆万国全图》的序文中，利玛窦对于本初子午线有过明确的叙述："南北经线数天下之宽，自福岛起。"也就是说，穿越"福岛"的经线就是本初子午线。在《坤舆万国全图》上，本初子午线确实正好穿过了"福岛"。而李兆良却认为"《坤舆万国全图》的本初子午线贴着西非洲最西海岸"，这只能说明他根本没有认真读过利玛窦写在这幅地图上的文字。他更不知道的是，在古希腊传说中，一些伟大的英雄死去后，其灵魂就生活在大西洋极远处的这个"福岛"（被写作 Fortunate Islands、the Blessed Islands 等）上面。③ 从公元前 1 世纪后半期开始，欧洲人就把加那利群岛认定为传说中的"福岛"。④ 公元 2 世纪，托勒密把穿过"福岛"（加那利群岛）的经线定为本初子午线。⑤ 因此，《坤舆

---

① 李兆良：《公元 1430 年前中国测绘美洲——〈坤舆万国全图〉探秘》，《测绘科学》2017 年第 7 期。

② 李兆良：《明代中国人环球测绘〈坤舆万国全图〉——兼论〈坤舆万国全图〉的作者不是利玛窦》，《测绘科学》2016 年第 7 期。

③ 荷马：《奥德赛》，王焕生译，人民文学出版社，1997，第 74、438 页。

④ Pliny, *Natural History*, trans. H. Rackham, vol. 2, Libri V1, Cambridge：Harvard University Press, London：William Heinemann Ltd.，1961，pp. 490–491.

⑤ J. Lennart Berggren and Alexander Jones, *Ptolemy's Geography*：*An Annotated Translation of the Theoretical Chapters*, Princeton and Oxford：Princeton University Press, 2000, p. 170.

万国全图》把穿越"福岛"经线定为本初子午线，是有历史原因的，它与李兆良所说的"16世纪的欧洲测绘地图把本初子午线定在大西洋中的加那利群岛"并没有什么区别，因为当时欧洲人就是把加那利群岛认定为"福岛"。此外，李兆良在编造"官吏们密谋以利玛窦顶替（《坤舆万国全图》）作者"的阴谋论时强调，明朝官员如果犯了"欺君之罪"，就会招来"杀戮之灾"。不过，他在大谈郑和船队"到达非洲西海岸"并将本初子午线定在此处时，似乎忘记了明朝的严刑峻法。我们知道，古代中国自认为是天下中心，在此背景下，假如郑和发明了本初子午线的概念，可以肯定，这条本初子午线一定是穿越明朝首都北京城的，就像清代欧洲来华传教士在绘制地图时把穿越北京的经线定为本初子午线一样。乾隆二十六年（1761年）前后，法国来华传教士蒋友仁（Michel Benoist）绘制的《皇舆全览图》，就是以穿越北京的经线作为本初子午线的。因此，如果郑和船队真的把本初子午线定在"非洲西海岸"，那么这种大逆不道的行为必定会招来更加严酷的"杀戮之灾"。

李兆良在论证郑和船队"发现并命名美洲地名"时，所列举的主要论据"哥泥白斯湖"和"何皮六河"，同样说明了他对历史的无知。由于李兆良对这几个地名非常重视，所以下面专门讨论。

五　北美洲的"哥泥白斯湖"和"何皮六河"

对于"哥泥白斯湖"和"何皮六河"，李兆良的观点是："1610年，哈德森'发现'加拿大北部的大湾以前，《坤舆万国全图》已经有一个湾名为哥泥白斯湖，在西方地图上被翻译为 Lake Conibas 或 Conibaz。这湾的开口比较窄，注入北极圈。在普兰修斯1594年地图与鲁夫（Conrad Low）的书'海上英雄'（1598年）里有记载。但是当时没有记载任何人到过此地"；"《坤舆万国全图》有何皮六河（Obilo River）由南向北流入北极圈，相当于今天的麦肯齐河（Mackenzie River），以发现者 Alexander Mackenzie 命名，他于1789年到达该河，比《坤舆万国全图》晚190年"；① 因此就这两个地名而言，"《坤舆万国全图》比所有西方地图更正

① 李兆良：《公元1430年前中国测绘美洲——〈坤舆万国全图〉探秘》，《测绘科学》2017年第7期。

确详细，不是《坤舆万国全图》抄袭西方地图，是西方地图抄自原来的《坤舆万国全图》"。[1] 那么，李兆良的这些说法能否成立呢？我们先看事实。

1534 年、1535 年，法国探险家克蒂安（Jacques Cartier）两次前往北美洲圣劳伦斯河一带探险。克蒂安是第一个进入圣劳伦斯河航行的欧洲人。大约从 1542 年开始，克蒂安等人所获得的地理新知识逐渐反映在其他欧洲人绘制的地图上。[2] 1545 年，克蒂安第二次探险报告在巴黎出版，随后被译成其他文字，并被各国制图学家广泛利用。李兆良提到过"意大利人加斯塔尔迪"的 1548 年地图，[3] 但他并不知道，就在加斯塔尔迪于 1562 年左右绘制的地图上，就有何皮六河和哥泥白斯湖（见图 5）。在 1575 年法国人特凡（André Thevet）的美洲地图上，也有这两个地名（见图 6）。因此，李兆良的以下说法都是错误的："中国人早就知道哥泥白斯湖""西方地图的 Conibaz 是从中文翻译过去的，是利玛窦把这名称与地理传给西方的"，[4]"普兰修斯世界地图（1594 年）首次标示了北美西部的地名"。[5]

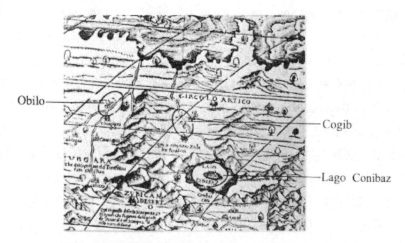

**图 5　加斯塔尔迪 1562 年地图上的"何皮六河"（Obilo）
和"哥泥白斯湖"（LagoConibaz）**

① 李兆良：《谁先发现美洲新大陆——中国地理学西传考证》，《测绘科学》2017 年第 10 期。

② Justin Winsor, *The Results in Europe of Cartier's Explorations, 1542 - 1603*, Cambridge：John Wilson and Son, 1892, p. 4.

③ 李兆良：《谁先发现美洲新大陆——中国地理学西传考证》，《测绘科学》2017 年第 10 期。

④ 李兆良：《坤舆万国全图解密：明代测绘世界》，第 113 页。

⑤ 李兆良：《公元 1430 年前中国测绘美洲——〈坤舆万国全图〉探秘》，《测绘科学》2017 年第 7 期。

图 6　特凡 1575 年美洲地图上的"何皮六河"（Obilo）和
"哥泥白斯湖"（LagoConibaz）

　　1535 年，克蒂安从北美洲印第安人口中获得了关于"淡水海"的传说，随后将其介绍到欧洲。墨卡托根据这个传说，在 1569 年世界地图上画出了一个圆形大湖，同时写下说明："此乃淡水海（Hic mare estdulciumaquarum）。根据 Saguenay 人的说法，加拿大人不知其边际所在。"这段注文又出现在墨卡托 1595 年《世界地图集》中的《北极圈地图》（Septentrionalium Terrarum descriptio）上。利玛窦在《坤舆万国全图》上，把 Conibaz 音译成汉字"哥泥白斯湖"，注文如下："此洪湖之水淡，而未审其涯所至。依是下舟，可达沙瓦乃国。"显然，利玛窦的这段注文是根据欧洲出版的地图翻译过来的。李兆良曾对墨卡托 1595 年《世界地图集》中《北极圈地图》上的拉丁文注文进行过逐字解读，但由于他不知道这段文字早就出现在墨卡托 1569 年的世界地图上了，更不知道这段文字的历史渊源，因此，他错误地得出了这样的结论：1602 年的《坤舆万国全图》"似乎是从欧洲地图翻译，其实不然。1610 年西方才发现该湾，改称为哈德森湾，利玛窦当年去世，不可能在 1602 年的地图上标示该湾。哥泥白斯湖的地理、地名都比欧洲人发现早。《坤舆万国全图》比所有西方地图更正确详细，不是《坤舆万国全图》抄袭西方地图，是西方地图抄自原来的《坤舆万国全图》，传抄错误。中国人早知道哥泥白斯湖的地理，比西方地图准确"。[①]

---

　　① 李兆良：《谁先发现美洲新大陆——中国地理学西传考证》，《测绘科学》2017 年第 10 期。

在利玛窦《坤舆万国全图》上，哥泥白斯湖的入海口东侧，有一条“哥入河”。对照 16 世纪西方出版的地图，此词无疑是 Cogib 的音译。但在李兆良看来，这个地名来自中国方言。他这样写道：郑和环球航海时，“船员很多是从福建、江西招募的，因为船上载有大量景德镇的瓷器产品。景德镇的口语与客家话接近”，“所以，‘哥入河’应该是原来用客家话从美洲土语翻译过来的，西方从中文翻译为 Cogib。利玛窦访问中国之前，没有一幅欧洲绘的地图有‘哥入河’这名字”①。李兆良又写道：“2013 年，一道新桥横跨麦肯齐河，以原住民的语言命名为‘Deh Cho’桥。Deh Cho 与汉语‘大漕’同音同义，汉语‘漕’（客家话 Tai Cho，粤语 Dai Cho）是水道，不可能是巧合的，即原住民与懂汉语的人交流过，或者本地原住民就是汉人的后裔。”② 中国方言之多不胜枚举，如果按照李兆良的这种逻辑，那么，几乎世界上的所有地名，都可以复原为中国的某种方言读音，甚至可以得出这样的结论：世界上所有的地名都是由讲不同方言的中国人命名的。姑且不论李兆良的这些说法在语言学上是否成立，我们只要举出一个事实，就可以彻底否定李兆良的这些废话了。因为在加斯塔尔迪 1562 年地图上（见图 5），以及特凡 1575 年地图上（见图 6），都可以见到这条名为 Cogib 的河流。

奥特里乌斯在 1570 年版世界地图上把哥泥白斯湖画成一个巨大的海湾，但没有注出湖名。在 1592 年新版《世界地图》上，一条名为 R. de Tormenta 的河流，自北而南将北极海洋与圣劳伦斯河连接起来。这样，北美洲东北部就成了一个独立的岛屿。利玛窦则将这种错误进一步发挥，直接在“哥泥白斯湖”与圣劳伦斯河之间画出了一条相通的河流，其结果是：第一，北极海洋通过“哥泥白斯湖”而成为圣劳伦斯河的最终河源；第二，“哥泥白斯湖”以东加拿大及周边地区成了一个大岛。在利玛窦《坤舆万国全图》左上方的“赤道北地半球之图”上，北美洲也是这样的画法。

《坤舆万国全图》把加拿大及周边区域描绘成一个巨大的孤岛，这显

① 李兆良：《坤舆万国全图解密：明代测绘世界》，第 114～115 页。

② 李兆良：《公元 1430 年前中国测绘美洲——〈坤舆万国全图〉探秘》，《测绘科学》2017 年第 7 期。

然是错误的，因为北美洲的实际地理并非如此。利玛窦的这个错误，主要来自奥特里乌斯 1592 年版《世界地图》。李兆良一再强调："明代有技术能力测量经纬，用球形投影绘制覆盖大面积的地图"，郑和船队于"公元 1430 年前"就已经"测绘美洲"了，并且绘制出了远远"超越欧洲人"的美洲地图，"《坤舆万国全图》，实际上是 1430 年左右中国人完成的测绘"。[①] 若真如李兆良所言，《坤舆万国全图》上的北美洲就应比较接近实际地形，而不应当出现如此巨大的错误。否则，根据李兆良的观点，就会得出如下结论：充满错误的《坤舆万国全图》被利玛窦介绍到欧洲后，在其影响下，欧洲人反而绘制出了正确的地图。这样的结论，无疑是有悖逻辑的。

六　重申历史学研究的几个原则

历史学的目的，是要通过可靠的史料来探求已经发生过的事实，而不是凭空臆想出虚妄无稽的昔日荣光。中华民族的自豪感，是建立在无数个历史事实之上的，而不是通过穿凿附会的谰言谎语构筑起来的。李兆良完全有权提出"明代中国人环球测绘《坤舆万国全图》"之类的观点，但他在论证这类观点时，至少应当遵守这样几个历史学研究的基本原则，否则就违背了历史研究的科学性。

第一，必须依靠史料。

归纳起来，李兆良的观点主要有三个：（1）郑和不仅完成了"首次世界航海大业"，而且还"环球测绘了世界地图"；（2）《坤舆万国全图》，实际上是 1430 年左右中国人完成的测绘，成图于郑和下西洋时代"；[②]（3）1570 ~ 1594 年，"中国明代地理信息流入欧洲"，从而使"西方对中国与世界的了解大增"。[③] 李兆良如果要证明自己的这些观点，就必须有可靠的史料作为依据，但他并没有提出一条中文或外文史料。此外，郑和下西洋的当事

---

① 李兆良：《明代中国人环球测绘〈坤舆万国全图〉——兼论〈坤舆万国全图〉的作者不是利玛窦》，《测绘科学》2016 年第 7 期。

② 李兆良：《明代中国人环球测绘〈坤舆万国全图〉——兼论〈坤舆万国全图〉的作者不是利玛窦》，《测绘科学》2016 年第 7 期。

③ 李兆良：《公元 1430 年前中国测绘美洲——〈坤舆万国全图〉探秘》，《测绘科学》2017 年第 7 期。

人巩珍、费信、马欢等人都说，他们最后到达的"天方国，即默加国也"①，"乃西海之尽也"②。天方国"默加"即 Mecca 之音译（现在译写成"麦加"），位于红海东岸，今属沙特阿拉伯。因此，学术界公认，郑和下西洋时的"西洋"，就是指印度洋。③ 至于《坤舆万国全图》，利玛窦、李之藻等当事人都异口同声地说过，它是利玛窦绘制的。这也是中外学者的定论。而《坤舆万国全图》上的美洲地名，则完全可以在西方文献中找到源头。所以，李兆良要想否定古代中外当事人的陈述和现代中外学者的定论，同样需要提出可靠的史料依据。没有史料依据的观点，无论多么耸人听闻，最终只能成为学术笑料。

第二，必须忠于原文。

在历史过程中形成的史料，以不同的方式记载了历史信息。任何一个研究者，都必须忠于这些史料，不能随意歪曲原文。而李兆良在论证自己的观点时，却常常曲解史料，随意发挥。如前所述，他正是通过错误地解读梁辀写在《乾图》上的序文，才得出如下谬妄的结论：梁辀序文是明朝官员"准备把《坤舆万国全图》借利玛窦名义公开"而推出的"舆论准备"。④ 另一个典型例子是对利玛窦《坤舆万国全图》序文的解读。利玛窦在这篇序文中说，他到了中国后，在广东、南京等地都绘制过世界地图，到了北京后，李之藻等人"歉前刻之隘狭，未尽西来原图什一，谋更恢广之"，于是利玛窦"乃取敝邑原图及《通志》诸书，重为考定，订其旧译之谬，与其度数之失，兼增国名数百，随其楮幅之空，载厥国俗土产，虽未能大备，比旧亦稍赡云"。李兆良却认为，这里的"'旧译之谬''度数之失'两者应指西洋地图翻译自中国地图的地名与经纬地望错误"。⑤ 显然，李兆良完全曲解了利玛窦的原意。利玛窦在序文中所说的"旧译"，无疑是指他本人在广东、南京等地根据西方地图而绘制的中文世界地图，绝对不是此前欧洲人所翻译的郑和下西洋资料；"度数之失"是指出现在

---

① 巩珍：《西洋番国志》，向达校注，中华书局，1961，第 6、44 页。

② 费信：《星槎胜览》，中华书局，1991，第 23 页。

③ 马欢：《明钞本〈瀛涯胜览〉校注》，万明校注，海洋出版社，2005，第 3~4 页。

④ 李兆良：《谁先发现美洲新大陆——中国地理学西传考证》，《测绘科学》2017 年第 10 期。

⑤ 李兆良：《明代中国人环球测绘〈坤舆万国全图〉——兼论〈坤舆万国全图〉的作者不是利玛窦》，《测绘科学》2016 年第 7 期。

利玛窦自己以前所绘地图上的经纬度错误，不是此前西方人在翻译郑和所绘地图时出现的错误。如果连简单的中文史料都无法准确地阅读，那么，所谓的"研究"又从何谈起呢？

第三，必须合乎逻辑。

李兆良在其《坤舆万国全图解密：明代测绘世界》篇首，引述了柯南·道尔侦探小说中的一句话作为自己的信条："排除所有不可能的因素后，剩下的无论概率怎么低也是真相。"① 我们姑且不论柯南·道尔的这句话是否正确，至少李兆良本人并没有遵守这一信条，相反，他是在根本没有掌握"所有不可能的因素"的情况下，通过混乱的逻辑推导来论证自己的观点。他在把《坤舆万国全图》与普兰修斯等人的地图进行比较后提出，"《坤舆万国全图》比所有西方地图更正确详细"②，进而认为这些地名的位置是根据郑和下西洋时的"实地测绘"数据绘制的，所以是"更正确详细"。但这种论证方法在逻辑上是完全不能成立的，其道理非常简单：即使《坤舆万国全图》有几个地名的位置比普兰修斯等人的地图"更正确详细"，但并不能以此来证明这幅地图"比所有西方地图更正确详细"，也不能以此来证明《坤舆万国全图》是郑和航海时绘制的，因为关于这几个地名的资料完全有可能来自目前尚未被发现或已经失传了的西方古地图。更加重要的是，即使《坤舆万国全图》有些地名在西方文献中找不到源头，那也不能证明它们"唯一可能是来自从中国实地测绘命名的地名"③，因为两者之间并无必然的逻辑关系。事实上，在《坤舆万国全图》的美洲、欧洲和非洲部分，并不存在着"比所有西方地图更正确详细"的地理信息。

本文通过分析几个具体实例，说明李兆良的论著在史实上是错误的、在逻辑上是乖谬的，完全违背了历史研究的科学性，所以，他的观点也是不能成立的。

（本文原载《历史研究》2019 年第 5 期，收入本书时编者略有删节）

---

① 李兆良：《坤舆万国全图解密：明代测绘世界》，第 5 页。

② 李兆良：《谁先发现美洲新大陆——中国地理学西传考证》，《测绘科学》2017 年第 10 期。

③ 李兆良：《明代中国人环球测绘〈坤舆万国全图〉——兼论〈坤舆万国全图〉的作者不是利玛窦》，《测绘科学》2016 年第 7 期。

从《天下舆图总摺》考察清朝前期宫廷舆图目录的特征

汪前进[*]

【摘要】近年在整理故宫档案中，新发现了清朝前期宫廷舆图目录《天下舆图总摺》，本文基于清朝前期宫廷舆图绘制的规划、造送、御览与废藏的视域，对此文献进行全面分析，进而考察清朝前期宫廷舆图目录的特征。

【关键词】《天下舆图总摺》　清朝前期　宫廷舆图

我国古代地图的专题目录，历史上并不多见。宋代郑樵的《通志·图谱略》，将各类图分为十六类，而属于地图的被分为地理、宫室、坛兆、都邑、城筑、田里等类型。元、明时期，则未见舆图目录的实物。清朝的舆图目录《萝图荟萃》（正、续编），系依据更早的《造办处舆图房图目》编成，其后编纂出版的《国朝宫史续编》所收图目，也主要是依据《萝图荟萃》。由此可见，清朝的舆图目录，只是宫廷中负责绘制、收集与保存舆图的机构所编的部门舆图目录，而还未见到全国范围的舆图目录。

清朝历代皇帝对舆图的管理十分重视，造办处舆图房定有严格的管理制度。规定每年将有无新收、开除的舆图呈明存案；每五年将收贮各项舆图按旧管、新收、开除、实存细数汇总分析，造具清册二册，钤用"造办处印信，一本交档房存案；一本交舆图房贮库备查"。例如《舆图房嘉庆九年正月起至嘉庆十三年十二月底止库贮各项舆图清册》《舆图房道光二

＊　汪前进，中国科学院大学人文学院教授，主要从事地图学史、中外科技交流史、中国科学思想史、中国科技通史和科技宏观发展战略等方面的研究工作。

十二年正月至二十四年十二月底止库贮舆图清册》《纂绘舆地图一百三十二卷目录清单（道光二十五年七月十五日）》和《光绪二十二年皇舆全图并各式图章等细数实在清册》等，都是皇家舆图的存档目录。①

近年来，在整理故宫档案中，新发现了清朝前期舆图目录《天下舆图总摺》，收藏于原故宫博物院明清档案部，即今中国第一历史档案馆。原件92页，文字竖写，每页6行。过去有学者如鞠德源、秦国金、刘若芳和李孝聪等引用过，但未见对其进行全面研究的文章。

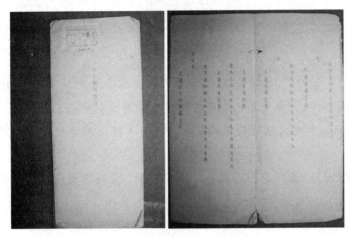

图1　清代初期《天下舆图总摺》

鉴于舆图目录《天下舆图总摺》的特殊史料价值，本文基于清朝前期宫廷舆图绘制的规划、造送、御览与庋藏的视域，对《天下舆图总摺》进行全面分析，进而考察清朝前期宫廷舆图目录的特征，以就教于方家。

一　《天下舆图总摺》编纂时间

《天下舆图总摺》所载内容，起于康熙二十四年二月十四日，迄于雍正十二年十月二十八日。最后一则记载为：

> 雍正拾贰年拾月贰拾捌日，内大臣海望交：
> 直隶运河图，叁张。
> 直隶运河图手卷，壹卷。

---

① 见民国时期国立北平故宫博物院文献馆编印的《清内务府造办处舆图房图目初编》。

此后，目录中没有后续记载了。由此可知，《天下舆图总摺》的记录终于雍正十二年十月二十八日，表明这一文献应编纂于雍正十二年十一月初。

但在清宫旧藏档案造办处舆图房《活计档》中，还有雍正十二年、十三年的舆图记载：

（雍正十二年）九月二十三日，据圆明园来帖内称：栢唐阿七十九来说，内大臣海望着画《风水围墙图》一张、《宝城细稿样》一张、底稿样一张。遵此。

于十一月初三日，画得《万年吉地宝城图样》一张，内大臣海望看过，着交库守穆克登。记此。

本日栢唐阿七十九交库守穆克登持去。讫。

（雍正十二年）十二月十九日，太监郑爱贵交《娑婆界日月须弥三界图》一轴，传旨，照此图样收小些画一张，此图上所画天界内之房屋不必画，其余流云层次等样俱照此样式画，只要容得下。钦此。

于十三年二月初十日，画得《娑婆图》一张，并原样一张，交太监马温良。讫。

二 《天下舆图总摺》的编写机构及其制图、藏图

舆图房（本房），也称"舆图处"，是康熙、雍正时期造办处的绘图机构，也是《天下舆图总摺》明确标彰的编写机构。舆图房（舆图处）既绘制地图，又保存地图。

也有学者认为，康熙中叶，康熙帝特命在宫内设画图处，又称舆图处，画图处时为一临时机构，图绘完后机构便撤。以后随着中外臣工及西洋传教士呈进的舆图日益增多，又在宫中设立了舆图房，初在养心殿旁，后迁至白虎殿后，属内务府养心殿造办处管理。

清代庆桂等撰《国朝宫史续编》卷九十七载："舆图房掌图版之属，凡中外臣工绘进呈览后，藏贮其中。"卷一百又载："舆图房隶在禁廷，典守綦重。自夫金石拓传，宣赍臣工而外；兹则珍藏什袭，卷幅充盈，实河雒观象以来未有之秘策也。"清代龙顾山人纂《十朝诗乘》载："宫中有舆图房，藏疆吏所进山川、疆野各图，旁及边荒要塞，凡万余种。"

舆图房的主要职责是：1. 为皇帝收存中外臣工所进呈的各类舆图。2. 随

时为皇帝阅览提调舆图。3. 负责皇朝舆图整理、编目和安全保管。4. 负责日常的舆图的绘制、缩摹和修裱工作。

《天下舆图总摺》载有"舆图处"自身绘制舆图目录，如：

> 康熙叁拾壹年伍月贰拾日舆图处画的直隶绢图壹张。
>
> 康熙叁拾壹年伍月拾贰日舆图处画的广东绢图壹张。
>
> 康熙叁拾壹年伍月拾贰日舆图处画的福建绢图壹张。
>
> 雍正拾贰年拾月贰拾捌日内大臣海望交直隶运河图叁张，
>
> 直隶运河图手卷壹卷。
>
> 舆图处画的四寸一格舆图拾卷、二寸一格舆图拾卷（系木版）、六分一格十五省连口外小总图壹张、四分一格十五省小总图壹张、浙江海塘图壹张、灞州东西淀图贰张、口外兼满汉路程壹套贰拾肆本。

在《天下舆图总摺》中可以看到，明确标为"舆图处画的"即该处自身绘制舆图的目录为数甚多。

此外，《天下舆图总摺》也大量载有标为"本房传旨交来"的舆图，如：

> 康熙肆拾捌年拾壹月初肆日，本房传旨交来：
>
> 直隶宣府地舆图，壹张。
>
> 直隶居庸关图，贰张。
>
> 直隶南山图，贰张。
>
> 直隶宣府镇图，贰张。
>
> 海子图，壹张。
>
> 康熙肆拾捌年拾壹月初肆日，本房传旨交来：
>
> 山东图壹张。
>
> 山东六府图陆张。
>
> 山东至朝鲜海路运粮图壹张。

这类图录数量很多，兹不一一列举。

三　《天下舆图总摺》名称的含义

在《天下舆图总摺》编撰之前，清代未见有其他宫廷乃至全国舆图目录。而在此后出现舆图目录，冠名为《造办处舆图房图目》《萝图荟萃》《萝图荟萃续》《舆图房舆图清册》《纂绘舆地图清单》和《皇舆全图并各式图章等细数实在清册》，名目似乎都是部门的舆图目录，那么，为何在雍正朝编撰的这个舆图目录，却要定名为《天下舆图总摺》，有什么深意吗？

我们知道，在雍正朝初期发生了一个重大事件，就是雍正六年（1728）雍正皇帝"出奇料理"湖南秀才团体曾静师徒谋逆案。这个突发案件证明，武力征服只能激化汉人的同仇敌忾，而怀柔政策也无法消弭根深蒂固的汉民族的敌对情绪。此案涉案人员，遍及湖南、川陕、两江、浙江等地，大儒吕留良惨遭剖棺戮尸。曾静"华夷之分大于君臣之伦"的供词，让雍正帝心防坍塌，他亲撰《大义觉迷录》，不惜屈尊与囚徒逐条辩驳，洗脱"十大罪状"。

雍正不循常规，决定利用曾静反清案与"华夷之辩"命题展开一次公开的正面交锋。雍正的基本论点和论证逻辑是这样展开的：满洲是夷狄无可讳言也无须讳言，但"夷"不过是地域（雍正用"方域"一词）的概念，孟子所讲"舜，东夷之人也；文王，西夷之人也"即可为佐证，如此则"满汉名色，犹直省之各有籍贯，并非中外之分别也"，吕留良、曾静之辈妄生此疆彼界之私，道理何在？雍正也不一般地反对"华夷之辩"，他举出韩愈所言"中国而夷狄也，则夷狄之；夷狄而中国也，则中国之"，由此证明华夷之分在于是否"向化"，即是否认同并接受"中外一家"的共同的文化传统。雍正进而理直气壮地说："我朝肇基东海之滨，统一诸国，君临天下，所承之统，尧舜以来中外一家之统也，所用之人，大小文武，中外一家之人也，所行之政，礼乐征伐，中外一家之政也。""今逆贼（吕留良）等于天下一统、华夷一家之时而妄判中外，谬生忿戾，岂非逆天悖理、无父无君、蜂蚁不若之异类乎？"

雍正的观点是典型的夷夏文化论。实际上，强调夷夏以文化分，进而泯除内外之间、夷夏之间的差异，以之与地域的和种族的夷夏论相对抗，正是清初诸帝主张其统治合法性和正统性所采取的基本策略。因此，《天下舆图总摺》采用"天下"一词来命名，是有其独特的考量的。

其实，从地域的角度分析，"天下"在古代有两层意思：一是中国范围或天子、皇帝所统治的范围之内。二是全世界，即华夷全部。

　　"天下舆图"一词至迟在宋代已经出现，《宋史·王祖道传》曰："祖道在桂四年，厚以官爵金帛挑诸夷，建城邑，调兵镇戍，辇输内地钱布、盐粟，无复齐限。地瘴疠，戍者岁亡什五六，实无尺地一民益于县官。蔡京既自以为功，至谓：混中原风气之殊，当天下舆图之半。"但其意思是天下版图或疆土。

　　清龙文彬《明会要》卷二十六·学校下曰："天顺二年八月诏修《一统志》，谕李贤、彭时、吕原曰：朕欲览天下舆图之广，我太祖、太宗尝命儒臣纂辑未竟厥绪，景泰间虽有成书，繁简失当，卿等尚折中精要，继成初志，于是命贤等为总裁官，书成凡九十卷。"这里"天下舆图"仍含"版图""疆土"之意。

　　所以，《天下舆图总摺》的"天下舆图"可能有两层含义：第一层意思是所藏的舆图其地域包括"天下"，即既有大清国地图也有其他世界各国与地区的舆图；第二层意思是所收的舆图为"天下"所绘制的舆图，因为所收舆图既有清国人绘制的地图，也有在清国的外国人绘制的舆图，还有来华传教士进献给清国的舆图。

四　从《萝图荟萃》看《天下舆图总摺》如何编撰

　　《天下舆图总摺》如何编撰，于史无证。但我们可以从乾隆时期舆图目录《萝图荟萃》的编撰办法中加以推测。

　　乾隆二十五年（1760），谕命阿里衮、裘曰修、王际华等人赴造办处，别类分门编制目录，对舆图房档案彻底整理一次。

　　据清宫《活计档》记载：乾隆二十五年十二月初四日"郎中白世秀、员外郎金辉来说，太监胡世杰传旨：'着裘曰修、王际华赴造办处会同阿（里衮）、吉（庆），将所藏舆图照依斋宫册页办法一样归类，编定次序，缮写清折二份呈览后，一份交懋勤殿，一份交造办处收贮，以备随时览阅。钦此。'"

　　当时舆图房所藏舆图的情况为：乾隆二十五年十二月初五日，"查得舆图房档内所载各项舆图共计九百五十八件，业已经陆续呈览讫。今又查出档内未载舆图共二百九十一件。内齐全者八十四件。潮湿霉烂者一百零七件，一并恭呈御览。俟呈览后，应如何粘补修理以及分类编定次序之处，容臣等详细办理，会同裘曰修、王际华另行具奏"。乾隆帝阅折后批道："知道了。其余舆图齐全者归为一式呈览。霉烂者归为一式呈览。钦此。"

造办处和阿里衮等得到皇帝的具体指示后，即开始进行舆图的分类整理工作。分类是按照"君临天下，统驭万方"的思想和便于查用与保管的原则进行的。经过近一年整理编目，舆图房所存六百八十四种舆图，全部整理完毕。其中重要的、绘画完备的图，共四百一十八件分为十三类，编为《萝图荟萃》一册。

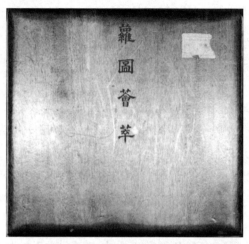

图 2　清代乾隆时期舆图目录《萝图荟萃》

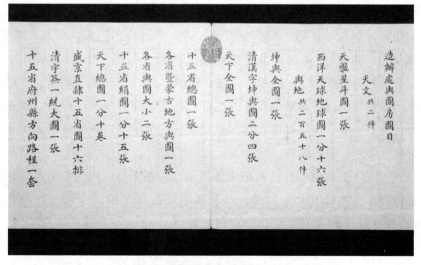

图 3　清代《萝图荟萃》内文

乾隆六十年（1795 年），王杰、福长安、董诰、彭元瑞又将乾隆二十六年以后，续贮与图房之皇朝所绘及中外臣工所进重要舆图，依类目编纂成册，是为《萝图荟萃续》。

由上述编目过程可推：1.《天下舆图总摺》的编撰首先应是皇帝提议与批准的。2.《天下舆图总摺》的编撰应该花较长时间，其后的《萝图荟萃》就花了一年多的时间。3. 分类是有原则的。如《萝图荟萃》分类是按照"君临天下，统驭万方"的思想和便于查用与保管的原则进行的。4. 领衔编撰的应是重量级的人物。《萝图荟萃》的主持者裴曰修、王际华、阿里衮都为尚书一级的大臣。5. 虽称《总摺》，并不是造办处舆图房所有舆图的目录，可能那些破损、霉烂、无关紧要、重复者没有收在其中。6. 此《总摺》应该是一式两份。

《天下舆图总摺》并非原始目录，而是后来整理的档案目录。根据史料分析，清廷造办处舆图目录约有三种形态：1. 第一次为原始记录档案，由造办处先按年月日混合各作来排列。2. 第二次整理也是由造办处先按年、后将各作分别归类排列，标有"舆图处"，即为这一年的舆图绘制与印制等方面的信息。3. 第三次即为独立的舆图目录，即《天下舆图总摺》的文本。

《天下舆图总摺》未列凡例，正文中也无分类系统标识。但从整个图目的排列顺序来看，首先分为康熙朝与雍正朝两部分。然后，将康熙朝分为地区与专题部分：康熙朝地区部分分为直隶、山西、陕西、山东、河南、江南、浙江、江西、湖广、贵州、四川、云南、广东、广西、福建、口外（包括高丽）。专题部分分为水道（河道、运河、海道）、域外（世界与边疆）；在域外之中还夹杂长城、宫殿、九边、陵寝、船样、长白山和龙门砥柱等图。在地域与专题的小类中再按时间早晚顺序排列。雍正朝部分分类不明显。这些都说明舆图目录属于草创阶段，虽有体例，但不纯净；虽有类别，但无名称。

在《天下舆图总摺》之后的舆图目录，大都著录舆图的大小尺寸这一重要数据。这些舆图大小数据，对于版本流传情况的研究极有帮助，而《天下舆图总摺》没有标注，这应该是与《总摺》的功能有关系。"摺"，奏折也。即官吏向皇帝奏事的文书，因用折本缮写，故名"奏摺"。既为奏与皇上，皇上只需知道绘制了那些舆图即可，至于大小尺寸也就不需要了解那么具体，故就不用抄写那些数据了。

五 《皇舆全览图》所需用图

我们在《天下舆图总摺》中发现在一些年份，各地都不约而同向朝廷呈送本地舆图，而且名称大体相同，这应该事出有因。

《天下舆图总摺》载：

> 康熙肆拾玖年柒月初叁日，奉旨交来有度数：
> 直隶全省图，壹张。
> 康熙伍拾贰年叁月初玖日，奉旨交来有度数：
> 山西全省图，壹张。
> 康熙伍拾年拾月贰拾日，奉旨交来有度数：
> 山东全省图，壹张。
> ……

这些交来的地图，总的特征是有度数，度数即图上标有经纬线与经纬度。凡为"有度数"地图，均为当时《皇舆全览图》绘制过程中分别报送的各省地图。

从上述记载可以看出五种类型：1. 奉旨交来有度数。2. 热河带来有度数。3. 传旨交来有度数（四执事太监张起麟、太监刘尚）。4. 口外带来有度数。5. 交来有度数（监造布尔寨）。

这些交来的地图，总的特征是有度数，而不同的特征则是：1. 由外地交回如热河、口外，这是说明各省所测绘的舆图是先要送至皇上当时驻跸地（行宫）呈皇上御览，然后再交回京城的舆图房登录保管；所以这里的交回时间并不是皇帝收到的时间，至于什么时间送到皇帝驻跸地从上述记载中是不能准确判断的。我们可以根据其他史料如当时各省的巡抚给皇帝的呈图奏折可知各省舆图绘成送出的时间，而抵达的时间可由各省呈报公文的时间来推定，虽然各省有别，但不会太慢，因为这是专文专报。2. 由紫禁城朝廷内官交来如四执事太监张起麟、太监刘尚和监造布尔寨，这表明舆图是直接送往京城的，但入舆图房的时间应该是皇帝在京（宫）中御览以后交回的时间，而非到京的时间。

六　与纂修《大清一统志》有关的造送

《天下舆图总摺》中记载的分省总图，大约于同时所绘，说明应是朝廷所需。

《天下舆图总摺》载：

> 康熙贰拾肆年贰月拾肆日，外进：
> 直隶总图，壹张。
> 康熙贰拾伍年拾贰月初陆日，外进：
> 直隶总图，壹张。
> 康熙贰拾肆年贰月拾肆日，外进：
> 山西总图，壹张。
> 康熙贰拾陆年伍月拾柒日，外进：
> 山西总图，壹张。

这些舆图的造送，应该与纂修《大清一统志》有关。康熙二十五年五月初七日，康熙帝便下令纂修《大清一统志》："务求采搜闳博，体例精详，厄塞山川，风土人物，指掌可治，画成地图。万几之暇，朕将亲览，且俾奕世子孙披牒而慎维屏至寄；式版而念，小人之依，以永我国家无疆之历。"

有学者统计，此时各地方官员纷纷绘制本省地图呈报朝廷，据舆图房记载，康熙二十四年外进舆图有48张8套38本，其中除有15省16张总图外，广东分府州县册页2套8本。康熙二十五年九月二十四日至康熙二十八年正月，由外进舆图，其中除15省总图外，还有广东分府州县册页2套8本、广东府图11张，总共136张6套46本。

七　朝廷所需与造送来源

《天下舆图总摺》中，载各省分府州县册页目录，名称相同、上缴时间相近，说明为朝廷所需；载有府州县卫图，名称相同，可能也为朝廷所需；载有各省府图，绘制时间相近，当为朝廷所需。

《天下舆图总摺》中，明确标有绘图人与机构为：

1. 舆图处。

2. 其他人所画。如《天下舆图总摺》载："康熙伍拾柒年捌月拾柒日，理藩院主事圣柱画来的：冈底斯喀木图，贰张。"

3. 地方所绘。《天下舆图总摺》里标有"外进"者当为地方所绘。

八　御览舆图

《天下舆图总摺》中明确为皇帝阅览过的地图：

1. 呈览，如康熙伍拾壹年拾壹月贰拾日，畅春园呈览过：

自独石古尔班赛憨至科鲁仑图，贰张。

招莫多出兵小图，壹张。

2. 行宫热河带回的地图，如康熙伍拾贰年陆月贰拾捌日，热河带来有度数：

河南全省图，壹张。

3. 口外带来地图，如康熙肆拾捌年玖月贰拾肆日，口外带来：

山海关至宁古塔纸图，壹张。

4. 奉旨交来，如康熙肆拾玖年柒月初叁日，奉旨交来有度数：

直隶全省图，壹张。

5. 传旨交来，如康熙肆拾捌年拾壹月初肆日，本房传旨交来：

直隶宣府地舆图，壹张。

直隶居庸关图，贰张。

直隶南山图，贰张。

直隶宣府镇图，贰张。

海子图，壹张。

6. 相关太监，如康熙伍拾捌年肆月拾壹日，懋勤殿太监苏佩升交来：

西洋坤舆大圆图，壹张。

康熙陆拾年正月初柒日，太监陈福交来：

西洋印图，柒张。

7. 与皇帝有关的其他机构与人员交出的地图：（1）养心殿，如康熙叁拾壹年陆月贰拾伍日，养心殿交来：小黄河图，壹张。（2）保和殿，如康熙叁拾壹年伍月拾叁日，保和殿交来：大明一统混一图，壹张。（3）宫内，如康熙肆拾捌年贰月拾伍日，宫内交出：直隶永平府至河间府盐山县小图，壹张。（4）军需处，如雍正拾壹年拾月玖日，军需处交出：八旗阵式纸样图，拾叁分。（5）个人。郎潭，"康熙叁拾壹年陆月贰拾伍日，郎潭交来：乌拉宁古塔口外大小图，伍张；监造艾保，"康熙肆拾柒年贰月拾伍日，监造艾保交来：口外乌拉长白山等处纸图，壹张。口外波尔呵里俄莫图小纸稿，壹张"；笔帖式胡里，"康熙伍拾壹年肆月贰拾叁日，笔帖式胡里交来：西番接四川打箭炉图，贰张"；四执事太监张起麟，"康熙伍拾贰年拾贰月贰拾贰日，四执事太监张起麟传旨交来有度数：浙江全省图，壹张"；太监刘尚，"康熙伍拾叁年正月拾玖日，太监刘尚传旨交来有度数：江西全省图，壹张"；中堂松住，"康熙伍拾叁年柒月叁拾日，中堂松住交来：海图，壹卷"；监造布尔寨，"康熙伍拾叁年捌月初玖日，监造布尔寨交来有度数：四川全省图，壹张"；侍卫拉史，"康熙伍拾柒年叁月贰拾日，侍卫拉史交来：噶斯哈蜜图，壹张"；懋勤殿太监苏佩升，"康熙伍拾捌年肆月拾壹日，懋勤殿太监苏佩升交来：西洋坤舆大圆图，壹张"；太监陈福，"康熙陆拾年正月初柒日，太监陈福交来：西洋印图，柒张"；太监李统忠，"雍正元年正月拾肆日，太监李统忠交：铜板刷印图，捌卷"；保德，"雍正陆年柒月初壹日，保德交来：四川全图，壹张。陕西全图，壹张"；内大臣海望，"雍正拾贰年拾月贰拾捌日，内大臣海望交：舆图处画的浙江海塘图，壹张。口外兼满汉路程，壹套贰拾肆本"。怡亲王爱新觉罗·胤祥，雍正皇帝之弟，宫中曾主持造办处，所以与舆图的交道尤多。如"雍正元年肆月初贰日，怡亲王交：西洋地舆图，壹本。雍正元年陆月拾捌日，怡亲王传画：长白山图，壹张。""雍正贰年拾贰月贰拾肆日，怡亲王交：各处舆图，贰拾肆分，内：福建沿海图，壹卷。焦秉珍画旧黄河图，壹张。浙江沿海图，壹卷。黄河图，壹张。新黄河图，贰张。黄河图，壹张。台湾图，壹张。河南南阳府图，壹张。广东琼州府图，壹张。四省沿海图，壹张。黑龙江图，壹张。水汛总图，壹本。各府小绢图，拾幅。两浙海防类考，壹本。海图，壹册。"

九 有关舆图的特殊信息

与康熙朝传教士测绘有关的地图

除上述带有"度数"的舆图与来华传教士有关外，《天下舆图总摺》还载有一些与康熙朝传教士测绘有关的地图，如："雍正元年正月拾肆日，太监李统忠交：铜板刷印图，捌卷。"铜版印刷是欧洲人发明由来华传教士传入中国，刻印的第一种舆图就是康熙朝绘制的《皇舆全览图》。而雍正元年由太监李统忠交给舆图房的铜版舆图一式八卷应该是此图。

在雍正年间，又对《皇舆全览图》进行了修改，刻印成《雍正十排图》。据《造办处活计档》载，雍正五年（1727）四月十五日，"据圆明园来帖称：十四日郎中海望画得舆图二张呈进。奉旨：'舆图上的汉字小了，着另写。舆图改做折叠棋盘式。钦此。'二十四日画得，海望呈进讫。"雍正五年九月二十日，"据圆明园来帖称：郎中海望钦奉上谕'着单画十五省的舆图一份，府内单画江河水路，不用画山，边外地方亦不用画，其字比前所进的图上字再写粗壮些。用薄夹纸叠做四折。再画十五省的舆图一张，府分内亦不用画山，单画江河水路，其边外山河俱要画出，照例写满汉字。查散克住处不用添上。钦此'。"又："十一月初三日，郎中海望传旨：'着将铜板全省舆图再刷印二份备用。钦此'。"又："雍正六年（1728）正月十七日，据圆明园来帖称：十六日郎中海望传旨'照先画过的全省小舆图再画二张，将省城写出。钦此'。于二月初二日画得，交郎中海望呈进讫。"

《天下舆图总折》则于雍正十二年记载："雍正拾贰年拾月贰拾捌日，内大臣海望交："……舆图处画的四寸一格舆图，拾卷。二寸一格舆图，拾卷（系木版）。六分一格十五省连口外小总图，壹张。四分一格十五省小总图，壹张。"

这些记录的应该是关于《雍正十排图》绘制、印刷的详细情况，这些版本的舆图今存于故宫博物院、第一历史档案馆和中国科学院图书馆。

欧洲所绘地图

在康熙时代，国门打开，许多外国地图传入中国、同时也进入朝廷。据《天下舆图总摺》载："康熙伍拾陆年肆月初贰日，西洋人德里格进：西洋地理图，伍卷。""康熙伍拾捌年肆月拾壹日，懋勤殿太监苏佩升交来：西洋坤舆大圆图，壹张。""康熙陆拾年正月初柒日，太监陈福交来：西洋印图，柒张。""康熙陆拾壹年拾贰月贰拾伍日，养心殿交来：西洋地舆图，壹本。""雍正元年肆月初贰日，怡亲王交：西洋地舆图，壹本。"

这些舆图有不少流传至今。

关于《大明混一图》的记载

第一历史档案馆今所藏的《大明混一图》是现存中国绘制的最早世界地图，包括欧洲、非洲，一经披露与研究，引起国际学术界的极大关注。

但是，关于它的身世与流传学界所知甚少，而在《天下舆图总摺》中有一则记载，似乎与其有关："康熙叁拾壹年伍月拾叁日，保和殿交来：大明一统混一图，壹张。"

此图图上标名为"大明混一图"，此处写作"大明一统混一图"，多出"一统"二字，但从文意上讲"一统"与"混一"同义重复，似不是原图所有，当为著录者所加。在乾隆年间所编的《萝图荟萃》中，《大明混一图》又作《清字签一统大图》，而《清内务府造办处舆图房图目初编》则曰："大明混一图一幅，彩绘绢本，纵 12.7 尺，横 15 尺，破案此图《萝图荟萃》题'清字签一统图'，今从原图题名改之。"

关于计里画方地图的记载

在经纬网法传入中国以后的雍正年间，由于中国朝野许多人不是很习惯甚至是较为抵制这一西方传入的绘图方法，所以常常在已经绘有经纬网的地图上加上中国传统的计里画方的方法，所以不少地图不以经纬网相称，而以方格相称。如《天下舆图总摺》载："雍正拾贰年拾月贰拾捌日，内大臣海望交：舆图处画的四寸一格舆图，拾卷。二寸一格舆图，拾卷（系木版）。六分一格十五省连口外小总图，壹张。四分一格十五省小总图，壹张。"

高丽图与长白山图

由于李氏朝鲜与大清的特殊关系，所以清朝比较关注朝鲜舆图和中国长白山舆图绘制与收藏。《天下舆图总摺》多处记载康熙晚年御览高丽图与长白山图，以及雍正初年御览长白山图。

世界地图

自从明末西方来华传教士利玛窦等人传入了新的世界知识，清康雍时期比较重视世界地图的收集、绘制与收藏。因而《天下舆地总摺》中多有记载。

海图

明中叶以来，由于抗倭与海运等方面的原因，海图绘制明显增多，朝野十分关注此类舆图的绘制、使用与收藏。因而《天下舆图总摺》中多有记载，大致有如下数类：海岛图、海路运粮图、沿海海图、海塘图、沿海炮台全图。

河道河工运河图

河道河工运河图是我国历史上独具特色的舆图类型，历来是大宗，而在康雍时期，两位皇帝锐意治河和保运，所以《天下舆图总摺》中此类舆图激增。

边防图

边图是明代的主要舆图类型，但是到了清朝，由于形势的需要，仍然加强了此类舆图的绘制。《天下舆图总摺》记载了部分边图目录。

十 《天下舆图总摺》型制

1. 《天下舆图总摺》版本形式：手绘（画）、木版（木刻）、铜版。

2. 《天下舆图总摺》舆图的计量单位：套、分（份）、册、本、轴、卷、幅、张。若将乾隆朝舆图目录《萝图荟萃》所记计量单位合并起来，可知康雍乾三朝舆图的计量单位有幅、卷、轴、册、帧、排、套、分（份）、本、张共 10 种。

3. 《天下舆图总摺》地图质地：绢图，如"康熙叁拾壹年伍月拾贰日，舆图处画的：直隶绢图，壹张。"；纸图，如"康熙肆拾柒年贰月拾伍日，监造艾保交来：口外乌拉长白山等处纸图，壹张。"

4. 地图装帧形式：手卷图，如"康熙伍拾年肆月拾壹日，奉旨交来：长白山等处手卷图，伍轴"；折叠图，如"康熙陆拾壹年叁月拾壹日，拉史传旨交来副将军阿尔那进：乌鲁木淇折叠图，壹分叁排。"

《职方外纪》成书过程及版本考

王永杰[*]

【摘要】《职方外纪》是明末第一部系统介绍世界地理知识的著作。本文考察了其成书过程，考证出其中进献西洋地图的"闽税珰"，并探讨了学界对其底本产生误解的原因。文章补正了几种藏本的著录错误及不明之处，并通过各藏本的内容与版式对比，考证出杭州五卷本、福建六卷本两个明刻本系统组成的版本谱系。文章还指出日本内阁文库藏本为一种较早而特殊的六卷本；米兰昂布罗修图书馆所藏残本为学界认为已经佚失的初刻本。《职方外纪》的多种印本说明其传播之广，而其在中日的不同影响，还体现出两国在接纳西学方面的差异。

【关键词】艾儒略 《职方外纪》 《天学初函》 杭州刻本 闽刻本

《职方外纪》由意大利来华传教士艾儒略（Giulio Aleni）等人所作，是明末第一部系统介绍世界地理知识的著作，与利玛窦的系列世界地图一起冲击了明清士大夫的世界观念。后来它被明清士人不断翻刻，被收入《四库全书》。现代学界深入探讨了其刊刻过程、材料来源、影响等问题。[①]

---

* 王永杰，东北师范大学历史文化学院讲师。

① 学界对艾儒略的研究成果主要有：〔日〕鲇泽信太郎：《艾儒略の職方外記に就いて》，《地球》第 23 卷第 5 號，1935，第 244~256 页；〔日〕榎一雄：《職方外紀の中央アジア地理》，《和田博士古稀記念東洋史論叢》，讲谈社，1961，第 211~222 页；〔日〕榎一雄：《職方外紀の刊本について》，《岩井博士古稀記念論文集》，东洋文库，1963，第 136~147 页；Hung‐kay（Bernard）Luk, "A Study of Giulio Aleni's *Chih‐fang wai chi*", *Bulletin of the School of Oriental and African Studies*, No. 1（1977），pp. 58‐84；霍有光：《〈职方外纪〉的地理学地位与中西对比》，《自然辩证法通讯》1995 年第 1 期，（转下页注）

其中谢方校释本充分利用中文史料进行考证与注释，对有关东南亚、印度洋一带的相关内容考释较详；[①] 意大利学者保罗（Paolo De Troia）考证出其西文材料来源，[②] 然而关于《职方外纪》的底本、成书过程及其明刻本版本情况，学界研究仍存误解或不明之处。本文略作探究，以求教于方家。

一 《职方外纪》成书过程补考

《职方外纪》署"西海艾儒略增译，东海杨廷筠汇记"。关于其成书过程，艾儒略在自序中称："昔神皇盛际，……吾友利氏赍进《万国图志》。已而吾友庞氏又奉翻译西刻地图之命，据所见闻，译为图说以献。……但未经刻本以传。迨至今上御极……儒略……偶从蠹简得睹所遗旧稿，乃更窃取西来所携手辑方域梗概，为增补以成一编，名曰《职方外纪》。……兹赖后先同志，出游寰宇，合闻合见，以成此书。"[③] 艾氏在这里交代了《职方外纪》的底本是庞氏即庞迪我所译西刻地图图说抄本，"增补"

(接上页注①)第 58～64 页；金国平：《〈职方外纪〉补考》，《西力东渐：中葡早期接触追昔》，澳门基金会，2000，第 114～119 页；许序雅、陈向华：《〈海国图志〉与〈职方外纪〉关系考述》，《福建论坛·人文社会科学版》2004 年第 7 期，第 65～69 页；〔意〕保罗（Paolo De Troia）：《17 世纪耶稣会士著作中的地名在中国的传播》，任继愈主编《国际汉学》第 15 辑，第 238～261 页，大象出版社，2005；〔意〕保罗（Paolo De Troia）：《中西地理学知识及地理学词汇的交流：艾儒略〈职方外纪〉的西方原本》，《或问 WAKUMON》，No. 67，2006 年第 11 期，第 67～75 页；马琼：《熊人霖〈地纬〉研究》，博士学位论文，浙江大学历史系，2008；邹振环：《〈职方外纪〉：世界图像与海外猎奇》，《复旦学报（社会科学版）》2009 年第 4 期，第 53～62 页；黄正谦：《西学东渐之序章——明末清初耶稣会史新论》，中华书局（香港）有限公司，2010，第 221～272 页；洪健荣：《西学与儒学的交融：晚明士绅熊人霖〈地纬〉中的世界地理书写》，台北花木兰文化出版社，2010；黄时鉴：《艾儒略〈万国全图〉AB 二本见读后记》，《黄时鉴文集》第三卷，《东海西海——东西文化交流史（大航海时代以来）》，中西书局，2011，第 273～280 页；魏毅：《〈世界广说〉与〈职方外纪〉文本关系考》，《历史地理》第二十九辑，2014，第 297～316 页；谢辉：《〈职方外纪〉在明清的流传与影响》，《广西社会科学》2016 年第 5 期，第 111～116 页。

① 〔意〕艾儒略著《职方外纪校释》，谢方校释，中华书局，2000。

② Giulio Aleni, *Geografia dei paesi stranieri alla Cina*, traduzione, introduzione e note di Paolo De Troia, Brescia：Fondazione Civiltà Bresciana, 2009。

③ 〔意〕艾儒略著《职方外纪校释》，谢方校释，第 1～2 页。

时所用材料有"西来所携手辑方域梗概",以及耶稣会同仁的亲身见闻。①

李之藻《刻〈职方外纪〉序》也是先述利玛窦进献西文地图集及绘制中文世界地图（《万国图》屏风）事。利玛窦所献西文《万国图志》，即1601年进献的拉丁文地图集，是奥特里乌斯（Abraham Ortelius）的《地球大观》（*Theatrum Orbis Terrarum*）。② 利玛窦在进献中文版《坤舆万国全图》的同时，连同"本国土物"包括此西文地图集一起进献。③ 利氏所献中西文世界地图影响甚广，《职方外纪》的许多文字也参考了利氏中文世界地图，加之艾儒略、李之藻两序均先述利玛窦献西文地图一事，遂致后人误认为《职方外纪》底本是利氏所献的《万国图志》。《四库全书总目提要》便称："自序谓利氏赍进《万国图志》，庞氏奉命翻译，儒略更增补以成之。盖因利玛窦、庞迪我旧本润色之，不尽儒略自作也。"《职方外纪》被收入《四库全书》，其后的清刻本多收有该提要，所以此误解几为定论。④

在梵蒂冈教廷图书馆藏 VB 本、中国国家图书馆藏 N15551 本、日本内阁文库藏 Nai 本（各藏本命名详见下文），以及多种日本抄本（以上均为六卷本）中，录有庞迪我、熊三拔的奏疏二本，记述了二人奉旨翻译西刻地图事，提及二人申请重阅传教士所献西文地图集《万国图志》《万国志》

---

① 艾儒略自称，中国及"中华朝贡诸国"如鞑靼、安南等，均见载于《一统志》即《大明一统志》，俱不复赘，只记"职方之所未载者"。但实际上，书中有些记载参考了中文著作。谢方：《艾儒略及其〈职方外纪〉》，《中国历史博物馆馆刊》，1991，总第15、16期，第132~139页；〔意〕艾儒略著《职方外纪校释》，谢方校释，"前言"第1~11页，正文第32~34页。

② 此地图集名称，利玛窦1608~1610年的意大利文回忆录作 "*Theatrum Orbis*"，金尼阁1615年整理出版本作 "*orbis Theatrum Ortelij*"。Nicolas Trigault, *De Christiana expeditione apud Sinas suscepta ab Societate Jesu. ex P. Matthaei Riccii eiusdem Societatis Commentarijs*, Coloniae, 1617, p. 443; Pasquale M. D'Elia（ed.）, *Fonti Ricciane*, Roma：La Libreria dello Stato, 1942 – 1949, vol. II, p. 114；黄时鉴：《利玛窦世界地图探源鳞爪》，《黄时鉴文集》第三卷，《东海西海——东西文化交流史（大航海时代以来）》，第224~228页。

③ 黄时鉴、龚缨晏：《利玛窦世界地图研究》，上海古籍出版社，2004，第30页。

④ 〔日〕鲇泽信太郎：《職方外紀の原本に就いて：四庫全書總目提要解説の誤りを正す》，《歷史地理》，第70卷4號，1937，第291~294页。

而未获准。① 该地图集应即利玛窦所献的《地球大观》，但庞迪我等未能重阅，所以《职方外纪》并非源自利玛窦所献地图集。

故《职方外纪》肇始于利玛窦去世之后，"闽税珰"进献的西洋地图，庞迪我等奉旨将其翻译。"闽税珰"即福建监税太监。据张燮《东西洋考》卷八《税珰考》，万历二十七年至四十二年（1599～1614 年），宦官高寀入闽为市舶兼管矿务太监。那位自海舶得地图二幅又驰献给万历皇帝的"闽税珰"应为高寀。

艾儒略增补时所依据的"西来所携手辑方域梗概"，即其携带入华的西文地图集，据保罗考证，主要是意大利地理学家马吉尼（Giovanni Antonio Magini）所著的《现代地理图册》。②

二 《职方外纪》的版本与藏本

据李之藻《刻〈职方外纪〉序》，《职方外纪》成书于天启三年（1623）夏，由李之藻刻印于同年秋，为五卷本，是为初刻本。李之藻后来刻印《天学初函》（1630 年之前）时，将《职方外纪》收入，是为《天学初函》本，亦为五卷本。③ 另有六卷的闽刻本（1625—1627 年），叶向高序称："此书刻于湄中，闽中人多有索者，故艾君重梓之。"④ 六卷本主

---

① 笔者所见其他各明、清刻本均无此二本奏疏，谢方当时仅见之于北大藏日本抄本中，认为其应为原刻本所有，而为杭州刊本《天学初函》删去，故予收录。谢方还指出，"末段似非庞、熊二氏奏疏之文，应为第一本奏疏后之批语"。

② 北堂书目收有自明末以来传华的西文图书，列有马吉尼 1598 年意大利文版《现代地图》（*Moderne tavole di geografia*），今藏于中国国家图书馆。艾儒略 1611 年 1 月 28 日于澳门致马吉尼信中提及，他来华时曾携两本马吉尼的书，一本即为"tavole"。保罗又找出二者诸多文本相似及关联之处。〔意〕保罗（Paolo De Troia）：《中西地地学知识及地理学词汇的交流：艾儒略〈职方外纪〉的西方原本》，《或问 WAKUMON》，No. 67，2006 年第 11 期，第 68、74～75 页。

③ 关于《天学初函》刻印时间，在台湾学生书局 1965 年影印本中即有几种说法：罗光《天学初函影印本序》（第 1 页）作 1628 年，方豪《李之藻辑刻天学初函考》（第 2 页）作 1630 年。谢方《〈职方外纪〉校释前言》（第 6 页）作 1629 年前。

④ 天启四年（1624 年），内阁首辅叶向高罢归，途径杭州，邀艾儒略赴闽；十一月二十日（1624 年 12 月 29 日），二人"同舫而来"，至福州。叶向高于天启七年八月二十九日（1627 年 10 月 7 日）逝世。费赖之、谢方及荷兰学者许理和等人所论艾儒略赴闽时间均有误，但由于艾儒略至福州时已在 1624 年底，故谢方所称《职方外纪》闽刻（转下页注）

要是将"墨瓦蜡尼加"即南极洲的内容单独抽出,增列为一卷。目前所知的明刻本共有此三种。①

清代另有几种丛书将《职方外纪》收入其中:乾隆时的《四库全书》、嘉庆时张海鹏的《墨海金壶》、道光时钱熙祚的《守山阁丛书》、光绪浦氏所辑的《皇朝藩属舆地丛书》。这几种《职方外纪》均为五卷本,其中《守山阁丛书》本,被民国时商务印书馆的《丛书集成》本据以影印。此外,日本早稻田大学图书馆等处藏有多种日本抄本,多为六卷本。

另有几种学界了解较少,及编目中版本不明或错误的藏本。

1. 意大利米兰昂布罗修图书馆(Biblioteca Ambrosiana)藏本题《职方外纪》(索书号:S. Q. V. Ⅷ 15/3)(图1),今存卷三、卷四、卷五,合装为一册,馆藏目录称其出版于1623年。

2. 日本早稻田大学图书馆藏《职方外纪》刻本(索书号:文库08 C0488)为五卷本,书长27厘米,图书馆主页称其"出版地不明""出版者不明""出版年不明"②。该藏本分为两册,(见图2、图3)上册为卷一、卷二,各序及《万国全图》均在书首,另有4幅地图在各卷之前。

3. 巴黎法国国家图书馆手稿部(Bibliothèque nationale de France, Département des manuscrits)藏本题作《奉旨翻译职方外纪》(索书号:Chinois 1519—1520)(见图4、图5)。共六卷,分为两册,上册为卷首及亚细亚卷一,下册为卷二至六。上册书首为3幅地图及各序,各卷首另有4幅地图。图书馆主页列艾儒略自序在1623年,叶向高序无时间,未注明出版年。③

(接上页注④)本刻印于1625~1627年,仍比较适当。参看〔法〕费赖之著《在华耶稣会士列传及书目》,冯承钧译,第134页;谢方:《职方外纪校释》"前言",第1~11页;林金水:《叶向高致仕与艾儒略入闽之研究》,《福建师范大学学报(哲学社会科学版)》2015年第2期,第115~124、170页。

① 〔日〕榎一雄:《職方外紀の刊本について》,《岩井博士古稀記念論文集》,第136~147页。

② http://www.wul.waseda.ac.jp/kotenseki/html/bunko08/bunko08_c0488/index.html, 2017年9月2日。

③ http://gallica.bnf.fr/ark:/12148/btv1b90060999/f2.image.r=giulio%20aleni; http://gallica.bnf.fr/ark:/12148/btv1b9006100h.r=giulio%20aleni, 2017年9月2日。

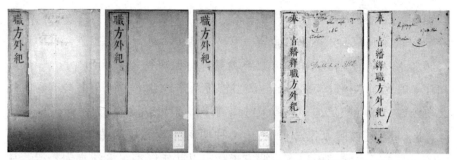

从左至右，**图1.** 昂布罗修图书馆藏残本，下册封面（**Aut. 001/2016_T. G.**）；**图2、图3.** 早稻田大学图书馆藏本，上、下册封面；**图4、图5.** 法国国家图书馆藏本，上、下册封面

4. 罗马耶稣会档案馆（Archivum Romanum Societatis Iesu，ARSI）藏《职方外纪》两种，陈伦绪（Albert Chan）曾做编目。为六卷本，尺幅18厘米×27.5厘米，陈伦绪未列出版年、出版地。封面仅余三字："方外纪"；但其之前四字尚可辨识、首字亦可补出："（奉）旨翻译职"。笔者于2016年2月前去查阅时，未见到编号Jap. – Sin. Ⅱ 20的五卷本。陈伦绪记其尺幅为16.8厘米×27.5厘米；两册。封面有书名及拉丁文题词"P. JuliiAlenis ｜ Cosmographia ｜ Pars 1a and 2a."。题名页佚失，陈氏称无从判断版本。书中有句读，有地图5幅。①

5. 罗马国家图书馆（Biblioteca nazionale centrale di Roma）藏本（编号：72. C. 494）为六卷本，分两册，尺幅15.7厘米×25.2厘米。书名《职方外纪》系用白色纸签帖于封面左上角。上册首为叶向高等序言，其后为《万国全图》等3幅地图，及卷一"亚细亚"；下册为卷二至六；各卷首另有4幅地图，书末为熊士旂跋。图书馆著录刊刻时间为1623年，显然有误。

6. 梵蒂冈教廷图书馆藏《职方外纪》两种。一种藏书编号为Raccota Generale – Oreinte Ⅲ，228，1°–2°，在笔者于2016年2月查阅时不可阅览。另一种编号为BorgiaCinese，512，1°–2°，为六卷本，分上下两册装订。② 尺幅17.8厘米×27.4厘米。序跋最后为熊士旂跋文，庞迪我、熊三

① Albert Chan, *Chinese Books and Documents in the Jesuit Archives in Rome, A Descriptive Catalogue：Japonica – Sinica*, Ⅰ–Ⅳ, pp. 299–301.

② 两藏本见伯希和目录。〔法〕伯希和著、〔日〕高田时雄补编《梵蒂冈图书馆所藏汉籍目录 梵蒂冈图书馆所藏汉籍目录补编》，郭可译，中华书局，2006，第78、109页。

拔奏疏。收地图 7 幅。

7. 北京师范大学图书馆藏本（编号：善 6926），一函三册，书的尺幅 15.6 厘米×25 厘米。序跋四篇，杨廷筠序，瞿式谷、许胥臣二小言，艾儒略序。有地图 7 幅，未标图名。图书馆著录作六卷本，但全书共五卷，并无单列的"墨瓦蜡尼加"一卷及叶向高序，当为五卷的《天学初函》本。

8 – 11. 中国国家图书馆藏有 4 种明刻本，其中五卷本 1 种，编号 5200，当为《天学初函》本，谢方校释本以此作底本。该藏本为一册，封面缺失。闽刻六卷本三种。编号 15551，一函六册，据其序跋次序判断，《中华再造善本》影印《职方外纪》当据此本；① 编号 T4528，一函三册；编号 14114，残存两册，分别为卷首、卷一至三，国图编目题作五卷本，但书中有叶向高序，当为闽刻六卷本。其第二册中的《利未亚图》在卷二欧逻巴前，《欧逻巴图》在卷三利未亚之后、第二册之末，当为装订错误。

12. 日本内阁文库藏本（属日本国立公文书馆，编号：292 – 0171）为六卷本，但书首有李之藻《刻〈天学初函〉题辞》及吕图南《读泰西诸书后》，其后则为叶向高、李之藻等序，并有庞迪我等奏疏，书末为熊士旂跋文。②

笔者所见《职方外纪》明刻本原书共 10 种；几家图书馆官网的电子版 4 种；现代影印本 3 种。另有日本抄本 6 种，及清代各丛书收录本。现将笔者所见各明刻本、日本抄本藏本，及已有研究中记其序跋等情况者，命名如下：

	馆藏机构	典藏号	影印本
A 本	米兰昂布罗修图书馆（BibliotecaAmbrosiana）	S. Q. V. Ⅷ 15/3	
B 本	北京师范大学图书馆（Beijing Normal University Library）	善 6926	
C 本	美国国会图书馆（Library ofCongress, U. S. A. ）	B686 A25	

---

① 〔意〕艾儒略增译，〔明〕杨廷筠汇记：《职方外纪》，国家图书馆出版社，2009 年影印本。

② 〔日〕榎一雄：《職方外紀の刊本について》，《岩井博士古稀記念論文集》，第 136 ~ 147 页；黄正谦：《西学东渐之序章——明末清初耶稣会史新论》，第 223 ~ 224 页。

续表

	馆藏机构	典藏号	影印本
F 本	法国国家图书馆（Bibliothèque nationale de France）	Chinois 1519 – 1520	
I19 本	罗马耶稣会档案馆（Archivum Romanum SocietatisIesu）	Jap. – Sin. Ⅱ 19	
I20 本	罗马耶稣会档案馆	Jap. – Sin. Ⅱ 20	
N14114 本	中国国家图书馆（National Library of China）	14114	《中华再造善本》丛书 2009 年影印
N15551 本	中国国家图书馆	15551	
N5200 本	中国国家图书馆	5200	
NT4528 本	中国国家图书馆	T4528	
Nai 本	日本内阁文库（Naikaku Bunko），属日本国立公文书馆	292 – 0171	
NK 本	原金陵大学图书馆（University of Nanking Library）藏，后由德礼贤转交罗光代为保管		台北学生书局 1965 年影印
O 本①	英国牛津大学博德利图书馆（Bodleian Library，University of Oxford）	Sinica 977	
P 本	北京大学图书馆（Peking University Library）	SB/980. 4/4426	
P 抄本	北京大学图书馆	LSB/534	
R 本	罗马国家图书馆（Bibliotecanazionale centrale di Roma）	72. C. 494	保罗 2009 年意大利文注释本影印
T 本	日本东洋文库（Toyo bunko）	V – 5 – A – 28 – 0	
VB 本	梵蒂冈图书馆（Biblioteca Apostolica Vaticana）	BorgiaCinese，512，1° – 2°	
W 本	日本早稻田大学图书馆（Waseda University Library）	文库 08 C0488	
WB0138 本	早稻田大学图书馆	文库 08 B0138	

---

① 本文刊行后，笔者于牛津大学见读其《职方外纪》藏本，其为五卷本、六卷本的混合抄补本。现将其补入该表及后文的谱系图，而其具体情况，容笔者另文详述。

	馆藏机构	典藏号	影印本
WB0139 本	早稻田大学图书馆	文库 08 B0139	
W01068 本	早稻田大学图书馆	ル02 01068	

（各藏本命名系据其馆藏机构名而定；如同一机构有多种藏本，再据其馆藏编号而区分。）①

三　明刻本版本谱系

福建——六卷本系统，杭州——五卷本系统，两种明刻本系统在内容与版式上均既有较相同之处，又有明显区别。甚至两个系统内部各藏本之间也存在一些区别。

先看在文字内容方面的比对。就封面而论，多数藏本封面题作《职方外纪》，部分藏本封面佚失，较为特殊的是 F 本、I19 本，均为六卷本，题作《奉旨翻译职方外纪》。（见图4、图5）"奉旨翻译"盖因此著源于庞迪我等奉万历皇帝旨意翻译西刻地图事。不过这两个藏本未收庞迪我、熊三拔的两本相关奏疏。

在序跋方面，所见各藏本均有杨廷筠、艾儒略两序，六卷本均有叶向高序（以下简称"叶序"）；② 李之藻序（以下简称"李序"）则见于 B 本之外各本（疑 B 本李序残缺）；瞿式谷、许胥臣两篇小言，见于除六卷的 C 本之外的各本；庞迪我、熊三拔两本奏疏见于六卷的 N15551 本、VB 本、Nai 本；熊士旂跋文，见于五卷的 A 本、N5200 本，以及六卷的 I20 本、R 本、N14114 本、NT4528 本、Nai 本，其中 A 本、I20 本、R 本、Nai

---

① 台湾"国家图书馆"之"古籍联合目录"可检索到国内外多种《职方外纪》藏本：http：//rbook2. ncl. edu. tw/Search/SearchList？whereString = ICYgIuiBt - aWueWklueOgCIgO，2017 年 9 月 2 日。王雯璐整理了日本的 8 所藏书机构（京都大学、关西大学、天理大学、早稻田大学、国立公文书馆［内阁文库］、蓬左文库、静嘉堂文库、东洋文库）所藏汉学西籍目录，列有《职方外纪》明刻五卷本本 4 种，写本 2 种；明刻六卷本 1 种（即笔者所用的 Nai 本）、抄本 13 种，及 1844 年译笔本一种。王雯璐：《日藏西学汉籍研究初涉——以日本八所主要汉籍藏书机构为中心》，硕士学位论文，北京外国语大学中国海外汉学研究中心，2014，第 102 ~ 103 页。

② 谢方在《职方外纪校释》"前言"（第 6 页）称，"闽刻本除原书各序外，增加了叶向高的序冠于各序之首"。谢方所用的闽刻本为国图藏本，但笔者所见的国图三种六卷本中，叶序均在杨廷筠序之后；其他藏本中，叶序在各序之首者仅见于罗马藏六卷本 I19 本、R 本两种。

本中该跋位于书末。此外，除五卷的 NK 本、W 本、《艾儒略全集》本序跋及其次序完全一致外，笔者所见其他藏本均各不相同。两个系统之间对比，同一序跋中的文字基本相同，但也略有不同。如李序中"会闽税珰又驰献地图二幅"，所见《天学初函》本各藏本中"二幅"作"四幅"，但据前引庞、熊奏疏及耶稣会年报所载，应作"二幅"。

在正文文字内容方面，所见同一刻本系统的各藏本，其文字内容基本一致，区别在于两种刻本系统之间。闽刻六卷本主要是将原书五卷改为六卷，即将原书卷四最后一节《墨瓦蜡尼加总说》，加上王一锜的《书墨瓦蜡泥①加后》作为附录，成为卷五，而将原来的卷五《四海总说》变为卷六。此外还有一处区别。《天学初函》本卷一"如德亚"条下，有一双行夹注："古名拂菻，又名大秦。唐贞观中曾以经像来宾，有景教流行碑刻可考。"闽刻本无此注记。此外，六卷本各卷首均在卷名之后第二列作"西海艾儒略增译，东海杨廷筠汇记"；所见五卷本均有句读，当系原刻，而部分六卷本的部分叶面有红色句读，当为后来所标。

所以，从文字内容方面可以看出，两种系统之间相比，主要内容大体相同，闽刻本主要是增加了叶序、王一锜文，分拆出一卷。同一系统内各藏本之间相比，其序跋及其次序，所见六卷本各藏本之间均各不相同，5种五卷本（不含 A 本，其佚失含主要序跋的上册）中，B 本、N5200 本均与他种各不相同，只有 NK 本、W 本、《艾儒略全集》本三种完全一致。而这三种藏本的地图分别有 3 幅、5 幅、7 幅。当然，从各藏本的一般体例来看，NK 本的《万国全图》《亚细亚图》很可能系缺佚。此外，F 本、I19 本的书名《奉旨翻译职方外纪》与其他六卷本不同。

下面再从几种藏本的版式比较，来考察两个刻本系统间及其内部各藏本之间的关系。

首先是各藏本文字排列方式方面的比对。五卷本、六卷本两种系统之间相比，各相应部分的文字内容及其排列方式基本一致。各本同一序跋页码，及各卷页码一致，同一页基本为相同内容，正文行款均为每半页 9 列，每列 19 字。而前述之六卷本各卷首增署"西海艾儒略增译，东海杨廷筠

---

① 此"泥"字，六卷本多有错乱。本卷标题作"尼"，王一锜文名作"泥"，而本卷文中及版心题款中两字均有。五卷本中均作"尼"。此处各录原文。

汇记"，亦未改变该页整体布局，只是原五卷本第一列左上作"职方外纪卷之某"，第二列为卷名，六卷本则将卷名合并于首列，这样在第二列空出该署名的位置。（见图6、图7、图8、图9、图10）上述《天学初函》本的景教碑注被放在"如德亚"下面的空白处，亦未改变页面布局。两系统内部各藏本的文字排列则保持一致。

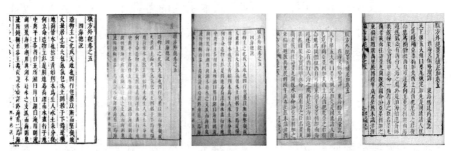

从左至右，图6、图7、图8、图9、图10，NK本、W本、A本（Aut. 001/2016_T. G.）、C本、F本，各本卷五首页。

其次是版式布局方面比对。两个系统各本均为四周单边，版心为白口。区别主要在鱼尾处。五卷的NK本、W本、《艾儒略全集》本中，李序页3、4无鱼尾，其他页为黑鱼尾；其他序跋为白鱼尾；卷一页5~11、15、17为黑鱼尾，其他页为白鱼尾；卷二、卷三、卷四、卷五均为白鱼尾。A本存卷三至卷五，及卷末瞿式谷小言、许胥臣小言、熊士旃跋，均为白鱼尾，与前三种一致。六卷的C本、F本、N15551本、R本，李序页3无鱼尾，其他页为黑鱼尾（N15551本无李序）；页序无鱼尾；其他序跋为白鱼尾；卷一黑鱼尾；卷二白鱼尾，但页19、页21为黑鱼尾；卷三白鱼尾；卷四白鱼尾，但页9、页10为黑鱼尾；卷五黑鱼尾；卷六白鱼尾。Nai本中的李之藻《刻〈天学初函〉题辞》无鱼尾，吕图南《读泰西诸书后》为黑鱼尾，其他各处鱼尾与前述4种六卷本同。

再看边框墨线等方面的细节比对：

图11、图12、图13所示三种五卷本，及笔者所见其他明刻五卷本藏本，卷三页8下边框线瑕缺一致。各五卷本藏本另有卷五四海之"海舶"（页10）的上边框线、"海道"（页11）的左边框线，均有相同的刻痕瑕缺，且字体相同，可推断所用印版相同。而所见各六卷本藏本并无此瑕缺。图14、图15、图16所示的三种六卷本，及笔者所见其他六卷本藏本，卷三页5这

处界行瑕疵一致，可推断应由相同的印版所致。另有各六卷本李序页9，李之藻印章下面的边框线两处缺口一致，而所见各五卷本藏本均无此瑕缺。

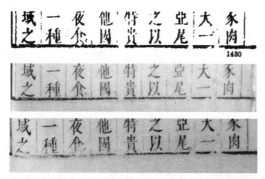

从上至下，图11、图12、图13，NK本、W本、A本（Aut. 001/2016_T. G.），各本卷三利未亚"亚毘心域马拿莫大巴者①"，页8

从左至右，图14、图15、图16，C本、F本、N15551本，各本卷三利未亚"阨入多"，页5

综上可以判断，两个版本系统之间版式大体相仿，但细节处的区别也较为明显，六卷本当自五卷本仿刻。同一系统内，各五卷本藏本均使用了李之藻所制的相同印版，但多数藏本序跋篇目及其次序各不相同，当为同一印版的不同印本；各六卷本藏本均使用了艾儒略等在福建所制的同一种印版，其序跋各有不同，亦属同一印版的不同印本。而同一系统内的同一篇序跋，即便其在各藏本中的位次不同，但所用的亦当为同一种刻版。易言之，同一版本系统的不同印本间，最主要的区别在于序跋的增减及其顺序调换。所见各藏本中，只有五卷的NK本与W本从序跋等内容到版式、地图均一致，可能为同一印本（NK本可能佚失两幅地图）。

---

① 所见各刊本本节标题均作"亚毗心域 马拿莫大巴者"，谢方指出，《守山》本"马拿莫大巴"后无"者字"，其他各本均有，应为衍字，故删。〔意〕艾儒略著《职方外纪校释》，谢方校释，第113页，第115页注①、⑥。

　　然而同一系统内各藏本在版式方面仍有细微的差异。六卷本中，各本卷一结尾多作"职方外纪卷一终"，几字大小一致，C 本、R 本此处被反印的文字覆盖，而 B 本则作"职方外纪卷之一终"，且"终"字较小；卷六末多作"职方外纪卷之六终"，"终"字较小，但 C 本无此句。所见部分藏本中的地图亦有不同于他本之处，容下文专述。这些版式区别可能是因为同一系统的少数版面曾被替换。

　　此外，从各藏本的印刷质量，也可在一定程度上看出各藏本印刷的先后。在六卷本中，Nai 本、R 本、I19 本、NT4528 本印刷较好，尤其是 Nai 本纸张质量较好，可能是较早的印本；C 本、F 本墨痕较重，印刷质量欠佳，可能是部分版面磨损之后的较晚印本。

　　以上从整体上探讨了《职方外纪》明刻本谱系，然而，对于日本的 Nai 本及意大利的 A 本，还需单独探讨其版本属性。

　　学界一般认为《天学初函》本为五卷本，由李之藻在杭州刻印；闽刻本为六卷本，增加了叶向高序等。内阁文库 Nai 本为六卷本，有叶向高序、庞迪我、熊三拔奏疏，但其前两篇序言则是作为《天学初函》序文的李之藻《刻〈天学初函〉题辞》、吕图南《读泰西诸书后》。封二牌记下方则题"天学初函"，上方列理编十种，其中《七克》《灵言蠡勺》两书名之后均有"嗣刻"两字，未见于他本。这表明该本是《天学初函》尚未出齐时的较早刊本。前文从版本印刷及纸张方面的比对结果也表明，该本可能是较早的印本。吕图南《读泰西诸书叙》落款为"天启六年（1626）八月"，Nai 本刻印时间可能在此后至叶向高去世之前，约在 1626～1627 年。而其中卷五缺页 3、页 4，即王一锜《书墨瓦蜡泥加后》多半内容，当为漏印。所见的早稻田大学与北京大学共 5 种日文抄本均阙文同此，当从此本抄出。①

　　Nai 本同时具备《天学初函》本与闽刻本特征。李之藻《刻〈天学初函〉题辞》并未明确交代《天学初函》成书及刻印时间，我们只可推测其不晚于 1630 年。从相关人物行迹亦可推测两种版本的关联。1621～1624 年，艾儒略在杭州、常熟一带，一度寓居杨廷筠家。天启四年（1624），

---

① 谢辉：《〈职方外纪〉在明清的流传与影响》，《广西社会科学》2016 年第 5 期，第 111～116 页。

内阁首辅叶向高致仕，途径杭州，邀艾儒略一同赴闽。李之藻于 1623 年调南京，不久即罢归杭州。崇祯二年（1629）李之藻赴京任职，1630 年卒。① 叶向高、艾儒略 1624 年一同赴闽，可能有机会在杭州与李之藻、杨廷筠商议刻印《职方外纪》及《天学初函》事。所以叶向高等人刻印的闽刻本、李之藻等印的《天学初函》本，均有可能互相支持。

不过，如上文所述，Nai 本与其他六卷本所用基本为相同印版，因此，以印版为准，Nai 本仍属于闽刻六卷本。② 甚至还存在另一种可能，Nai 本有可能系后人误将李之藻、吕图南两种《天学初函》序文与单行的《职方外纪》六卷本合装。③

内阁文库 Nai 本是最早的闽刻本，也是最为接近原刻本者。但学界一直未发现初刻本，直到黄时鉴提及米兰昂布罗修图书馆藏《职方外纪》A 本就是初刻本。④ 遗憾的是，黄时鉴教授的研究尚未完成，就不幸仙逝了。笔者经查阅研究，赞同黄时鉴观点。原因之一是书末有瞿式谷、许胥臣两篇小言，并以熊士旂跋文殿后，与最早而接近原刻本的六卷 Nai 本书末一致。再次，昂布罗修图书馆同时收藏有《万国全图》1623 年单刻 A 本，该图当为《职方外纪》中《万国全图》的抽印本，其尺幅与《职方外纪》A 本中《万国全图》一致。

这里再集中探讨一下各明刻本中的地图。《职方外纪》地图应有 7 幅，《万国全图》《北舆地图》《南舆地图》，加上亚细亚、欧罗巴、利未亚、南北亚墨利加四洲地图。有些藏本部分地图佚失，当然也不能排除在印刷时便缺少某些地图。经笔者比对，各本中的同一种地图基本一致。关于地图名称，前三种图均标在图版内。4 种大洲地图，六卷 Nai 本、N14114 本、NT4528 本、R 本均在其图版外的右上角标有名称（亚细亚图、欧罗巴图、

① 相关行迹参看龚缨晏、马琼：《关于李之藻生平事迹的新史料》，《浙江大学学报（人文社会科学版）》2008 年第 3 期，第 94 ~ 95 页；林金水：《叶向高致仕与艾儒略入闽之研究》，《福建师范大学学报（哲学社会科学版）》2015 年第 2 期，第 115 ~ 124 页。

② 榎一雄即有此说。〔日〕榎一雄：《職方外紀の刊本について》，《岩井博士古稀記念論文集》，第 136 ~ 147 页。

③ 谢辉：《〈职方外纪〉在明清的流传与影响》，《广西社会科学》2016 年第 5 期，第 112 页。

④ 黄时鉴：《艾儒略〈万国全图〉AB 二本见读后记》，《黄时鉴文集》第三卷，《东海西海——东西文化交流史（大航海时代以来)》，第 273 ~ 280 页。

利未亚图、南北亚墨利加图），所见他本此处无图名。五卷《艾儒略全集》本这 4 幅地图的版式与所见他本均不同，各作两个页面，均有版心，题作"职方外纪卷某　图一/二"，无鱼尾，上下双黑口。此外，《万国全图》单行 A、B 两本，除米兰两个藏本外，梵蒂冈教廷图书馆亦有两个藏本。① 所见各《职方外纪》藏本中的《万国全图》，相比上述单行本，其墨瓦蜡尼加（南极洲）部分多出 5 个地名：白峰（两个，单行本中为一个）、瓶诃、伯亚祁、路客国、鹦哥地（《南舆地图》上为鹦歌地）。

据上述考证，笔者将《职方外纪》明刻本、日本抄本、清及民国刻本的版本谱系整理成图，附录如后。

结论

概言之，《职方外纪》的来源是"闽税珰"高寀进献的西洋地图，后由庞迪我、艾儒略等人渐次翻译、补充，其成书与利玛窦并无直接关系。杨廷筠协助翻译，李之藻在杭州主持印行五卷的初刻本与多数《天学初函》本，叶向高等在福建印行了六卷本。所见各明刻本藏本，分为杭州五卷本系统、福建六卷本系统。两系统相比，除了章节有差别之外，相对应部分的文字内容甚至排列方式均基本一致，只是字体、版式等方面有所不同，当为不同印版所致；两大系统内部各藏本相比，正文内容的字体、版式均一致，但在封面、序跋等方面多有不同，当为同一种印版多次印刷时的调整。此外，米兰昂布罗修图书馆藏本当为初刻本，日本内阁文库藏本尽管有《天学初函》的题记及序文，但据其所用印版，仍属于闽刻六卷本系统。

两个系列的明刻本多次印刷，说明《职方外纪》流传之广。而在有清一代，《职方外纪》则被收入多种丛书，均为五卷本。这主要是源于《四库全书》，其所使用的版本为两江总督及浙江省进送的五卷本。② 后来钱熙

---

① B 本藏于米兰布雷顿斯国立图书馆（Biblioteca Nazionale Braidense），编号为 AB. XV. 34，于 1648~1649 年刻印。梵蒂冈教廷图书馆藏两种单刻本编号为 Barb. Oriente. 151. 1（a）和 Barb. Oriente. 151. 1（b），可分别命名为 Va 本、Vb 本，经笔者查验，分别与米兰的《万国全图》单刻 A 本、B 本相同。参见〔法〕伯希和著、〔日〕高田时雄补编《梵蒂冈图书馆所藏汉籍目录　梵蒂冈图书馆所藏汉籍目录补编》，郭可译，第 19 页。

② 吴慰祖校订《四库采进书目》，商务印书馆，1960，第 33、120、271 页；谢辉：《〈职方外纪〉在明清的流传与影响》，《广西社会科学》2016 年第 5 期，第 111~116 页。

祚刊刻《守山阁丛书》、张海鹏编《墨海金壶》，又均以文澜阁《四库全书》传抄本为主。[①] 四库提要对《职方外纪》所述持多奇异不可究诘、姑且存之的态度，也成为清代士人的主流认识。《职方外纪》刊行不久就在日本遭遇查禁，尽管日本仍有不少明刻本存世，但更多的则是以抄本流传。日本抄本主要抄自闽刻六卷本，或因在《职方外纪》成书、刊刻的年代，福建各港是对日贸易的主要基地。

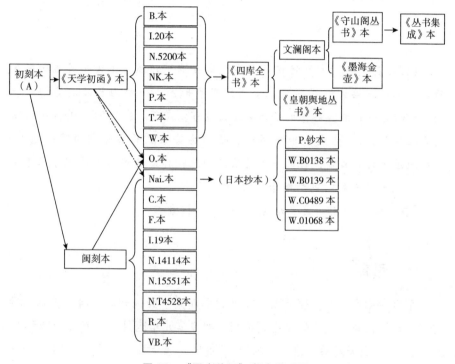

图 17　《职方外纪》版本谱系图

感谢陈村富、傅马利（Pier Francesco Fumagalli）、保罗（Paolo De Troia）等学者协助笔者赴意大利查阅资料，感谢邹振环、陈怀宇、徐光台、龚缨晏、林宏等先生在本文写作中的指教。

（本文原载于《史林》2018 年第 3 期，收入本书时作者略有字句修订；编者有所删改）

---

① 黄爱平：《四库全书纂修研究》，中国人民大学出版社，1989，第 173～174、275、400 页。

英藏清军镇压早期太平天国地图考释

华林甫*

【提要】英国国家档案馆藏有多幅有关清军镇压早期太平天国时所用地图。其中五幅为清军围攻永安州的军事地图，一幅为长沙攻守形势地图。结合文献记载，各图的绘制时间大致可以考定。在 1851 年底永安北路清军驻兵总数、"古束"地名写法、长沙兵勇壕坑的实际走向等问题上，这些地图可订正目前流行的一些看法。由此，作者建议历史地理学术界建立"舆图也是史料"的新概念。

【关键词】地图　太平天国　英国国家档案馆

一　引言

军事活动离不开军事地图。在进剿早期太平天国期间，清军将帅间的文书、奏折以及上谕中经常提到地图。如咸丰元年四月二十五日（1851 年 5 月 25 日）周天爵写信给赛尚阿说："此时愁苦无聊，索人画地图。"① 同年五月十九日（6 月 18 日），徐广缙在奏片中称："臣接广州满洲副都统乌兰泰由西省武宣军营来函，并将大营地势及应防贼匪窜逸处所绘图贴说，极为详明。"② 同年六月十一日（7 月 9 日）的上谕内，据乌兰泰奏称：

---

* 华林甫，中国人民大学"杰出学者"，清史研究所教授，历史地理学研究中心主任；中国地理学会历史地理专业委员会副主任。

① 《周天爵致赛尚阿信》（咸丰元年四月二十五日），《太平天国文献史料集》，中国社会科学出版社，1982，第 137 页。

② 徐广缙：《奏周天爵向荣怯战失利片》（咸丰元年五月十九日），《太平天国文献史料集》，第 147 页。

"又另片所陈各情形,并将独鳌山形势绘图呈览,披阅均悉。"① 太平军占领永安州之初,姚莹写给乌兰泰的信中也说:"弟出节相手谕,与二位(指巴清德、长瑞——引者注)阅看,均即遵奉同兄熟商,兄以阁下寄来地图出示,以贼近时情事详细告知。"② 据载,永安州莫村人莫金灿曾为姚莹绘一地图,对此,姚莹记云:

> 现得一永安州之莫村人训导莫金灿,深明永安地方形势,绘呈一图,似为的确。据此而观,贼得上算。我则兵怯于战,将不齐心,一也。大兵分驻,刘、李在州城西北,乌在西南,向自东来,尚未知驻营何处。如果声气相通,原可为掎角之势;倘见阻隔,则不能相应,二也。省来军装、粮台饷项应解大营者,未有妥便之路,三也……今日得一地图,较昨图为确,谨以呈阅。③

由此可知,清军在对付早期太平天国的军事行动过程中绘制的地图定当不少,可惜上述提到的地图大都失传。所幸的是,这类地图至今仍有部分流传于世。

在英国国家档案馆(Public Record Office)庋藏的中文地图里,至少有6幅是清军用于镇压早期太平天国的原始地图,④ 其中5幅系清军围攻永安州的军事地图,1幅系长沙攻守形势地图。究其来历,是第二次鸦片战争期间英军于1858年占领广州后从两广总督衙门里掳走的,先后收藏于香港(港英政府秘书处)、北京(英国驻华大使馆),1959年始运往伦敦。

由于反映早期太平天国历史的文献史料保存下来的相对较少,这批原始地图便显得弥足珍贵,且迄今除庞百腾(David Pong)进行过编目外尚无人做过专门研究。今拟作初步考释,以祈专家指正。

---

① 《谕赛尚阿查明威宁镇官兵溃败情由》(咸丰元年六月十一日),《太平天国文献史料集》,第193页。

② 《姚莹致乌兰泰函牍一》,《乌兰泰函牍》卷下,中国史学会主编《中国近代史资料丛刊·太平天国》(以下简称《太平天国》)第8册,上海人民出版社,1957,第692页。

③ 姚莹:《中复堂遗稿续编》卷1《复邹中丞言事状》。

④ 另有两幅英档地图,可能也与太平天国有关。FO931/1888为一简明的平南县舆图,绘出杏花村、大将桥,注出"此路可通思旺";FO931/1944为一幅湖南南部地图,绘出衡州府城与省城长沙之间的九座县级及其以上城池。因无确证,附记于此。

因地图均出自清军之手，图上诬称太平军为"贼""贼匪"、太平军军营为"贼营"，文中不再加注，特此说明。

二　清军围攻永安州地图

咸丰元年闰八月初一日（1851年9月25日），太平军首次攻克了一座城市——永安州（今广西蒙山县）。太平军在此驻扎了半年，封王建政、肃奸防谍，四周严加防守。与此同时，清军各部也迅速尾随而来，陆续扎营外围，很快就形成了南、北两路主力：南路军乌兰泰部驻西南佛子村，北路军驻北部古排塘（先由刘长清负责、后归向荣指挥），欲将太平军阵地团团围困，以实现其"围而歼之"的目标。英国国家档案馆庋藏编号为FO931/1891、FO931/1939、FO931/1941、FO931/1947、FO931/1949的5幅地图，即为清军围攻永安州时期的清方军事地图。

伦敦大学亚非学院（S. O. A. S）的David Pong对这些地图的编目，因没有考证出各图绘制或反映的确切时间，只能依档案序号加以著录。① 今为叙事完整起见，宜按各图反映时间的先后予以考释，时序为：FO931/1947、FO931/1949、FO931/1939、FO931/1891、FO931/1941。②

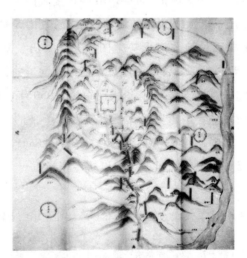

图 1　FO931/1947 号地图

---

① 见 David Pong 所编 A Critical Guide to the Kwangtung Provincial Archives 一书。该书原有中文书名《清代广东省档案指南》，1975 年由哈佛大学出版社出版。

② 这些地图的发表均得到英国国家档案馆书面同意，谨此致谢。

FO931/1947 号地图（见图 1），纸地，彩色绘制，无图名、作者、比例尺等，尺寸为 74cm×75cm，图上原标方向为上北、下南、左西、右东。所绘范围，东止于府江（今桂江），南至濛江口（今藤县濛江镇），西至修仁、平南二县，北至荔浦、修仁（已于 1951 年撤销）二县；而全图所表示的中心，则是永安州城。

此图所反映的时间，英国国家档案馆在线目录作 N.D.。① 按：这应是一幅清军谋划进攻永安州太平军的军事地图。从图上内容推测，应是永安战事早期之物，理由有以下两条。

（1）图的北部，在新墟、古排塘标有小三角旗。这是清军驻兵的标志。太平军占领永安州七天之后即闰八月初七日（1851 年 10 月 1 日），清军刘长清、李能臣部到达新墟，三天后即闰八月初十（10 月 4 日）进扎古排塘，几天后姚莹也进驻新墟。② 是为清兵北路军，先由刘长清负责，后由向荣主持军务。向荣原为广西提督，因官村之败而托病离开前线，"竟置贼事于度外矣"。③ 后来，钦差大臣赛尚阿重新起用向荣，让他主持北路军务。向荣遂于咸丰元年十月二十五日（1851 年 12 月 17 日）自阳朔出发，④ 两天后到达古排塘。⑤ 十一月初八日（12 月 29 日），向荣率北路军自古排塘移营凉亭；十一月十五日（1852 年 1 月 5 日）又移营上垒横岭，十一月二十日（1 月 10 日）进扎龙眼塘，⑥ 战线步步向太平军阵地逼近。向荣的多次移营，地图上均无任何表示，表明该图应绘制于 1851 年 12 月 29 日以前。

---

① http：//www.pro.gov.uk。N.D. 表示无日期，为 no date 或 not dated 之缩写。在线目录关于 FO931 全宗内地图绘制时间的说法，均源出 David Pong, A Critical Guide to the Kwang-tung Provincial Archives，可见四十多年来国内外对此研究毫无进展。下同。

② 姚莹：《中复堂遗稿》卷 3《至荔浦言事状》。

③《姚莹致乌兰泰函牍一》，《乌兰泰函牍》卷下，《太平天国》第 8 册，第 692 页。

④《姚莹致乌兰泰函牍五》，《乌兰泰函牍》卷下，《太平天国》第 8 册，第 695 页；丁守存：《从军日记》，太平天国历史博物馆编《太平天国史料丛编简辑》第 2 册，中华书局，1962，第 298 页。

⑤《姚莹致乌兰泰函牍六》，《乌兰泰函牍》卷下，《太平天国》第 8 册，第 696 页。

⑥《钦定剿平粤匪方略》卷 9，第 29 页。又见赛尚阿十一月十五日、十二月初六日奏摺，收入中国第一历史档案馆编《清政府镇压太平天国档案史料》第 2 册，社会科学文献出版社，1992，第 529、565 页。

（2）全图共有 32 个贴红标签，其中永安州城以南到濛江口段红签最为密集，多达 14 个，其余在东部 7 个、北部 8 个，西部仅 3 个。南部的 14 个红签，有 13 个是表示从濛江口至永安州城水程路线、里距的。可见此时清军的注意力在永安州的南部。据朱哲芳考证，官村之战后太平军的转移方向"主要还是在南路方面"，所以"清方兵力重点一直都摆在南路"，直到巴清德"督兵由平乐、荔浦进至新墟、古排接应刘、李二镇之兵"之后，才使"敌人北路进攻兵力猛增至一万数千人而大大超过了南路，也就改变了敌人原先南重北轻的兵力配备"。① 据记载，巴清德是咸丰元年九月初五日（1851 年 10 月 28 日）率军入古排的。② 若朱说不误，则此图反映的应是 1851 年 10 月 4 日刘长清进驻古排以后、10 月 28 日巴清德到达古排之前史事。

另外，FO931/1947 号图上清军注重南路防线，殊堪注意。联系到太平军进军永安时洪秀全等率领的水路军是从平南大旺出三江口而沿濛江逆溯至州城的，陆路军先锋罗大纲在藤县樟村以北进军的路线（即经新开、黄村、古眉峡、水秀、长寿墟诸地）也是沿濛江河岸北上的，均在南部。其时清方将领对太平军进军永安的路线一清二楚。同时清军还防范着太平军由原路南窜，如咸丰元年闰八月十九日上谕内有"至洪秀全等欲由水路潜逃、严密防范"③ 之言，《清文宗实录》卷 42 则云"再据贼供，洪秀全有乘小舟欲驶出濛江上之信"，均非凿空之言。这也是对这幅地图的最好注脚。

FO931/1949 号地图（见图 2），亦系手绘，黑白，纸地，无图名、作者、比例尺等，尺寸为 36.5cm × 26cm。原图未标方向，绘出永安州、荔浦城、阳朔城、恭城、昭平县、修仁县、平乐府七座城池，标出各城间的距离，并用形象法绘出各城间的山、水。水路标出"此水通桂林""下通梧州"等字样，笔者据此判断其方向为上西、下东、左南、右北。图上共有四个贴红标签，内容分别是：

---

① 朱哲芳：《太平军永安战场考释》，郭毅生主编《太平天国历史与地理》，中国地图出版社，1989，第 24 页。

② 《姚莹致乌兰泰函牍一》，《乌兰泰函牍》卷下，《太平天国》第 8 册，第 692 页。

③ 《钦定剿平粤匪方略》卷 7，第 37 页。

图 2　FO931/1949 号地图

阳朔城红签：钦差赛中堂督带湖南兵壮五千名驻扎该城相距永安州一百余里。

新圩红签：广西姚臬台督带柳州兵壮二千名驻扎该处相距永安州四十里。

古排塘红签：李、希、刘三位大人督带湖南兵丁二千名、寿春兵壮一千名、潮勇三千名、广西兵丁一千名、云南兵丁一千名，在该处共扎营盘十八个，相距永安州十余里。

平乐府红签：杨大老爷督带柳州兵壮五百名驻扎该城防守。

此图反映的时间，英国国家档案馆在线目录作 1851.9～1852.4。按：这等于仅确定为太平军占领永安州时期地图。揆诸实际：钦差大臣赛尚阿于咸丰元年九月十一日（1851 年 11 月 3 日）进驻阳朔，十二月十八日（2 月 7 日）又从阳朔移驻荔浦，① 阳朔城红签内容表明赛尚阿正驻该城。古排塘注出的李、希、刘三位大人分别是指临元镇总兵李能臣、凉州镇总兵

---

① 丁守存：《从军日记》，《太平天国史料丛编简辑》第 2 册，第 303 页；郭廷以：《太平天国史事日志》上册，商务印书馆，1946，第 138、148 页。据郦纯先生考证，移驻阳朔日期为 11 月 3 日。（见《太平天国军事史概述》上编第 1 册，中华书局，1982，第 49 页注 1）郭氏《日志》作 11 月 4 日，恐误。

长寿（字希彭）、川北镇总兵刘长清。李、刘二总兵是这年八月初十（1851 年 10 月 4 日）进扎古排塘的，共扎营盘六个；10 月 28 日，巴清德、长瑞率军入古排塘；随后，长寿、松安、董光甲、邵鹤龄、李孟群等也率部开进古排塘，所以图上红签写"共扎营盘十八个"。值得注意的是，向荣复出后于咸丰元年十月二十七日（1851 年 12 月 19 日）到达古排，接替刘长清主持北路军务。十一月二十四日（1852 年 1 月 14 日），向荣令李能臣部进驻二岭口，李惧怕被革职拿问，改派松安所率寿春兵前往，十天后松安移营二岭口外。① 而地图上的李能臣、寿春兵均尚在古排塘，"向荣"未予表示，因此可以推断该图反映的应是 1851 年 11 月 3 日赛尚阿进驻阳朔之后、12 月 19 日向荣进驻古排塘之前的一个半月之内史事。

FO931/1949 号地图表示的内容，是太平军占领永安州前期的清军北路布防形势，计阳朔驻兵 5000 名、新圩（同"墟"）驻兵 2000 名、古排塘驻兵 8000 名、平乐府驻兵 500 名，共计 15500 名。有的学者据文献记载统计，"至 1851 年底综计集结于永安北路的清方兵勇，已超过二万之数"，② 甚至认为已超过 46000 人，③ 显然有些夸大，应据地图予以订正。

FO931/1939 号地图（见图 3），彩色绘制，纸地，无图名、作者、比例尺等，尺寸为 60.5cm×57.5cm。原图未标方向。从周围绘出的城池梧州府、浔州府、平乐府、修仁县、荔浦县、平南县来判断，应为上北、下南、左西、右东，绘出四方形黑色城墙而未标名称的城市应为永安州。永安州城周围的山岭绘以青色，青色以外的山岭绘以棕色；除州城方框为黑色外，其余所标方框如水窦、新圩、仙回、黄村、龙寮岭、新开村等均为红色。各地之间的交通路线用红色虚线予以表示，并注出具体里距。

关于 FO931/1939 号地图反映的时间，英国国家档案馆在线目录仅作 1850s。因该图在水窦处标注"贼营"二字，这足以说明是一幅清军围攻占据永安州太平军的军事地图。水窦是太平军的南大门，由秦日纲把守，清军乌兰泰迭次攻打水窦，均未得手。又，州城之北、上龙村西的山岭

---

① 丁守存：《从军日记》，《太平天国史料丛编简辑》第 2 册，第 302 页。

② 见钟文典：《太平天国开国史》，广西人民出版社，1992，第 240 页。

③ 见〔美〕史景迁《"天国之子"和他的世俗王朝：洪秀全与太平天国》，朱庆葆等译，上海远东出版社，2001，第 229 页。

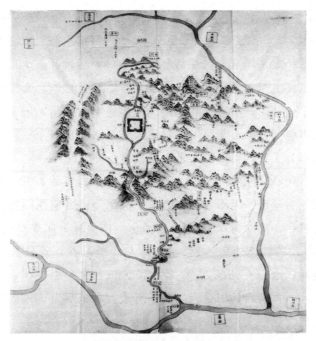

图3　FO931/1939 号地图

上，标注"可立炮台"四字，州城西北相当于龙眼塘的位置标注"山后有
炮台"五字。按：后者是指太平军修建在龙眼塘的炮台，[①] 对清军来说自
然属于"山后"；而前者的位置，恰好是 1852 年 1 月 5 日向荣移营驻军之
处（上垒横岭位置）。所以，基本上可以判断这是一幅向荣的谋臣策划选
择驻军地点的军事计划地图，应绘于 1852 年 1 月 5 日之前不久；但时间向
前逆推，似也不会绘于 1851 年 12 月 29 日以前，因为此前向荣尚驻兵古排
塘，未移营凉亭。以常理而论，向荣到了 1851 年 12 月 29 日移营凉亭之后
才会谋划下一步的移营目标。因此，FO931/1939 号地图最有可能绘成于
1851 年 12 月 29 日至 1852 年 1 月 5 日的一周之内。

　　虽然 FO931/1939 号地图上没标出清方驻军，但清军方面对各地道路、
里距已一清二楚，如东部的昭平县至永安州，图上标"十六里西峡，二十
五里雷劈岭，二十里平原，平原至古带卅里，古带村至州廿五里"；又如
东北的平乐府方向，标出"大广十五里至佛登，二十里仙回，十五里（古

---

① 太平军在龙眼塘安设大炮台事，见姚莹《中复堂遗稿》卷 3《至荔浦言事状》。

束），古束至城十五里"；再如永安州城北方，标注"新圩至古排十五里，（古排）至平岭三里，平岭至城十里"；又再如南部水路，标注"濛江口至太平圩六十里，太平圩至陈村一百廿里，陈村上至新开五十里，新开至黄村廿五里，黄村上至古眉十里"；等等。需要指出的是，这些路线的方向都是指向永安州城的，清军据此地图既可作进军永安州城的参考，也是预防太平军逃出包围圈的可能路线。日后太平军正是由古束一路突围的。由此可见，清军为了对付早期的太平天国，用心可谓良苦。

FO931/1891 号地图（见图 4）为一幅永安州及其附近的手绘地图，黑白绘制，质地为丝绢，无图名、作者、比例尺等，方向原图标为上西、下东、左南、右北，尺寸为 45.8cm×48.6cm。图上标有向提军（向荣）、姚臬宪（姚莹）、乌都统（乌兰泰）、李鹤人（李孟群）等驻兵之所和永安州城、古带村、水门三处的八个"贼营"，以及黄村、东村、新开村、古良隘、富玉冲、古束六处旧兵营。既然有废弃的旧兵营，则此图显然不是永安战场初期之物。

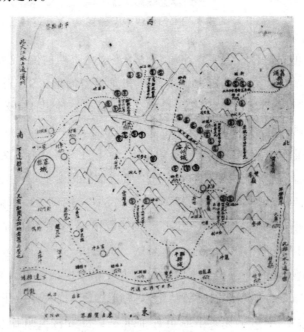

图 4　FO931/1891 号地图

FO931/1891 号地图反映的时间，英国国家档案馆在线目录作 1851.9～1852.4.6。按：这是太平军驻守永安的时间，长达半年，这无异于没作考证。

如上所考，1851 年 12 月 19 日向荣到达古排，29 日移营凉亭，1852 年 1 月 5 日移营上垄横岭，10 日进扎龙眼塘。在这幅地图上，于龙眼岭东的上龙村标出"向提军督带官兵移营在此"；又在长寿江上标注"小河水渴［竭？］可过"。文献记载向荣移营的处所是"上垄横岭"，而方志和口碑史料说是"上龙岭"，① 上垄横岭、上龙村应属一处。向荣的职衔，1851 年 11 月 10 日（九月十八日）被革去广西提督，至 1852 年 2 月 6 日（十二月十七日）清廷始开复其广西提督原官，开复原官的朱批谕旨传到军营已是除夕（1852 年 2 月 19 日）了。② 图上既称"向提军"，则应是除夕以后之物。

该图于古眉峡北侧标注："许、张观察督带官兵壮勇扎营在此。"按：许指许祥光，张指张敬修，据《清文宗实录》卷 52 咸丰二年正月辛巳载"许祥光、张敬修于初二日击退贼匪，遂于松山立营，筑炮台于能六岭顶，又于独守庙及古眉峡口等处立三大营"。因此，FO931/1891 号地图应绘成于正月初二日（2 月 21 日）以后。

州东的古苏冲、龙寮岭、仙回里三地紧邻，为太平军突围的生命之路，也是永安通往昭平的要隘，山路崎岖，形势险要，清军原派兵把守。FO931/1891 号地图上在仙回里标："宁岚峰刺史带壮勇扎营在此。"按：宁瑑为前任全州知州，1851 年 11 月 12 日（九月二十日）已带兵"由仙回岭间道攻出"，12 月 17 日（十月廿五日）击退了进攻仙回里的太平军。③ 当时姚莹曾乐观地估计："中堂又令宁丞带潮勇从仙回出口，攻贼之东面，果尔自妙，贼可无东窜之虞。"④ 但是，"宁瑑深以东路为忧"，因而到了咸丰二年正月二十六日（1852 年 3 月 16 日），赛尚阿表示要让"王、宁勇扎出古束"。⑤ "王"指署贵州安义镇总兵王梦麟，"宁"指宁瑑。实际上，

---

① 光绪《永安州志》卷 4，广西壮族自治区通志馆编《太平天国革命在广西调查资料汇编》，广西人民出版社，1962，第 171 页。

② 丁守存：《从军日记》，《太平天国史料丛编简辑》第 2 册，第 305 页。

③ 丁守存：《从军日记》，《太平天国史料丛编简辑》第 2 册，第 299 页。

④ 《姚莹致乌兰泰函牍二十二》，《乌兰泰函牍》卷下《太平天国》第 8 册，第 712 页。

⑤ 《赛尚阿奏报永安东西两路防守被扰严饬妥防片》（咸丰二年二月十六日），中国第一历史档案馆编《清政府镇压太平天国档案史料》第 3 册，社会科学文献出版社，1992，第 40 页；又见丁守存：《从军日记》，《太平天国史料丛编简辑》第 2 册，第 308 页。

王梦麟率兵扎出古束冲口，乃 1852 年 3 月 29 日（二月初九日）事。① 在 FO931/1891 号地图上，"古束"作旧兵营，左下侧注："凡有红圈未注明者旧兵营也。"古束旧兵营应是署古州镇总兵李瑞营盘，永安战事初起时扎进，闰八月二十五日（1851 年 10 月 19 日）被太平军攻破，李瑞逃往昭平。② 因此，推测该图绘制于 1852 年 3 月 29 日王梦麟扎营于古束之前，应无疑问。王梦麟扎进古束三天后，即被罗日纲击溃，不久太平军就由古束东撤了。

因此，FO931/1891 号地图反映的是 1852 年 2 月 21 日至 3 月 29 日的近四十天之内史事。图上昭平县城下侧桂江上标注"冬日可涉水过河"，说明绘图时已是初春时节。

从 FO931/1891 号地图上看，太平军占据了永安州城、城东的东乡、东南的古带及城南的水窦；而在永安州城西北，隔河便是清军的向荣大营，向荣外围又有新圩的姚莹大营和壬山口的李孟群（字鹤人）大营，州城西南佛子凹有乌兰泰大营，水窦隔河对岸的独松岭又有许祥光、张敬修大营，州城之东通往昭平的东北方和东南方又分别有清知州宁瑴和知县沈芬③带兵驻守。可见永安战场晚期各大路口均已被清兵把住，其中向荣、乌兰泰是清军北、南两支劲旅，东路防守相对薄弱一些。太平军最后在东路突围，实在是明智的选择。

郦纯在叙及清军东路防线时曾说："当时清军正围攻永安，自无防守昭平县城之必要，所谓守昭平，当指守通往昭平的要隘。"④ 此说系根据文献记载推测而来，今有 FO931/1891 号地图而获得实物证明：清军防守的确实不是昭平县城，而是永安通往昭平的仙回里、石峡。

FO931/1941 号地图，黑白绘制，纸地，无图名、作者、比例尺等，尺

---

① 丁守存：《从军日记》，《太平天国史料丛编简辑》第 2 册，第 309 页。

② 《钦定剿平粤匪方略》卷 8，第 18、22 页；姚莹：《中复堂遗稿》卷 3《请参李瑞状》；《向荣致乌兰泰函牍十》，《太平天国》第 8 册，第 690 页。丁守存《从军日记》作闰八月二十四日，与诸种记载相差一天，待考。

③ FO931/1891 号地图在石峡标注："昭平沈明府带兵勇扎营在此"。查民国《昭平县志》卷 4，咸丰元年至三年间该县知县有沈芬、沈敦治；同卷"名宦传"有沈芬传，云："于折狱时遭匪乱，与局绅从九，梁任爵等星夜芒鞋持械督团御之，邑人颂之。"

④ 郦纯：《太平天国军事史概述》上编第 1 册，中华书局，1982，第 67 页。

寸为 69cm×70cm。方向原图未标。所绘范围，左下方标出平南城，左上为修仁界，右上为平乐界，右下为梧州界，而中心区域则绘出永安城和昭平城。笔者据此判断原图方向为上北、下南、左西、右东。

该图反映的时间，英国国家档案馆在线目录作 1850s。按：图上在水窦、佛子绘有多个三角旗。水窦是太平军保卫永安的南大门，由秦日纲把守；佛子则是清军南路大营所在地，由广州副都统乌兰泰率部驻守。可见这又是一幅太平天国永安封王建政时期清军南路谋攻永安州的军事地图。因图上无明显标志可供时间之考证，只得暂定此图绘制时间为 1851 年 9 月 25 日至 1852 年 4 月 5 日，即太平军驻守永安期间。

FO931/1941 号地图的主要内容，是用形象手法画出永安州附近各处山岭，河流、村墟、隘口亦予表示，贴红签说明某地至某地之间距，道路则用黑色虚线连接各村圩来表示。指向永安州城的道路，图上共有六条。(1) 南部：濛江口至太平圩六十五里，太平圩至陈村塘一百二十里；陈村塘至新开五十里，新开至黄村二十五里，（黄村）至古眉峡□□里，古眉峡至水窦十五里，水窦至州城二十里（另有签注：水窦由较场路至州城二十五里）。(2) 西南部：云圩至州城三十里。(3) 西北部：荔浦至杜莫二十里，杜莫至新圩五十里，新圩至古排塘十五里，古排塘至州城十五里。(4) 北部：大广至上龙卡七十五里，上龙卡至州城四里。(5) 东部：佛登至仙回二十里，仙回至龙寮岭十五里，龙寮岭至古束十五里，古束至州城二十里。(6) 东南部：昭平至西峡十五里，西峡至雷劈岭二十五里，雷劈岭至平元冲三十里，平□□□□三十里，古带至州城二十五里。可见与 FO931/1939 号地图一样，FO931/1941 号地图所标道路、里程恐怕也是供清兵行军作战参考的，各路目标全都集中于一个焦点——永安州城。由此益见清军于永安州虎视眈眈之状。

永安战事期间最为著名的地名，清方为佛子、古排塘，太平军一方则为水窦、古苏。前者写法不见歧异，后者则有多种写法，盖用字从俗，仅记其音耳。太平军永安州的南大门，FO931/1891 号图作水閅，FO931/1939、FO931/1941 两图作水窦，FO931/1947 号图作水閘，閅、窦、閘同音，当属通假。今为蒙山县南的水秀。太平军向东突围的山冲，FO931/1891、FO931/1939、FO931/1941、FO931/1947 四图均作古束，赛尚阿的奏折①、丁守存《从军日记》《钦定剿平粤匪方略》卷 8 也均作古束，只有向荣写给乌兰泰的信中作古苏，② 但徐广缙给叶名琛的信仍作古束。③ 束、苏音同，亦在通假之列。简又文认为古苏是正名、"或作古束者误"的说法，④ 显然有违史实。

三 长沙攻守形势地图

太平天国从广西发展到湖南，攻打长沙之役极为激烈，历时 81 天。

咸丰二年七月二十八日（1852 年 9 月 11 日），太平军西王萧朝贵率军以迅雷不及掩耳之势到达长沙城南，开始攻城；当时清军守城兵力单薄，仅能"登陴固守"。⑤ 不幸西王在次日的战斗中被炮击成重伤，不久死去，战事受挫。

约一个月之后，太平军主力始抵长沙南门外，给了清军以喘息的机会。清方守军除原在长沙防守的前湖北巡抚罗绕典、卸任湖南巡抚骆秉璋、湖南提督魏起豹外，陆续调来了和春、邓绍良、江忠源、常禄、李瑞、德亮、张国梁、瞿腾龙、王家琳、秦定三、开隆阿、贾晋亨、朱翰、向荣、福兴等率领的滇、黔、桂、川、豫、皖、赣、粤诸省及湖南本省兵勇，新任湖南巡抚张亮基、湖南布政使潘铎进入长沙城中，钦差大臣赛尚阿先驻守衡州，后也到了长沙。一时清军将领蚁聚，"城内外巡抚三、提督二、总兵十"，⑥ 在城外纷纷抢占要地，在城内加强城防，西门以至迄无战事的北门也派兵驻守，约计清军兵力达五万之众。⑦

---

① 《赛尚阿奏报永安东西两路防守被扰严饬妥防片》（咸丰二年二月十六日）、《赛尚阿奏报收复永安生擒洪大全因雨受挫现分投堵击情形摺》（咸丰二年二月十七日），见《清政府镇压太平天国档案史料》第 3 册，第 39～41、51～58 页。

② 《向荣致乌兰泰函牍十》，《乌兰泰函牍》卷上，《太平天国》第 8 册，第 690 页。

③ 见 FO931/1301 号档案，原无名称。FO931/1337 号徐广缙致叶名琛书信也作"古束"。

④ 见简又文《太平军广西首义史》卷 7，商务印书馆，1944。

⑤ 佚名：《平贼纪略》卷上，《太平天国史料丛编简辑》第 1 册，中华书局，1961，第 211 页。

⑥ 赵尔巽：《清史稿》卷 407《江忠源传》，中华书局，1977，第 11939 页。

⑦ 参见王闿运《湘军志》卷 1，王定安《湘军记》卷 1，以及王庆成：《壬子二年太平军进攻长沙之役》，载《文史》第 3 辑，1963。

由于许多战略要地被清军抢占，太平军攻城只能局促于城南一隅，且咸丰二年九月初二日（1852 年 10 月 14 日）浏阳门、初三日（10 月 15 日）井湾的两次战事失利，天王遂派翼王石达开率部于九月初五日（10 月 17 日）从猴子石西渡湘江，占领了湘江以西鱼网市、土城坝、龙回潭、阳湖等大片土地，并在江中造有浮桥，派兵驻守水陆洲。太平军夹江而峙，从而有了很大的回旋余地。FO931/1906 号档案暨长沙地图（见图 5），所绘即为石达开西渡以后的长沙攻守形势。

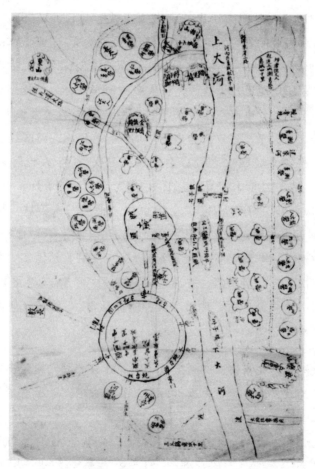

图 5　FO931/1906 号地图

该图黑白手绘，无图名、作者、比例尺等，尺寸为 66.5cm × 44.5cm。图上原无方向，笔者据地物判断为上东、下西、左北、右南。所绘范围为长沙旧城南至豹子岭（今仍名豹子岭）之南，兼及湘江西岸，凡绘出清军兵营33个、"贼营"17个，注出通往京城、常德府、礼（醴）陵、湘潭、浏阳县五条大路和湘潭来省小路，而长沙城被绘成了示意性质的圆形，并在城南绘出"贼匪土城"、在坪塘绘出清军起造的土城各一座。

在这幅地图上，城南湘江岸边标出："猴子石，贼匪造有浮桥过河"，又在湘江西岸标出八处"贼营"，"两边河岸炮台数十个"，并在湘江中标出"牛头州贼匪营三个"（"州"通"洲"）。可见此图之绘制已在石达开巩固了西岸营垒之后，应属长沙战役晚期之物。

FO931/1906号地图上绘出的"贼匪土城"与长沙城之间，有三道双线相连，最东一道标为"大路"，其余两道分别标为："土城贼匪开挖地龙攻城""土城内挖地龙攻城"。这是颇堪注意的注记，因为在后期的长沙战役中，太平军所挖地道凡十余次，虽大多被清军破坏，但挖掘成功、炸坍城墙而城濒于攻破者也有三次。关于这一点，罗尔纲《太平天国史》、王庆成《壬子二年太平军进攻长沙之役》均认为有四次，然郦纯著《太平天国军事史概述》力驳四次之说，主张只有三次。[①] 今人论著多宗三次之说。[②] 今按：咸丰二年十一月初三日（1852年12月13日）罗绕典等奏："贼众因三次轰城，均经大挫"，上谕也称"前后三次轰城，均被我兵击败"。[③] 萧盛远《粤匪纪略·长沙解围》云："（太平军）偷挖地道三次，轰陷城垣数十丈。"[④] 张曜孙《楚寇纪略》云："贼为地道实火药坏城垣数十丈，凡三次，皆旋堵旋筑，并出兵击却之。"[⑤] 光绪《善化县志》卷33也说"总计粤匪攻城三次，地道屡轰，凶悍异常"。佚名《粤匪犯湖南纪略》更有详细的记载：

> 贼无计可施，惟以开挖地道为事。计数十日之间，至十数处，或被我开沟截断，或竟由内透出，或以火药击退，或土崩不成，或遇水

① 详见郦纯：《太平天国军事史概述》上编第1册，中华书局，1982，第100~101页。
② 见钟文典：《太平天国开国史》，第337页；郭毅生主编《太平天国历史地图集》，中国地图出版社，1989，第54页；刘泱泱主编《湖南通史（近代卷）》，湖南出版社，1994，第87页等。
③ 《钦定剿平粤匪方略》卷19，第1、2页。
④ 《太平天国史料丛编简辑》第1册，第27页。
⑤ 《太平天国史料丛编简辑》第1册，第71页。

而止，其成计者惟三处。九月廿九日申刻，正南门城楼右侧，贼地道
火药轰陷城墙七丈有余，贼蜂拥奔进，镇筸游兵奋勇堵杀，斩长发贼
十余名，击伤贼兵无数，登时撑修，得以不害……十月初二日午刻，
贼复轰奔（崩）月城垛口，自缺口攻城，我兵又斩贼目曾自新及长发
贼二名。十月十八日卯刻，天大风雨，贼复轰陷南城八九丈，大队齐
进，镇筸兵、金川屯兵、辰勇等奋力堵杀，贼不能进。我兵狃于前胜
穷追，贼伏兵炮发，骤不及避，遂伤我兵百四十九名、阵亡十二名、
压毙十余名。此三次危险之大概也。①

可见三次之说至确。既然 FO931/1906 号地图上已标出两次开挖地龙
攻城，则应是咸丰二年十月初二日（1852 年 11 月 13 日）第二次穴地轰城
发生以后、十月十八日（11 月 29 日）第三次轰城发生以前之物。而太平
军因长沙久攻不克，于十月十九日（11 月 30 日）悄然撤离。因此，该地
图应绘成于十月初二日至十八日之间的 17 天之内。

FO931/1906 号地图上所绘长沙城南"贼匪土城"，见于《钦定剿平粤
匪方略》（以下简称《方略》）卷 18："惟正南及西南面贼踞房屋尚多完
固，妙高峰一带地势较高，贼立土城、望楼，拒守甚坚。"土城内标的街
道、房屋，亦见《方略》卷 17："现在碧湘街、鼓楼门、西湖桥、金溪桥
一带民房，均为贼踞，党舆甚夥。"土城与南门之间，图上注出"和大人
营"。按和春系绥靖镇总兵，扎营之处亦见于《方略》卷 18："现在和春、
秦定三扎营妙高峰下，紧逼贼巢。"

由此图看，长沙战役的最后阶段形势对太平军已极为不利。图上从离
城 15 里的豹子岭（今长沙城南豹子岭）南侧起，先向东，后向北，经金
盘岭东侧迤北至长沙南门，绘有一条双线，注出为"兵勇豪坑"（"豪"
应系"壕"字之误）。这条壕坑，系赛尚阿入长沙城后于九月二十二日
（11 月 3 日）左右开始督饬将弁开挖的，"自长沙南门外蔡公坟起，至豹子
岭止，连营十余里，挖濠深宽丈余，堵其东窜"，② 可见地图所绘与官方文
献记载一致。光绪《善化县志》卷 33 "兵难"载此壕坑起自小吴门、浏

① 《太平天国史料丛编简辑》第 1 册，第 65 页。
② 《钦定剿平粤匪方略》卷 18，第 37、53 页。

阳门而终于龙潭湾直抵河边，与 FO931/1906 号地图、《钦定剿平粤匪方略》均不合，县志记载当误。郦纯著《太平天国军事史概述》据此县志述此壕坑的走向，① 亦误，当据以纠正。这条壕坑，一直仅有文字记载，这一次笔者终于首次发现了时人在地图上的标示。

壕坑的东侧和南段南侧，布满了清军兵营，图上自北而南依次绘出：楚勇营（两处）、贵州营、湖南营、湖北营、楚勇营、李大人营、镇箪营、河北营、江西清大人营、云南营、江大人营、金大人营、义勇营、仁勇营、长大人营、其勇营、张家祥营、朱大老爷潮勇营，共 19 处营盘。这些清营将太平军压在了壕坑以西。本来，太平军包围了长沙南城，清军却作了反包围，此图生动地向后人展示了双方军事对垒情形。江大人系指知府江忠源，张家祥即天地会投降清军之张嘉祥（投降后改名张国梁），朱大老爷为沅州协副将朱翰，江西清大人则指九江镇总兵清保，长大人指九江镇后营游击长春，李大人或恐为总兵李瑞，金大人待考。

在湘江西岸，自石达开西渡扎稳营盘后，清军的外包围也甚严，FO931/1906 号地图上自北而南依次绘出向大人营、马大人营、四川营、明大人营、左大人营、川北营、张大人营、刘大人营、潮勇营（建家河两岸各一处），以及坪塘德大人起造土城潮勇营，共 11 处。向大人系指向荣，他于咸丰二年三月十九（1852 年 5 月 7 日）再次被革去广西提督一职，于八月十九日（10 月 2 日）率军到达长沙。石达开西渡湘江之前，江忠源曾向张亮基建议："贼所掳民船尚多，时过江掠食，虑其渡江筑垒，徐图他窜，请以一军西渡扼土墙头、龙回潭之要。"张亮基觉得很有道理，要求向荣速赴河西扼守，向荣却拒不执行，抱怨说："身是已革提督，贼从此窜，不任咎也。"② 无奈，张亮基报告给赛尚阿，赛遂令向荣西渡；于是，向荣于九月己巳（10 月 22 日）始渡湘江作战，扎营于岳麓山下，"与现在平塘潮勇三千名合剿河西之贼"。③ 马大人为马龙，明大人为川屯兵副将明安泰，左大人为左宗棠，张、刘二大人待考。

关于左宗棠，郦纯认为"当时左宗棠任湖南巡抚幕友，参赞军务，却

① 见郦纯：《太平天国军事史概述》上编第 1 册，中华书局，1982，第 99 页。
② 郭嵩焘：《养知书屋文集》卷 17《江忠烈公行状》，光绪十八年刊本。
③ 《钦定剿平粤匪方略》卷 18，第 37 页；《东华续录》卷 17，咸丰二年（1852 年）九月己巳。

未带兵"。① 今按：这个说法恐与实际相悖。左宗棠系由胡林翼向张亮基推荐的，八月十九日（10月2日）张至长沙，左随行。② 从 FO931/1906 号地图上来看，左宗棠实际已带兵，故绘出左大人营。罗正钧纂《左文襄公年谱》咸丰二年条谓："张公（亮基）一以兵事任之。"郦说误，当据以纠正。清军曾试图切断太平军的东、西联络，但10月31日（九月十八日）的水陆洲之战以向荣的大败而告终；张亮基气愤至极，拟亲自督兵赴龙回潭攻打石达开部，后又借口巡抚出城会动摇人心，终于不敢实行。但是从 FO931/1906 号地图上看，张亮基最终还是派去了左宗棠。此事不见于《左文襄公全集》和《张大司马奏稿》，或可补文献记载之不足。

总之，FO931/1906 号地图向我们直观、生动地展示了太平军与清军对垒的军事形势，且与今人所绘长沙战役地图相较，风格完全不同。

四　余论

位于英国伦敦西南郊的英国国家档案馆（Tha National Archives，U. K.简称 T. N. A.），③ 庋藏了71种、共计124幅近代中文舆图（不计入仅有文字的两种和达尊堂图），其中彩色手绘48种101幅、黑白手绘22种22幅、黑白刊刻刻本1种1幅。这批舆图原是晚清广东地方衙门的档案。上述各图，便是其中的一部分。

如果从地图学史的角度来看，这批舆图也许有些不足，因为绝大部分都没有标示比例尺等地图的基本要素，也不知道作者是谁，投影法也谈不上，甚至在盛行计里画方的时代只有一种舆图是画方的。但是，如果用这些地图来研究历史事件，如上述以舆图考释太平天国史事，则是绝好的史料。这批舆图当中，还有关于粤北黄毛五活动、镇压广东天地会洪兵起义、陈开与李文茂"大成国"、两广各府州军事营汛的手绘舆图，甚为丰富，海南岛、湘东、南昌舆图亦复不少。所以，这批舆图是一个宝库，涉及晚清两广地区的政治、军事、秘密社会等诸多方面和层面。笔者因此建议，从历史地理学术界开始，要建立"舆图也是史料"的新概念，把舆图研究推向前进。

---

① 见郦纯：《太平天国军事史概述》上编第1册，第97页注4。

② 郭廷以：《太平天国史事日志》上册，第193页。

③ 原名 Public Record Office，简称 P. R. O.，即英国国家档案馆，也有译成公共档案馆的。

哈佛燕京图书馆藏《南阳县图》研究

徐建平 *

【摘要】 美国哈佛燕京图书馆善本室收藏的《南阳县图》未标注绘制年代及绘者信息，本文通过对图上信息的分析，考订出此图的绘制年代大致在光绪十八年至二十年。该图为光绪年间编纂《会典舆图》南阳府南阳县图的底图。通过与光绪《新修南阳县志》所载《县境全图》的全面比对，认为两者之间有着继承关系，《县境全图》的绘制者很有可能就是《南阳县图》的绘制者或参与者。《南阳县图》提供了光绪年间南阳县各村落名称及户口数据，为我们讨论该时期南阳县人口空间分布提供了可能。

【关键词】《南阳县图》 《会典舆图》 《新修南阳县志》 人口分布

一 引言

中国历史上大规模的实测地图始于清代，但中国地图测绘及地图学真正实现近代化则发生在清末同治光绪年间，以《大清会典舆图》的编绘为标志（包括为配合编图而设立的新式测绘学堂及留学生的派遣）。[①] 此后，清政府及后来的北洋政府、国民政府纷纷组织实测，编制了各种比例尺的大量实测地图。

美国哈佛燕京图书馆善本部收藏一幅《南阳县图》，[②] 纸本彩绘，裁成

---

* 徐建平，博士，复旦大学中国历史地理研究所讲师。

① 喻仓、廖克：《中国地图学史》，测绘出版社，2010，第 257 页。

② 哈佛燕京图书馆善本书，索书号 T 3088 4272.

横五纵四共 20 片，用整片麻布装裱拼接，折叠装成一册，展开后幅面 106 厘米×87 厘米（见图 1）。从地图的整体绘制风格看，绘制年代理应在清末时期，如此大幅面且绘制精美的清代县级地图是极为珍贵的。然而由于缺少信息，在哈佛图书馆的目录中，该图并未标注作者和绘制年代，这必然影响到此图的利用与传播。因此，本文拟对此图加以考察，考订其绘制年代以及与光绪《新修南阳县志》附图之间的关系，并对图上村落户口做一个统计分析，以便揭示该图的价值，为学界更好地利用此图打下基础。

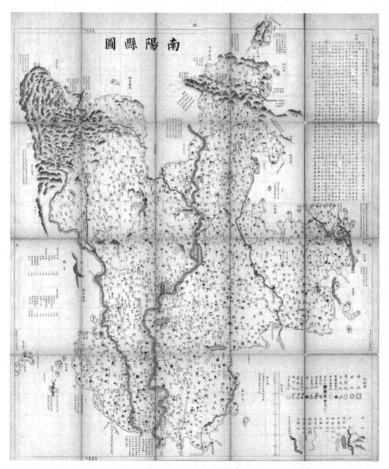

图 1　《南阳县图》

二　绘制年代

哈佛燕京图书馆所藏《南阳县图》并未标注编绘者信息及绘制年代，

是因为此图绘制时本身就缺少相关信息，还是因为在流传过程中遗失了与之相配套的说明文字？曾担任斯坦福大学胡佛研究所的东亚图书馆馆长、后长期担任哈佛燕京图书馆馆长的吴文津先生将此图定名为《南阳府南阳县图》，并将绘制年代定为光绪间。① 孙怀亮统计了历代南阳地区的著述，在舆图方面有《南阳县境分保全图》《南阳县区乡镇新图》《南阳县全境舆图》（图2），但未提到《南阳县图》。②

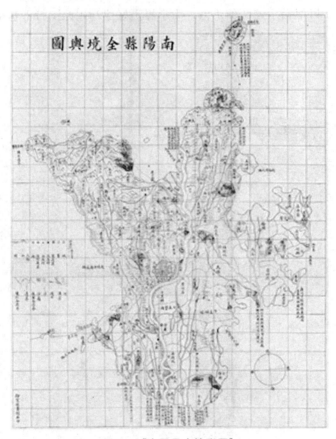

图 2　《南阳县全境舆图》

① 吴文津：《美国东亚图书馆发展史及其他》，联经出版事业股份有限公司，2016，第215页。哈燕所藏《南阳县图》之右上角载有《南阳府南阳县图序》，此应为吴先生定名之依据。张海瀛在访问哈佛大学期间曾阅览过《南阳县图》，他将此图定名为"《南阳府南阳县图》（光绪彩绘本）"，见桂萍编《缅晗集：张海瀛谱牒研究文选》，山西人民出版社，2012，第288页。

② 孙怀亮：《南阳著述索引》，西安地图出版社，2012，第49页。

根据此图绘制的风格来看，将其绘制时代定位于光绪时期应无问题，但能否有更为精确的年代呢？根据笔者对各大图书馆的检索，到目前为止只发现在台北故宫博物院有同样的收藏。台北故宫博物院曾于 2003 年 11 月新购《南阳县图》一册，卷轴装订。该图尺寸 106.5 厘米 × 87.5 厘米，作为善本收藏。经过比对，可以确认此图与哈佛燕京图书馆所藏《南阳县图》为同一地图。可惜在其登录系统中，该图也没有编绘的作者及年代信息。

光绪二十五年潘守廉为南阳县令，有意重修县志，直到光绪三十年编成《新修南阳县志》，其中卷一附有《县境全图》《山川图》等。[①] 随后，潘守廉又编纂出版了《河南省南阳县南阳府户口地土物产畜牧表图说》（以下简称《图说》），并将县志所附县境全图改编为《南阳县全境舆图》收录书中一并刊行。台北成文出版社影印的中国方志丛书中即收录此书，并按原大影印书中附图。从中可知，《南阳县全境舆图》由徐家汇书馆刊印，《图说》由上海鸿宝斋印，两者均出版于光绪三十年。[②] 中国国家图书馆藏有《南阳县全境舆图》，在收藏信息中注明：（清）潘守廉绘，石印本，十里方，光绪三十年，彩色，64 厘米 × 49.2 厘米。另有图说 1 册。《图说》内载《南阳县境分保舆图》和《南阳县境山水全图》各 1 幅。[③] 国家图书馆所藏虽未得见，但无疑即为上述《河南省南阳县南阳府户口地土物产畜牧表图说》所附之图并图说。

既然无法从各大地图收藏单位找寻该图绘制人员及年代的直接信息，那就只能从图上所载内容中找寻时代信息。图上所载《南阳府南阳县图序》内容分沿革、经度、里距、四至八道、节气、分野、四乡所统集镇村落数等。图序内容中并无明确的年代信息。然而在图左侧的职官列表中，载有"南河店汛"和"三岔口汛"，均"尚未移设"。查光绪《新修南阳县志》对于此二汛的设置有明确记载："协防额外外委署二，一在县西北百二十里南河店，一在县西北九十里三岔口，均光绪十八年置。"[④] 由此可

---

① 光绪《新修南阳县志》所附之县境全图与哈燕所藏《南阳县图》并非同一幅，两者之关系见后文分析。

② （清）潘守廉：《河南省南阳县南阳府户口地土物产畜牧表图说》，光绪三十年石印，台北成文出版社，1967 年影印。

③ 北京图书馆善本特藏部舆图组编《舆图要录——北京图书馆藏 6827 种中外文古旧地图目录》，北京图书馆出版社，1997，第 407 页。

④ 光绪《新修南阳县志》卷三"建置"。

以确定，此图必定编绘于光绪十八年（1892年）之后。又，由"尚未移设"可以推知，此图之绘制必定距离两汛设置的时间不会太远，此两汛可能尚处于筹备期，故而并未正式移设。而在光绪《新修南阳县志》所附之《县境全图》（下文简称《县境全图》）中，此两汛已正式标出。① 由此可以判定此图编绘年代之下限至少不会晚于光绪《新修南阳县志》刊印之光绪三十年（1904年）。

《南阳县图》明确标识了清末南阳县乡村修筑堡寨的史实。将乡村重要聚落区分为"有寨无集"和"有集无寨"两类。南阳县在咸同年间开始大量修筑堡寨，光绪《新修南阳县志》记载了相关堡寨的名字，但并没有记录这些堡寨修筑的具体年代，只有一个例外——靳岗寨。靳岗在晚清的南阳地区非常特殊，因为这里是天主教整个中原地区的总堂所在。1844年，随着河南天主教徒数量的大量增加，罗马教廷在靳岗建立总堂，统管河南全省教务，② 并于同治六年建成教堂。③ 光绪年间，反洋教运动此起彼伏，靳岗天主教为自保，决定修建堡寨：

> 光绪二十有一年，以倭寇天主教士惧，始修靳岗砦……靳岗砦，城西十五里，光绪二十一年建，中有天主教堂。④

由此可知，靳岗寨建成于光绪二十一年（1895年）。《南阳县图》靳岗只标出天主堂，并未绘寨。而《县境全图》中靳岗则有寨。据此可以推断《南阳县图》的绘制年代应不晚于光绪二十一年。

笔者将此图的绘制年代初步定在1892～1895年。

三 《南阳县图》与《会典舆图》的关系

众所周知，从清光绪十二年开始，中央政府为了编制《大清会典舆图》（以下简称《会典舆图》），要求各地将省、府、县三级地图呈报到中央"会典馆"。那么《南阳县图》是否即为河南省南阳府南阳县呈报到

---

① 光绪《新修南阳县志》卷首《舆图》。
② 《南阳县志》，河南人民出版社，1990，第19页。
③ 光绪《新修南阳县志》卷十二《杂记》。
④ 光绪《新修南阳县志》卷八《兵防》。

"会典馆"的县级地图呢？

"会典馆"在组织《会典舆图》编纂时，先后下发过两个类似于测绘章程的文件。第一个文件是光绪十五年（1889 年）发出的，对绘图主要要素、图例和地图格式做了简单规定，要求限期一年把省、府、县图各一份附以图说送会典馆，但对制图方法未提出具体的要求。这个文件发出后，只有广东省照办了，其他各省因人力、物力上的困难大都处在筹备阶段。

光绪十六年（1890 年）会典馆成立"画图处"，专门负责地图的编纂工作。由于画图处吸收了一部分熟悉制图工作的专家，他们对《会典舆图》的编辑提出了许多建设性意见。于是光绪十七年（1891 年）又补发了第二个文件。在这个文件中对《会典舆图》绘制规范提出了明确要求。

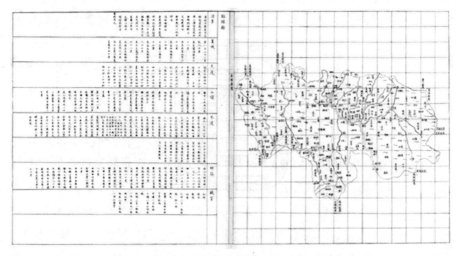

图 3 《广西舆地全图·临桂县》光绪二十四年

（1）地图的方位统一为北上南下，左西右东。（2）县以上行政机关驻地测量经纬度。纬度以赤道、经度以英国格林尼治天文台为起始点。地周为 360 度，每度为 60 分，每分 60 秒。（3）地图采用圆锥投影。（4）长度测量以工部营造尺为标准尺度。（5）地图比例尺以计里画表示，方格边长为七分二厘（合今 2.2824 厘米），方数不限，大小划一；每方省图折百里，府、直隶厅图折 50 里，厅、州、县折地 10 里。（6）规定图说格式。凡省、府地图附以图说，按照第一次通知的格式，州县图改为横表，表中要列沿革、疆域、天度、山水、乡镇、水道、官职七项内容。（7）测绘地图用鸟里，即水平距离；编纂说明用人里，即曲线路程距离。[①]

以上述绘图规范来衡量，《南阳县图》绘制方向为上北下南，左西右东。经纬度方面，图上标注经纬度线各一根，分别为京师西四度经线和赤道北三十三度纬线，因此，该图仍然沿用清三大实测图的经纬度体系，而尚未使用标准化的经纬度体系。投影方面，图上并未有相应的说明。比例尺方面，《南阳县图》以计里画方法绘制，每格方十里，与会典馆规范一致，但方格边长并非七分二厘（详见后文）。《南阳府南阳县图序》的内容记载了南阳县的沿革、疆域、天度、乡镇四部分内容。而山水、水道的内容则以注解的形式标注于具体的地物之上。官职则单列于图之左侧中部靠下。图上之里距，凡集镇标注距府城（县城）里数，个别集镇则既标人里，也标鸟里，例如"安皋至府五十里，鸟道四十六里""南河店至府一百二十里，鸟道一百里"。通过上述比较可以发现，《南阳县图》并没有处处符合会典馆颁布之绘图规范，其中属比例尺、图说格式和经纬度三个方面差异最大。如果严格按照会典馆的地图绘制规范，那么省、府、县图的比例尺依次为二百五十万分之一、一百二十五万分之一和二十五万分之一。《南阳县图》每个方格的边长约为 4.95 厘米，而非会典馆规范的七分二厘。如果严格按照会典馆的规范，《南阳县图》的图幅尺寸应为 46×39 左右，而非现在我们看到的面幅。另外，图说的格式按照会典馆第二次颁布的规范，州县图应以表格的形式填报七项内容（参见图三）。显而易见，《南阳县图》并非光绪二十一年河南省编定并上呈会典馆之四册本《河南通省府州厅县散总舆图》中的县级图。但是从《南阳县图》的绘制格式看，其必定与会典舆图有着密不可分的联系，甚至可以认为该图就是会典

---

① 卢良志：《中国地图发展史》，星球地图出版社，2012，第 136 页。关于会典馆颁布的这两个通知的内容，由于并未发现通知的原文，其内容是主要依据各地督抚上报给中央的奏折中概括出来的，内容大同小异，参见高俊：《明清两代全国和省区地图集编制概况》，载《测绘学报》1962 年第 4 期；赵荣、杨正泰：《中国地理学史·清代》，商务印书馆，1998，第 138~139 页。关于光绪《大清会典舆图》编制的背景及过程，可看王一帆：《清末地理大测绘：以光绪〈会典舆图〉为中心的研究》，复旦大学博士学位论文，2011。

舆图南阳府南阳县图的底图。如若上述推论可以成立，那么《南阳县图》的绘制年代可以进一步压缩至 1892～1894 年。

至于《南阳县图》的绘制者，同样无文献记载，我们可以与《县境全图》进行比较，并从中寻找蛛丝马迹。

四 《南阳县图》与《县境全图》之比较

《县境全图》的绘制者为戴广恩[①]，图上经纬度则是王宗纲所测。[②]《新修南阳县志》刊印于光绪三十年（1904），但是《县境全图》的编绘完成早于志书。[③] 那么戴广恩所绘之《县境全图》与《南阳县图》是什么关系呢？《南阳县图》的绘制者会不会也是戴广恩呢？毕竟两者绘制年代最多相差十年。为了弄清两者之间的关系，必须先对两图的内容作一个全面的比对。

1. 比例尺

《新修南阳县志》载有地图多种，比例尺各不相同。《县境分保全图》的计里尺为每方十里；《南阳城图》和《南阳四关图》的计里尺为每方三十丈；而《县境全图》的计里尺为每小方一里。在具体的绘制上，县境以内为小格打底，即每小方一里；而县境周边则不打小格，代之以十里见方的大格。经过测量，每小格宽度大致在 0.8～0.9mm，则《县境全图》的比例尺在 1∶72000 和 1∶64000。《南阳县图》的计里尺为每方十里，经过测量，每格宽度为 1.95 英寸，以此计算，则该图比例尺约为 1∶116000。由此可以看出，两图虽同为计里画方，但实际的比例尺并不一致，《县境全图》的比例尺几乎是《南阳县图》的两倍。[④]

2. 图例符号

《南阳县图》使用了 27 种符号，而《县境全图》同样也使用了 27 种

---

① 戴广恩，镇平县人。关于戴广恩的资料非常少，除了绘制《县境全图》外，还有《采访各县矿产图说》。

② 《县境全图》被分割成 45 页 90 面装订于光绪《新修南阳县志》卷首《舆图》。

③ "是时戴图先成，无经纬度线，乃请王君宗纲测增。"见光绪《新修南阳县志》卷末《跋》。

④ 关于清末的度量衡，一般认为一营造尺的长度为 0.32 米，一里的长度为 576 米。见梁方仲：《中国历代户口、田地、田赋统计》，中华书局，2008，第 741 页。

符号。从图例符号看，两图有着很强的继承性，但是也应该看到两图所标识地物种类也相同不尽相同，同一地物所用符号也有所区别（见表1）。

表1　《南阳县图》和《县境全图》所用图例符号对比

记号分类	南阳县图	县境全图
聚落	府记	城
	县记	
	集镇记	
	有寨无集记	寨
		寨有集
	有集无寨记	村庄有集
	村庄记	大小村庄
	沿革古城记	古城
官署	分司记	
	衙署记	
	演武厅记	
	军营驻札记	卡房
	厘税记	
		驿站
	墩卡记	墩保
宗教信仰	庙记	庙
	天主堂记	

续表

记号分类	南阳县图	县境全图
山川景观	山记	山
		岗
	河记	河
		沟渠
	湖记	湖地
	沙聚记	
	沙滩记	沙滩
	冬日河内止船处记	
人工景观	桥梁记	桥
	津渡记	渡船
	道路记	大路、便路
	边界记	境内保界
		边界
		境外边界
		冢
		窑
		塔
	关隘记	
	炮台记	

根据两图之图例符号，可以将其大致分为五大类。

第一，聚落的分类。《南阳县图》区分府城和县城，而《县境全图》只标城。城外乡村地区，《南阳县图》区分为集镇、有寨无集、有集无寨和村庄四类，而《县境全图》则为寨、寨有集、村庄有集、村庄四类。村庄的标识，《南阳县图》分7级，而《县境全图》只分大小两级。

第二，在官署的种类上，两图差异较大。《南阳县图》标识了6种，而《县境全图》只有3种。

第三，宗教场所的标识上，《南阳县图》标注了天主堂，而《县境全图》则无。

第四，自然景观方面，两图各区分为6种，但类别并不一致。《县境全图》将山、河两类细化为山、岗、河、沟渠四类。《南阳县图》则多了沙聚和冬日不能行船的河道两类。

第五，人工景观方面，《南阳县图》标识4种，而《县境全图》则有7种，尤其是对于各级边界的标注明显详于前者。

在符号的绘制形式上，两图也有差别，即使是标示相同地物的符号，也有相当多的改进。总体上来看，《南阳县图》的符号更加写实，偏重形象化。而《县境全图》的符号则有了进一步的抽象化，这应该说与当时绘图理念、绘图技术的进步相一致。

3. 县城形态

《南阳县图》和《县境全图》对于县城的绘制也有所不同。《南阳县图》绘制的县城相当规整，内城为横平竖直的县城，东西南北四个关城上下、左右对称。四座关城相连之后形成的梅花形，与内部的县城完美套叠。南北城门、关门和东西城门、关门都呈一直线，两线相交于县城正中心。这一绘制方式，明显过于理想化，而非基于实际勘测。反观《县境全图》，对照《新修南阳县志》所附大比例尺《南阳四关图》，明显看出更偏向于实测。

4. 地名信息

通过比对《南阳县图》和《县境全图》所绘内容，两图在对地物的标注，尤其是地名标注的详略方面有着明显的差别，《县境全图》所标注的地名明显要多于《南阳县图》。如表2所示，《南阳县图》总共记录了12个村落名和2个非村落地名。而《县境全图》则记录了30个村落名和13个非村

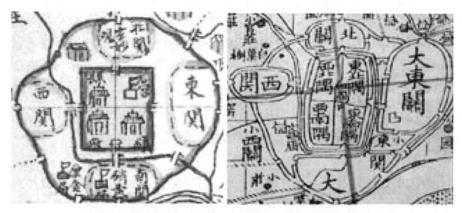

图 4　《南阳县图》（左）和《县境全图》所绘之县城

落名。后者记录的地名总数是前者的三倍。这当然一方面与两图比例尺的差异有莫大关系，另一方面光绪二十五年开始重修县志，对于全县村落、人口、山川、物产等等必定有了新的调查，为改进全县地图的绘制提供了更为详细可靠的资料。

表 2　《南阳县图》和《县境全图》局部内容对比

图名	地名类型	地名
南阳县图	村落地名	马沟、张凹、小李庄、王堂、骆广庄、官庄、包庄、小李庄、狮子岭、舵沟寨、马庄、柳庄
	非村落地名	和尚头山、点心庙
县境全图	村落地名	焦庄、杨庄、韩庄、李张湾、郭家沟、柳庄、马庄、二道沟、杨家、度老庄、王大庄、瓦庙沟、里沟、王家、王沟、马驹沟、里罗庄、外罗庄、包庄、官庄、王堂、□庄、李庄、黄龙泉沟、洞沟、车路沟、小庄、一字岭、小李庄、韩庄
	非村落地名	马沟、土门峡、扁鹊庙（即点心庙）、碟子石、玉皇顶、茅山梁、界茨庙、和尚头山、狮子岭、考主山即考麓山、双庙峡、麦子峡、仰天池

根据《南阳府南阳县图序》载，全县"共辖大小集镇四十七处，大小

村庄二千一十一处"。而上引《河南省南阳县南阳府户口地土物产畜牧表图说》的记载，光绪三十年南阳县有大小村落 3509 处，但并没有提供完整的村落清单，只有每个保所辖的村落数字。笔者未能完全统计《县境全图》上所有的村落地名数量，但超过 3000 处应无异议。到 20 世纪 80 年代，南阳县辖自然村数量（2347 处）虽仍相差不大，[①] 但因为南阳县的幅员相比清末已大为缩小，故而该数字已不具有参考意义。

5. 注解文字

《南阳县图》和《县境全图》在图上对跨越县境的山、河、道路都有大量注解文字，表 3 提取了两图相应位置的注解文字进行对比。

表 3　《南阳县图》和《县境全图》注解文字对比

南阳县图	南阳县志图
此地名状元川，在柳河镇正北七十里，自点心庙距府城一百七十里。西南至南召城三十五里，北至鲁山城七十里	此地俗名状元川，自扁鹊庙至县城一百七十里，西南至南召城五十里，北至鲁山城七十里
东南八里至泥河入柳河	此河东南八里至泥河入柳河
柳河经裕州西三十里袁店入赵河	柳河经裕州西三十里袁店入赵河
自大石门北去柳河达南召，有山隘路一道只容一车之行	
此水东南流入赵河	
土色：城东三十里外八十里内土色微黑，其余皆黄	土色：城东三十里外七十里内土色微黑其余皆黄
此河自裕州西并柳河赵河归一名唐	此河自裕州西并柳河赵河东南流入唐县境为唐河
河源自裕州西北五龙庙所出经此	
赊旗镇至府九十里，俗谓赊店，东西长五里，南北阔三里，周十八里，其门八。东西大街三道，北曰山货，中曰天平，南曰老街。南北大街七道。东门内木场街系裕州管	赊旗镇至府九十里，俗谓赊店，东西长四里，南北阔三里，其门八。东西大街三道，北曰山货，中曰天平，南曰老街。南北大街七道。东门内木场街系裕州境
唐河经源潭东头，南至唐县西关外，南流，每船行至赊旗镇止	唐河经源潭东头，南至唐县西关外，南流，每船行至赊旗镇止

---

① 见南阳县地名委员会办公室编《河南省南阳县地名志》，福建省地图出版社，1990，第 11 页。

续表

南阳县图	南阳县志图
桐河经刘宾桥东南至唐县西北五里桐河嘴入唐河	桐河经刘宾桥东南至唐县西北五里桐河嘴入唐河
此河东南流十四五里至郭滩入唐河	
栗河西南至新野北入淯	
淯水南流经新野至樊城入襄江，每夏日山水暴涨并潦河漂溺村里禾稼	淯水俗呼白河南流经新野至樊城入襄
潦河至新野县北三十五里马村南入淯。冬日水深八寸阔二丈，夏日水涨儳四十号，甚至漂溺十余里	潦河至新野县北三十五里马河村南入淯。冬日水深七八寸，宽二三丈不等。夏日水涨，宽二十余丈，深可至漫溺十余里。通河细沙，故又名沙河
土色：自清华马集打席营于营等处西南土色惟黑，其余河西皆黄色	土色：自清华马集打席营于营等处西南土色皆黑，其余河西皆黄色
自三岔口有车路一道，东北达南河店，顺河转山而去不越岭岗冬日可行夏日则险	自三岔口有车路一道，东北达南河店
骑立山高四百八十长，长三十里。五峰并峙，俗名五垛。东北属南召界，西南镇平界，西北属内乡县界	五朵即骑立山，高四百八十长，长三十里。五峰并峙，俗名五垛。东北南召界，西南镇平界，西北内乡县界，惟东南属南阳
南河店至府一百二十里，鸟道一百里，高府城七十丈，自街中与南召分界	南河店至府一百二十里，高府城七十丈，街中与南召分界
排路河自平顶五垛发源经南河店东至贯河入淯	排路河自五垛山东发源，经南河店东至灌河口入白河
淯水发源于嵩县双鸡岭，经南召西白土岗魏湾刘村黄绿店东南交南阳县界。夏日水涨阔一里，深一丈。冬日水消，深二尺阔三丈。性淡平，俗名白河	淯水俗名白河，发源于嵩县双鸡岭，经南召西白土岗魏湾刘村黄绿店东南交南阳县界。夏日水涨阔一里余，深一丈许。冬日水消，深二三尺不等，宽三四丈不等。水性淡平，河内俱系细沙并无石泥
自张庄北去黑山头达南召，有越山险路一条，仅容一牛车之行。冬日则可，夏日则路废	
九粒山自南召西南口子河东迤至此	
黑山头至府一百二十里，鸟道一百一十里	
塘屋山高一百五十丈，斜四里。自南召西北丹霞迤逦东行于此断矣	
温水湖，深三五尺不等，内产地栗	温水湖，水深三五尺不等，内产地栗，今水竭为地

通过表3的对比可以看出，《县境全图》上的注解文字绝大部分承袭了《南阳县图》，有多处文字几乎一字不差。

《南阳县图》另有图序和职官的文字记载，这两部分内容是《县境全图》所没有的。这当然跟两图的性质有关，前者是按照"会典馆"的规范而作，后者则是方志中的附图，相关内容已包含在方志的正文中。然而在上引《河南省南阳县南阳府户口地土物产畜牧表图说》一书最后的"图说"部分，其第一条便几乎全文收录了《南阳府南阳县图序》的大部分内容：

> 南阳县在地球子午经线偏西三度强；赤道北三十四度弱。至省城六百一十里，至京师二千一百四十五里。东至唐县界五十里，西至镇坪界三十里，南至新野界七十里，北至南召界六十里。西南至邓州界六十里，东北至裕州界七十里。东西广一百二十里，南北袤一百三十里。东北西南斜一百八十里，东南西北斜二百一十里。北极出地三十三度六分。东北乡统集镇一十二处，村庄七百六十九处；东南乡统集镇一十六处，村庄四百六十处；西南乡统集镇一十二处，村庄三百四十处；西北乡统集镇七处，村庄四百四十二处。共辖大小集镇四十七处，大小村庄二千零一十一处。①

上述引文划底线的语句与《南阳府南阳县图序》完全一致，"图说"中的这段文字略去了《南阳府南阳县图序》的关于"天度"和"节气"的内容，其余则几乎照单全收。

上文通过比例尺、图例符号、县城形态、地名信息、注解文字五个方面对两图进行了全方位对比，我们可以作出如下两个推论：第一，《县境全图》必是继承了《南阳县图》并加以改绘，增补和修正了部分内容；第二，由于两图绘制时间相隔过于接近（不到十年），因此《县境全图》的绘制者戴广恩，有极大可能也是《南阳县图》的绘制者。

五　光绪年间南阳县户口空间分布

根据《南阳府南阳县图序》的记载："共辖大小集镇四十七处，大

---

① 《河南省南阳县南阳府户口地土物产畜牧表图说》，第61页。

小村庄二千零一十一处。亦以卫所、庙宇、山、水、桥梁、关津、隘口、古迹沿革、墩保、道路、卡税、团练驻札等则各注于当处，各以记号所解，以便披图者一览无余。"为了更好的统计《南阳县图》所提供各类地物的空间信息，笔者对该图进行了数字化，并对相关信息进行提取并统计。

表4　《南阳县图》地物分类统计

地物类别	数据量	说明
村落	1906	分七级，绝大部分有名称
宗教场所	62	天主堂、道观、寺庙、庵、祠
集镇	44	
村寨	63	
古迹	5	
渡口	21	大都无名
桥梁	102	大都无名
山	20	有名称、高度
厘金、保甲、军营	8	
墩卡	22	不记名

　　实际的统计数据与《图序》略有出入，这可能与笔者对图上所绘信息的辨认、分类的准确性有一定关系。应该说，作为一幅晚清时期的县级地图，同时包含如此多的地物信息应该说是很不容易的，这些信息为我们提供了一份光绪年间南阳县域内的地情资料，尤其是村落户口资料更是极为宝贵，因为这部分资料是《新修南阳县志》以及《河南省南阳县南阳府户口地土物产畜牧表图说》所没有的。① 也就是说《南阳县图》为我们分析光绪年间南阳县村落及人口的空间分布提供了可能。

　　根据《南阳县图》图例，村落以红色实心圆表示，按照大小分为七级：第一级为0～10户；第二级10～20户；第三级20～50户；第四级

---

① 《新修南阳县志》所附之《县境全图》有更为详尽的村落名称，但是该图只是将村落区分为大小两级，至于这两个级别与户口之间的关系则并未交代，因此无法据以估算各村落户口之规模。《河南省南阳县南阳府户口地土物产畜牧表图说》以保为单位，统计大小村落的数量，并附有该保的户口总数。但却没有保内各村的具体名称及户口。

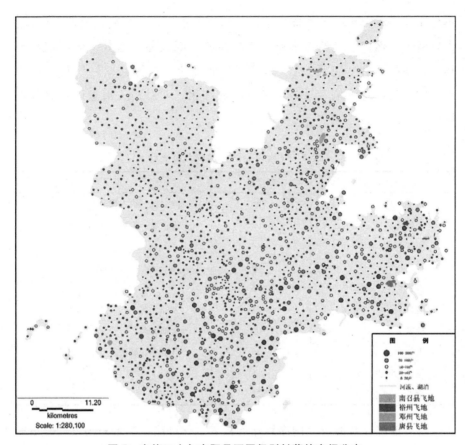

图 5　光绪二十年南阳县不同级别村落的空间分布

50～70 户；第五级 70～100 户；第六级 100～200 户；第七级 200～300 户。
经过数字化，共得到村落数据 1906 个村落：其中第一级为 716 个；第二级
为 775 个；第三级 345 个；第四级 97 个；第五级 22 个；第六级 6 个；第
七级 4 个。以此估算，全县村落总户数大概在 4 万户，这个户口数字只是
各级村落的户口数，不含县城、集镇及各寨的人口。据《河南省南阳县南
阳府户口地土物产畜牧表图说》统计，全县总户口为 6.4 万户，该数字包
含了除县城外的所有户口。考虑到《南阳县图》记录的村落总数小于《县
境全图》且不包括集镇和村寨户口，故而其所展示的各村户口数应该具有
较大的可信度。借助于地理信息系统软件，提取《南阳县图》的村落和户
口数据，将《南阳县图》转绘为光绪二十年南阳县村落及户口空间分布专
题图。

　　为了更为清晰地展现光绪二十年南阳县村落人口分布的空间特征，利用《南阳县图》各村落的级别数据，借助地理信息系统软件制作人口集聚热力图。由图6可以直观地看出南阳县的人口分布并没有呈现均质状态。南阳县占据南阳盆地的核心位置，整个县境除了西北角以及东北角的部分山地外，基本以平原为主。然而全县人口重心还是明显地偏向县境的东南部。

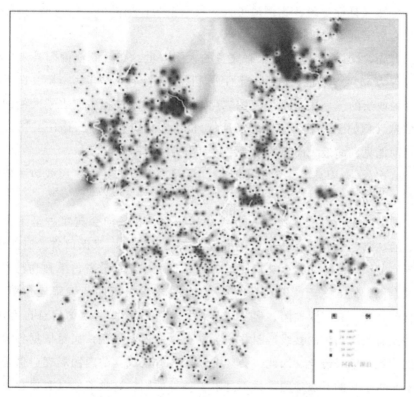

图 6　光绪二十年南阳县村落户口的空间分布

说明：人口数据来自《南阳县图》。

　　南阳县境内东南部水网密布，水系发达。《南阳县图》标注了光绪年间的 102 座桥梁，其中 80% 分布在县境的东南部，这也从一个侧面反映出县境东南部人口相对比较密集的地理现象。当然，因为《南阳县图》并未提供县城、集镇及村寨人口数据，因而，该图所展示的仅仅代表村落人口的集聚程度。一旦加入县城、集镇和村寨人口数据，热力图的分布应该又会是另一番景象。

六 结语

本文通过对《南阳县图》所载信息的分析，得出该图的绘制年代在光绪十八年至光绪二十年。再通过与光绪《新修南阳县志》所载《县境全图》的全方位比对，认为《县境全图》是在《南阳县图》的基础上改绘而来，《县境全图》的绘制者戴广恩很有可能即是《南阳县图》的绘制者。

虽然《县境全图》比例尺更大、资料更为详细准确，但《南阳县图》依然有着很重要的价值。

首先，《县境全图》并未有完整的大图存世，在《新修南阳县志》中被分割为 45 页 90 面，使用相当不便。目前传世的光绪年间南阳县图多用潘守廉改绘的《南阳县全境舆图》，但该图在改绘过程中删去了大量的地物信息（例如删去了全部村落），因而价值大打折扣。而《南阳县图》则是目前能见到的最大面幅的光绪年间南阳县级舆图。

其次，《南阳县图》为纸本彩绘，而《新修南阳县志》所载舆图皆为墨刻本。

最后，光绪《会典舆图》在编制过程中，各地向会典馆进呈了大量省、府、县三级舆图，后来正式出版之《会典舆图》只保留省、府两级，并未有县级地图。在《会典舆图》的编绘过程中，部分省份单独刊行省级舆地全图，例如《广西舆地全图》，在此类单独出版的各省舆地全图中，包含省、府、县三级地图，但县级地图图幅很小，图上地物信息也有限。这些全省舆图当中的县级地图并非各县上呈的地图原貌，而是依据各县上报之图统一缩尺改绘。因此，会典馆以及各省新成立的舆图局理应保留有各县呈报上来的县级地图，只不过限于种种原因，这批资料没有保存下来或尚未被整理开发出来。这直接导致迄今为止我们无法知晓各地进呈的县级舆图的原貌。如果《南阳县图》果真为当时南阳府进呈会典馆之县级舆图，那么其意义十分重大，在清宫档案中理应还有大量此类地图的存留。若能收集此类县级地图进行整理研究，将在两方面取得突破：一方面可以使我们对晚清地图学的发展有一个全新的认知；另一方面，如此大比例尺的县级地图，可以为清末时期各地政治、经济、人口、环境、聚落、自然等各个方面提供最为翔实可靠的资料。

民国1：10万地形图及其所见江南市镇数量

——兼论常熟、吴江市镇数量的巨大反差

江伟涛[*]

【摘要】本文就台湾地区两个地图资料库所藏江南地区1：10万地形图梳理比对，提取其中市镇居住地信息考察民国时期江南市镇数量及常熟县和吴江县市镇数量为何相差巨大。

【关键词】民国地形图　江南市镇数量　常熟县　吴江县

一　民国1：10万地形图概况

本文使用的1：10万地形图，来自台湾"典藏地图数位化影像制作专案计划"和"'中研院'近代史所典藏地图数位化影像制作专案计划"两个资料库。

所提取的几项信息中，以制版、印刷时间最为重要，205幅1：10万地形图中，细分析各幅图的制版时间和印刷时间，可以发现制版时间主要集中于1930年、1932年、1941年三个年份，而又以1930年最为集中，其他有零星几幅制版时间在1931年与1935年，印刷时间的集中度则不高，较为均匀地分布于1930～1933年、1941年等几个年份，零星分布于1934年、1935年、1939年、1942年、1948年等年份，而且出现许多幅图的制版时间以及其他信息一样，但印刷时间不同的情况。从制版与印刷的实质以及上述情形来看，制版时间比印刷时间更能说明问题。

其次则为高程与图式信息，205幅图中，此两项信息均未标注的有47

*　江伟涛，博士，广东省社会科学院历史与孙中山研究所（海洋史研究中心）副研究员。

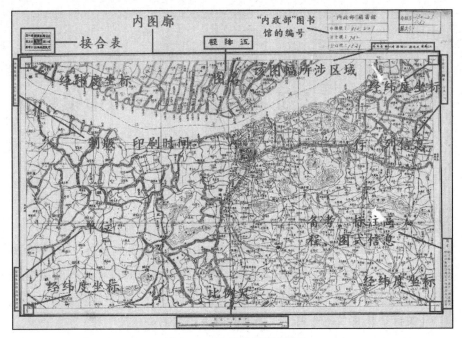

图1　1：10 万地形图概览

幅，只有高程信息而无图式信息的有 20 幅（1941 年制版的 17 幅均在其中，另外 3 幅标注 1941 年或 1942 年复制，故可以判断此 3 幅图与 1941 年制版的 17 幅图为同一批次的图），在另外 138 幅图中，高程与图式大致有以下 4 种组合：“标高自本局假定标高点 29 米起算，图式据六年十万分一图略图式”“标高由气压计测定自海面以公尺起算，图式据十九年改正十万分一图略图式”“标高自本局假定标高点 29 米起算，图式据十九年改正十万分一图略图式”以及“标高假定本局旧藩署紫薇园 50 公尺，图式据民国十九年十万分一图略图式”。其中江苏省的假定标高点位于南京大石桥原测绘总局内水准点，浙江省的假定标高点位于杭州市旧藩署天文点旁，这两个假定点的高程数分别为 29 米与 50 米，均为北洋政府时期两省陆军测量局分别设定，后来南京国民政府着手建立统一的高程控制系统，以坎门验潮所测定的平均海水面作为水准起算面，[①] 故亦有“自海面以公尺起算”的图幅。

---

①　廖克、喻仓：《中国近现代地图学史》，山东教育出版社，2008，第 130～131 页。

这批图的制作单位全部为参谋本部陆地测量总局，从所提取的信息中可以看到，虽然绝大多数幅图的制作单位确实为陆地测量总局外，尚有浙江省陆地测量局（18幅）、参谋本部陆地测量筹备处（18幅，即上述只有高程信息而无图式信息的20幅图中的18幅，另外2幅制作单位分别为陆地测量总局与参谋本部陆地测量处，制版、印刷时间均在1941年或1942年，当为陆地测量总局改名之故）、广东省陆地测量局（"光福镇"与"吴县"2幅，这个比较奇怪，其高程信息仍为"自本局假定标高点29米起算"）、军事委员会军令部陆地测量总局（仅"千秋关"1幅，印刷时间为1939年，应该也是参谋本部陆地测量总局）。除广东省陆地测量局2幅可能是印错，以及浙江省陆地测量局18幅外，其他的标注单位应该均指参谋本部陆地测量总局。加上浙江省陆地测量局为参谋本部陆地测量总局的下属单位，故此信息的标识作用并不明显，可以忽略。

以上提取的几项信息中，真正具有标识作用的仅为制版时间及高程、图式三项，印刷时间可作为参考。据此可以对附录表1中同一图名里的多幅图是否相同进行判断：在上述三项信息均完整的图幅中，可以确定34个图名中的95幅图相同（绝大多数为2幅相同，有部分为3幅或4幅相同）。对于这些相同图幅，在选用时仅需考虑图面是否干净、平整，扫描效果是否清晰即可。其他的图幅则需继续分析。

为对所有205幅地形图基本情况有总体上的概观，将上述制版时间及高程、图式三项具有标识作用的信息进行二次整理，为更加直观地说明问题，再次整理时将制版时间的月份信息省略，仅提取年份信息，最后汇总成表1。

表1　江南地区205幅1：10万地形图制版时间、高程与图式信息统计

图名	总数	制版时间				高程与图式					
		1930	1932	1941	其他	29米，1917	29米，1930	海面，1930	50米，1930	29米，无	无信息
南京市	3	3	0	0	0	0	0	0	0	0	3
秣陵关	6	1	0	0	5	1	0	0	0	1	4
小丹阳	5	5	0	0	0	0	0	0	0	0	5
高淳县	6	5	0	1	0	0	0	0	0	1	5
东坝镇	5	5	0	0	0	0	0	0	0	0	5

续表

图名	总数	制版时间				高程与图式					
		1930	1932	1941	其他	29米，1917	29米，1930	海面，1930	50米，1930	29米，无	无信息
镇江县	3	3	0	0	0	2	0	1	0	0	0
句容县	4	3	0	0	1	1	0	2	0	1	0
溧水县	4	3	0	1	0	0	2	1	0	1	0
泰县	4	2	0	1	1	3	0	0	0	1	0
扬中县	4	2	0	1	1	3	0	0	0	1	0
武进县	4	2	0	1	1	1	0	2	0	1	0
金坛县	3	3	0	0	0	1	0	2	0	0	0
宜兴县	4	3	0	0	1	1	0	2	0	1	0
泰兴县	3	3	0	0	0	2	0	1	0	0	0
江阴县	3	2	0	1	0	1	0	1	0	1	0
无锡县	3	2	0	1	0·	2	0	0	0	1	0
光福镇	4	2	0	1	1	1	0	2	0	1	0
前山镇	6	2	4	0	0	1	0	4·	1	0	0
福山镇	2	2	0	0	0	1	0	1	0	0	0
常熟县	4	3	0	1	0	1	0	2	0	1	0
吴县	2	1	0	0	1	1	0	1	0	0	0
吴江县	3	2	0	1	0	0	0	2	0	1	0
海门县	4	3	0	1	0	3	0	0	0	1	0
崇明县	3	2	0	1	0	2	0	0	0	1	0
嘉定县	4	3	0	1	0	0	3	0	0	1	0
上海市	2	1	1	0	0	1	0	1	0	0	0
堡镇	2	1	1	0	0	1	0	1	0	0	0
高桥镇	3	1	1	1	0	1	0	1	0	1	0
南汇县	3	1	1	1	0	1	0	1	0	1	0
奉贤县	3	1	1	1	0	1	0	1	0	1	0
金山县	5	4	0	1	0	4	0	0	0	1	0
平湖县	6	4	0	0	2	0	0	0	4	0	2
嘉兴县	4	4	0	0	0	3	0	0	1	0	0
吴兴县	4	2	1	0	1	1	0	1	1	0	1

续表

图名	总数	制版时间				高程与图式					
		1930	1932	1941	其他	29米，1917	29米，1930	海面，1930	50米，1930	29米，无	无信息
德清	3	3	0	0	0	0	0	0	3	0	0
杭州市	3	3	0	0	0	0	0	0	3	0	0
萧山	3	3	0	0	0	0	0	0	3	0	0
千秋关	4	4	0	0	0	0	0	2	1	0	1
昌化	3	3	0	0	0	0	0	0	3	0	0
长兴	9	9	0	0	0	0	0	0	0	0	9
四安镇	7	3	4	0	0	0	0	4	3	0	0
安吉	4	4	0	0	0	0	0	0	4	0	0
余杭	3	3	0	0	0	0	0	0	3	0	0
富阳	4	4	0	0	0	0	0	0	4	0	0
海盐	3	3	0	0	0	0	0	0	3	0	0
海宁	2	2	0	0	0	0	0	0	2	0	0
桐庐	4	4	0	0	0	0	0	0	4	0	0
杭圩镇	6	2	0	0	4	0	0	0	1	0	5
枫桥镇	3	3	0	0	0	0	0	0	3	0	0
分水	3	3	0	0	0	0	0	0	3	0	0
旌德	7	7	0	0	0	0	0	1	3	0	3
绩溪	6	6	0	0	0	0	0	0	2	0	4
总　计	205	155	14	17	19	41	5	37	55	20	47

资料来源：根据205幅1：10万地形图图面信息统计整理。

说明：

1. 制版时间中，只提取年份信息；"其他"具体指1931年、1935年以及制版时间未知。

2. 高程与图式中，"29米"指"标高自本局假定标高点29米起算"；"海面"指"标高由气压计测定自海面以公尺起算"；"50米"指"标高假定本局旧藩署紫薇园50公尺"，此处为制表需要以米代替公尺；1917、1930分别指该年颁布的1：10万地形图图略图式；"无"指无图式信息；"无信息"指既没有高程信息，也没有图式信息。此处如此处理主要是为制表美观需要。

据表1的"制版时间"统计，这205幅地形图的制版时间高度集中，超过75%的图幅（155幅）制版于1930年，剩下的50幅的制版时间又相对集中于1932年和1941年两个年份，分别有14幅和17幅。江南的这批1：10万地形图的资料来源为北洋政府时期江浙两省在

"十年速测计划"中所完成的 1∶5 万地形图，那么无论制版时间在哪一年，这些地形图的内容在本质上都是一样的。而且在 1941 年制版的 17 幅图中，其高程与图式信息高度一致，均为"29 米，无"，而标示同样信息的图幅尚有 3 幅印刷于 1941 年及 1942 年，有理由相信这 3 幅图与 1941 年制版的 18 幅图为同一批次制印，而这 3 幅图在制印时间里均有注明"复制"字样，由此可以推知另外 18 幅也应该是根据之前的版式进行复制印刷。其实这也不难理解，1941 年前后正是抗日战争最为艰苦的时刻，此时印刷出来的地形图当为急用，显然不可能重新制版①，而只可能是根据以前的图版进行重新印刷，只是没有在图上进行明确说明罢了。因此可以判断这 205 幅图在版式上应该无本质区别，从而在内容上也是基本一致的，其区别亦如表 1 所示，在于高程与图式的选择上：可以看到，这 205 幅图的高程与图式信息并未呈集中分布的态势，除 47 幅没有相应信息的图幅外，其他均分布在 5 种高程与图式组合中的 4 种里。那么高程与图式的这种区别是否会对本研究产生实质性的影响是接下来必须明确的问题。

首先是三种高程的区别。高程分绝对高程（即海拔）与相对高程（亦称假定高程），地图中高程控制的目的为精确求得地面点对大地水准面的高度。② 江南虽属平原地带，然"高乡"与"低乡"的微地貌差异至宋元以来一直深刻影响当地的历史地理进程，③ 在动态的历时性研究中，必须对此高度重视，而本研究所提取的地形图中的居住地信息相对而言是一种静态的结果，故所使用地形图中高程的不一致并不会对本研究造成实质性影响，可以暂时忽略。

其次为图式的不同。目前无法找到制定或修订于 1917 年及 1930 年的 3 份 1∶10 万地形图图式资料，无法确定此 3 种图式是否有重大

① 这批 1∶10 万地形图是由实测的 1∶5 万地形图缩制而来，这是传统编绘成图的方法，虽然也可以获得高精度的地图，但工作量十分繁重，成图周期很长，其主要过程可分为编辑前准备、编绘、清绘、制印 4 个步骤，每个步骤都有十分繁复的工序。见蔡孟裔等编著《新编地图学教程》，高等教育出版社，2000，第 9 页。

② 蔡孟裔等编著《新编地图学教程》，第 42 页。

③ 谢湜：《高乡与低乡：11—16 世纪江南区域历史地理研究》，生活·读书·新知三联书店，2015。

区别，然而从几种比例尺地形图图式频繁修订的情况，[①] 以及相同年份的图幅所使用的图式不统一，年份靠后制印的图幅在图式的使用上也未呈统一趋势，甚至仍使用早该作废舍弃的较早制定的图式等这些情况来看，这些不同年份的图式在具体规定上应该不会有太大的不同，后面版本的图式应该是仅对前一版本在细节上的完善。尤其是具体到本研究关注的居住地，由于其在各种比例尺地形图中均为重要的表现内容，像这种"要素"，最初的制定一般都会相当慎重，以后的修改对这些"要素"也都不会有本质性的改动。因此，图式的不同也不会对本研究造成实质性的影响。

所以，在具体图幅的选用上实际上并不需要做特别挑选，品相较好，扫描效果清晰即可，不过为谨慎起见，笔者还是尽量选用制版时间在1930年、印刷时间在1937年抗战之前的图幅。

本研究所要提取的数据为1:10万地形图中的居住地信息，更为具体的话，是居住地中的市镇信息。地形图具有统一性，这种统一性是通过图式进行规范，地形图中关于各地理要素的标注形式与方法，即属于图式的规范内容。本研究所使用的1:10万地形图的图式主要有1917年版、1930年版及1930年改正版，关于这些图式资料，到目前为止，笔者未能找到任何相关资料，仅仅找到一份1935年版的《一万分一至五万分一地形图图式》以及关于该图式的解说。然而这些不同版本的图式内容，尤其是在关于居住地的规定上，应该不会存在本质性的不同，而1:5万的图式与1:10万的图式虽然不同，但有些基本原则应该是一致的，因此从此份1:5万地形图图式中，结合所使用的1:10万地形图的内容，应该能够获得1:10万地形图关于居住地的标示信息。

首先是地形图中关于城镇与农村的界定标准。其规定如下：

街市：谓商业繁盛，房屋密集之所。乡村：谓从事于农业、渔业、畜牧等各项人民之居住地，房屋虽多，而不甚密集者也。[②]

---

① 除这3个版本的图式外，尚有1935年版。而1:5万地形图也存在多个版本的图略图式，有1913年版、1920年修订版、1930年版及1935年版；参见《中国测绘史》编辑委员会：《中国测绘史》第一卷、第二卷，第737、739、742、749页。

② 《一万分一至五万分一地形图图式解说》，第86页。

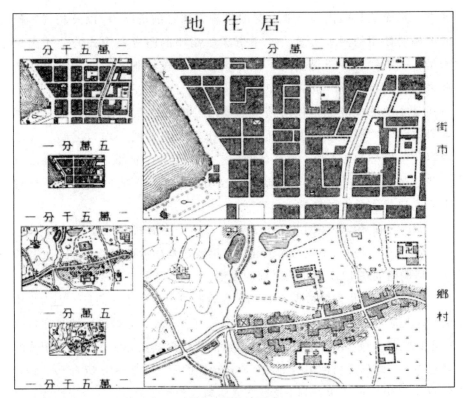

图 2　居住地图式

资料来源：《一万分一至五万分一地形图图式》第十七版。

其次是居住地表示方法。1∶1 万至 1∶5 万地形图上关于居住地的绘法均为绘出外轮廓线，并于轮廓内绘以晕线或绘以黑块。[①] 标注方式如图 2 所示，即绘以黑块的为街市（城镇），而绘以晕线的为乡村。

此外，该图式中还有关于地形图上居住地名称注记字号的规定，规定按照人口规模使用不同字号的注记文字，1000 人口以下用 2 号字，1000 人口以上用 2.5 号字，5000 人口以上用 3 号字，30000 人口以上用 3.5 号字，100000 人口以上用 4 号字。[②]

有理由相信在 1∶10 万地形图图式中也有类似的规定。关于街市与乡村的界定，在两种比例尺地形图中一致的可能性相当大，而注记字号的规

---

① 《浙江省测绘志》编纂委员会：《浙江省测绘志》，第 148 页。

② 《一万分一至五万分一地形图图式》第二十一版。

定亦有可能没有太大区别，我们从两种实物图上均可看到，在相关名称的注记上，每种比例尺的图确实都存在字号大小的不同，当然，这一点在我们提取信息时实际上并无法提取，因为我们现在对当时的字号并没有任何概念，也许2号字和4号字我们可以很容易分辨出来，但是2号字和2.5号字就不是那么容易分辨了，再加上是夹杂在诸多要素之中，以及在使用电子版时随时的放大、缩小，这些因素都会影响我们对地形图上的字号进行准确判断。

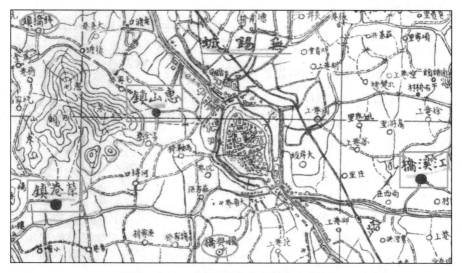

图3　1：10万地形图中关于居住地的标示

另外关于居住地表示方法，两种比例尺地形图就有较大的区别了，我们看到，在1：5万以上的地形图中，居住地的表示均以"实态"的形式出现，即绘出该居住地的轮廓，街市与乡村的区别是黑块或晕线。在1：5万地形图中，如图2所示，我们已经很难分辨乡村居住地的轮廓了，那么到了1：10万，居住地就应视规模大小，分别以绘出轮廓以及使用符号表示，即所谓的依比例与不依比例两种表示方法。① 从1：10万实物地形图（见图3）上看，除依比例地绘出轮廓外，表示居住地的符号有3种，分别是●、⊙以及○。

从图3的示例可以看到，绘出轮廓的"实态"表示如图3中的"无锡

---

① 《浙江省测绘志》编纂委员会：《浙江省测绘志》，第155页。

城”：一般而言，筑有城墙的治所城市，其在图中的标示会将城墙绘出从而形成该城市的轮廓，城内建筑则绘以块状（或黑块，或如图3未加黑），若城墙外还有较为密集的建筑（即城外街区），同样以块状标示，如图3中无锡城北部的片状分布及南部的线状分布，而未筑有城墙的街市，其表示方法如城外街区，亦是绘出若干块状，从而形成一定的轮廓；其他未按比例表示的居住地，如笔者在图3中所做的标注，以符号●表示的惠山镇、荣巷镇、江溪桥，以符号⊙表示的钱桥镇和顺兴桥，以及更多以符号○表示的乡村聚落。

这样，相较于1：5万地形图对居住地的两种表示方法，1：10万地形图的表示方法有十分鲜明的4个层次，绘以轮廓的"实态"为街市，符号○为乡村，而符号●与⊙则代表介于街市与乡村之间的居住地。这样层次分明的表示方法，不但使得数据的提取更加方便，而且也更符合笔者的研究需要，此为最终选用1：10万地形图的第三个因素。本研究所提取的居住地信息则为绘以轮廓的"实态"、●与⊙三种。

二　1：10万地形图所见民国江南市镇的数量

关于江南的市镇数量，至今并未有完整的权威性研究成果，虽然在蔚为大观的江南市镇研究中不乏前辈学者关注，然时段主要集中于明清时期，所用资料以方志为主。[①] 最近的研究则以范毅军用力最深，其以清代的苏州府、松江府、太仓直隶州为研究区域，虽然所使用的仍是方志资料，但由于现在所能见到的方志在数量上是20世纪80年代末90年代初所无法比拟的，加之其较早引入了GIS（地理信息系统）技术手段，将苏松太地区从明代中期至20世纪80年代的所有市镇全部网罗，整理成关于该

---

① 主要研究有傅衣凌：《明清时代江南市镇经济分析》，《历史教学》1964年第5期；陈学文：《论明代江浙地区市镇经济的发展》，《温州师专学报》1981年第1期；刘石吉：《明清时代江南市镇研究》，中国社会科学出版社，1987；樊树志：《明清江南市镇探微》，复旦大学出版社，1990；樊树志：《江南市镇：传统的变革》，复旦大学出版社，2005。其中以台湾学者刘石吉的研究最具功力，其以整个江南地区（八府一州）为研究对象，并且将研究时段下延至民国时期，将当时所能见到的方志资料中所载的市镇全部整理成统计表（参见范毅军《明清江南市场聚落史研究的回顾与展望》，第112～114页）。

地区迄今最为完备的市镇统计表，① 故其研究颇具震撼效果。

在范氏的研究中，其将全部市镇按户口分为 4 个等级，300 户或 1500 人以下为第一级，500 户或 2500 人以下为第二级，户数或人口数超过第二级的市镇为第三级，所有府、州、县城，则无论人口多少均为第四级。② 将其文章所附的 14 县各级别市镇进行进一步统计，并与笔者根据地形图所提取的市镇信息一起整理成表 2。

表 2　地形图资料与方志资料所见的民国江南（苏松太地区）市镇数量

	1：10 万地形图中的民国江南市镇				地方志资料中的民国江南市镇				
县名	⊙	●	实态	总计	第一级	第二级	第三级	第四级	总计
常熟县	35	32	15	82	66	12	5	1	84
吴县	70	45	15	130	43	9	15	1	68
吴江县	7	14	7	28	11	3	6	1	21
昆山县	24	9	5	38	21	4	3	1	29
太仓县	17	6	2	25	26	5	1	1	33
嘉定县	12	10	2	24	19	4	5	1	29
宝山县	11	8	6	25	12	4	2	1	19
青浦县	18	9	6	33	41	2	4	1	48
上海县	19	26	1	46	42	18	9	1	70
南汇县	21	18	3	42	55	11	3	1	70
川沙县	10	0	1	11	24	0	0	1	25
奉贤县	13	11	5	29	34	5	3	1	43
松江县	29	16	4	49	49	3	5	1	58
金山县	9	4	5	18	33	1	3	1	38
总　计	295	208	77	580	476	81	64	14	635

资料来源："1：10 万地形图中的民国江南市镇"根据 1：10 万地形图所提取的居住地信息整理统计；"地方志资料中的民国江南市镇"根据范毅军的《明中叶以来江南市镇的成长趋势与扩张性质》附录二整理统计。

---

① 范毅军：《明中叶以来江南市镇的成长趋势与扩张性质》，《"中央研究院"历史语言研究所集刊》，第 73 本第 3 分册，2002；范毅军：《传统市镇与区域发展——明清太湖以东地区为例，1551—1861》，联经出版事业公司，2005。

② 范毅军：《明中叶以来江南市镇的成长趋势与扩张性质》，第 468 页。

根据表2，从总量上看，地形图资料中的市镇总体上略少于方志资料，14个县总计相差55个，分县情况则是苏州府4县中，除常熟县外，地形图资料中的市镇数量多于方志资料，以吴县的差距最大，达62个，松江府各县与太仓县，则是地形图资料普遍少于方志资料。从各级别市镇数量上看，由于方志资料中第四级的市镇是将府、州、县治单列，其实际上均是第三级的市镇，故地形图中最高级别的市镇，即实态标注的市镇可与方志资料中的第三、第四两级市镇的数量进行比较，① 总体而言是地形图资料略多于方志资料，仅嘉定、上海、南汇、松江4县相反。

图4 民国1∶10万地形图所见江南三种类型市镇分布

说明：底图采自中国历史地理信息系统（CHGIS）1911年图层，并按照1912年县级政区调整情况进行修改；市镇则根据定位好的1∶10万地形图提取。

---

① 范毅军文中的分级方法是以方志或其他史料中明白提及某镇有多少户或多少人口为准，除调查资料外，传统史料中的数字大多比较暧昧模糊，仅可做一约略参考，加之其数量可能是包括了该镇周边乡村的人口，故其各分级中的市镇数量会存在一定的水分，总体而言是级别越高，出错的概率越小。

    仅从数量上看，无论是地形图资料还是方志资料，均很难说包括了江南市镇的全部，两者均有所遗漏，而且从两种资料所见的各县具体市镇中，也不是完全一致，据笔者对常熟县的统计对比，地形图中的 82 个市镇，只有 62 个市镇与方志资料中一致，尚有多达 20 个市镇不一致，换言之，即地形图资料中有 20 个市镇为方志资料所缺载，而方志资料中有 22 个市镇为地形图所缺载。可见根据这两种资料所统计出来的江南市镇数量均是不完全的，只能说这两种资料是目前关于江南市镇最为集中和系统的资料。但是从高级别市镇的数量来说，两种资料显示出较好的一致性，遗漏的可能性不大。在上述笔者对两种资料中常熟县的市镇进行的对比中，地形图中的 15 个实态标注市镇均能在方志资料中找到相对应的市镇，而且常熟县的 6 个最高级别市镇均在其中，因此，仅从江南市镇数量这一点来看，这两种资料并无优劣之分，而且在某种程度上还具有互补作用；而高级别的市镇，虽然两者也不完全相同，但更多是由于分级标准不同所造成的，两种资料遗漏的可能性均不大，即使有也仅是个别，所以本研究所要用到的地形图中的实态标注市镇是齐全的。

    民国 1：10 万地形图中标注的江南三类市镇的分布情形如图 4 所示，各县三种类型市镇具体的数量则见表 3。总计 1628 个市镇，其中实态标注市镇有 301 个（即图 4 中符号为 ★ 的市镇）。

表 3   民国 1：10 万地形图所见江南各县三种类型市镇数量统计

县名	实态	●	⊙	总计	县名	实态	●	⊙	总计
安吉县	3	5	0	8	溧阳县	4	5	16	25
宝山县	6	8	11	25	临安县	2	4	9	15
昌化县	4	4	12	20	南汇县	3	18	21	42
常熟县	15	32	35	82	平湖县	7	4	8	19
崇德县	2	0	4	6	青浦县	6	9	18	33
川沙县	1	0	10	11	上海县	1	26	19	46
丹阳县	8	11	26	45	松江县	4	16	29	49
德清县	4	3	7	14	太仓县	2	6	17	25
奉贤县	5	11	13	29	桐乡县	5	1	2	8
富阳县	6	20	40	66	无锡县	3	47	33	83
高淳县	2	9	11	22	吴江县	7	14	7	28

县名	实态	●	☉	总计	县名	实态	●	☉	总计
海宁县	9	12	5	26	吴县	15	45	70	130
海盐县	6	8	5	19	吴兴县	14	7	24	45
杭县	13	16	16	45	武进县	31	45	22	98
嘉定县	2	10	12	24	武康县	3	2	6	11
嘉善县	5	2	9	16	孝丰县	1	3	5	9
嘉兴县	8	6	11	25	新城县	5	10	12	27
江宁县	6	35	32	73	扬中县	1	0	9	10
江阴县	34	7	21	62	宜兴县	8	6	27	41
金山县	5	4	9	18	于潜县	5	9	22	36
金坛县	7	15	13	35	余杭县	5	4	3	12
句容县	1	16	15	32	长兴县	5	9	13	27
昆山县	5	9	24	38	镇江县	6	7	41	54
溧水县	1	6	7	14	总 计	301	546	781	1628

资料来源：根据 1∶10 万地形图所提取的居住地信息整理统计。

三 常熟与吴江的市镇数量分析

在范毅军的统计中，明中叶以来常熟县与吴江县的市镇数量的增长趋势是一个值得关注的问题。常熟、吴江两县在明清时期的江南均是以市镇经济发达而著称，常熟县城规模在江南诸县中名列前茅，境内市镇数量众多，吴江县城虽然较小，但境内拥有震泽、盛泽、平望等规模可观的名镇。然而根据表 4 所显示，从明中叶以来，常熟市镇的数量经历过两次成倍的增长，与苏松太地区市镇的总体增长趋势吻合，而吴江的市镇数量则一直保持稳定，几无变化，从而使常熟县的市镇数量远远多于吴江县，[①]对于这个现象，范毅军研究中并未进行解释。范金民曾指出此两县在苏州府各县中是极为特殊的存在，常熟县的市镇分布密且小，吴江县的市镇分

---

① 1946 年常熟县面积 1999km²，吴江县面积 1155km²（转引自游欢孙：《地方志叙事"小传统"与明清以来江南市镇的数量增长——兼论 1929 年与 1934 年的"商业市镇"与"自治镇"》，《学术月刊》2009 年第 10 期，第 153 页），吴江面积不到常熟的 60%，从这个角度看，吴江的市镇数量至少要相当于常熟的 50%。

布则极不平衡且规模较大，并认为是自然环境的因素所导致，吴江境内市镇分布稀疏是河塘湖泊太多太大所造成的交通不便所致，而常熟的自然条件较为优越，有利于形成自给自足的小农经济，故而产生不了规模庞大的市镇。① 游欢孙在此基础上，通过对地方志的分析，进一步探讨了常熟县市镇数量第二次大幅增长的原因，提出常熟、吴江两县市镇数量的巨大反差的另外一个原因是由地方志叙事的"小传统"所致。② 即常熟县市镇数量的增长，很大程度上是由于历代县志编纂者对市镇记载的偏好，无论大小市镇均予以详细记载，而吴江县志编纂者则正好相反，仅记载达到一定规模的市镇，由此造成两县在市镇数量上的巨大反差。

表4　方志所见明中叶以来吴江、常熟与苏松太地区的市镇数量

地区	第一阶段	第二阶段		第三阶段		
	1500 年以前	1551～1722 年	1723～1861 年	1862～1911 年	1912～1949 年	1950 年以后
苏松太	161	261	334	633	635	620
常熟（方志）	24	43	46	85	84	74
吴江（方志）	16	15	17	20	21	32
常熟（估计）	30	53	57	105	104	101
吴江（估计）	22	21	24	28	30	27

说明：

1. "苏松太""常熟（方志）""吴江（方志）"三行根据范毅军《明中叶以来江南市镇的成长趋势与扩张性质》"图三""图四之一""图四之三"整理。

2. "常熟（估计）""吴江（估计）"两行中，"1912～1949 年"一列数字为方志所载数量加地形图所载数量之和减去重复数量之值，"1950 年以后"一列为《1954 年苏州专区各县农村集镇一览》（苏州市档案馆藏，H44-006-0030）中常熟、吴江两县的数据。其余四列数字为笔者按照方志数据前后比例关系计算得出，是较为粗略的估计数字。

游欢孙此论虽说是对范金民解释的补充，然而两者所隐含的前提却是不同的：范金民的解释是在认同常熟、吴江两县的市镇数量存在巨大反差的基础上进行，游欢孙的"地方志叙事'小传统'"论则是对这一"反

① 范金民：《明清时期苏州市镇的发展特点》，《南京大学学报（哲学、人文、社会科学版）》1990 年第 4 期，第 90～91 页。

② 游欢孙：《地方志叙事"小传统"与明清以来江南市镇的数量增长——兼论 1929 年与 1934 年的"商业市镇"与"自治镇"》，第 146～154 页。

差"现象的质疑：如果吴江县志编纂者也像常熟县志编纂者一样，将所有市镇不分大小全部记载，则"吴江县境内市镇的数量也将是另外一种景象"。① 那么真实的情况到底是什么，下文将试做分析。

范毅军将明中叶以来的 400 多年时间分为 6 个时期，苏松太地区大多数县份的市镇数量及总体市镇数量大致经过两次明显的增长，据此可分为三个阶段（如表 4 所示），其中第二阶段的两个时期及第三阶段的三个时期的市镇数量保持相对稳定。如上文的研究所表明，地方志资料所载的市镇数量虽然可能并不完全准确，但所反映的市镇数量的增长趋势是可信的。而地形图资料所载的市镇数量也并不完全，但如果将这两种目前为止最为系统的资料相结合，则应能够反映民国时期（即表 4 的第五时期"1912～1949"）江南各县最接近实际情况的市镇数量。另外在第一次人口普查结束后的 1954 年，苏州地区进行过一次针对私营工商业户在 10 户以上市镇的全面普查，几乎将各县所有市镇均囊括在内。因此，对于范毅军所分六个时期中的第五、第六时期的市镇数量，可用这两种数据进行修正，并可了解同处第三阶段的第四时期的市镇数量，进而可以对第一、第二阶段的市镇数量做大致估计，从中可以看出在同一市镇标准下，吴江县的市镇数量是否呈现出另一番景象。结果如表 4 最后两行所示。

如果常熟与吴江市镇数量的反差是各自方志编纂者的市镇标准差异所造成的，那么在统一市镇标准后应该会出现这样一种情况：或者常熟县市镇数量保持一致或变化不大，而吴江县的市镇数量有大幅的增加；或者吴江县的市镇数量不变或变化不大，而常熟县的市镇数量有较大幅度的缩水。然而如表 4 所显示的，上述任何一种情况均未出现，虽然民国时期吴江县的市镇数量较地方志的记载有 43% 的增加幅度，但常熟县的增加幅度亦达 24%。而 1954 年，两县的市镇数量均与民国时期相差不大，与地方志记载的数量相比，② 常熟县的增加幅度更大，吴江县则是减少。由此可见，在同一市镇标准下，吴江县并未如游欢孙所预测的那样呈现出另一番

---

① 游欢孙：《地方志叙事"小传统"与明清以来江南市镇的数量增长——兼论 1929 年与 1934 年的"商业市镇"与"自治镇"》，第 150 页。

② 范毅军研究中"1950 年以后"这一时期的数据是取自 1987 年出版的《中华人民共和国地名词典·江苏省》。

景象，虽然吴江县的地方志资料确实遗漏了一些市镇，但其数量并未使吴江县摆脱市镇数量长期保持稳定的状况；而号称所有大小市镇均记录在册的常熟县，遗漏的市镇也不在少数。从这一点看，游欢孙对两县市镇数量巨大反差的质疑并不成立，地方志的叙事或许真的存在各不相同的"小传统"，然而对常熟、吴江两县而言，这种不同的"小传统"并非导致两县市镇数量反差巨大的原因。

那么常熟与吴江两县市镇数量的这种巨大反差是什么因素造成的？范金民的解释其实是针对两县市镇的数量和规模特点，即吴江县的市镇少但规模普遍较大，常熟县的市镇则多且普遍较小。① 如果仅仅针对数量这一现象，其原因或许隐藏在另一现象之中，即吴江县市镇规模较大，常熟县市镇规模较小。以下试从1954年两县各市镇的交易范围和私营工商业户数加以说明。

表5　常熟、吴江两县市镇的交易范围和工商业户数

地区	交易范围（个）			私营工商业户数（户）		
	1个乡	2~5个乡	6个乡及以上	99户及以下	100~400户	401户及以上
常熟县	67	32	2	68	31	2
	66	32	2	67	31	2
吴江县	7	11	9	14	6	7
	26	41	33	52	22	26

　　资料来源：根据《1954年苏州专区各县农村集镇一览》（苏州市档案馆藏，H44－006－0030）常熟、吴江两县的相关数据整理。

从表5可以看到，就两县市镇的总体情况而言，吴江县市镇的交易范围远远大于常熟县：交易范围在2个乡及以上的吴江市镇占74%（20个），常熟县仅34%（34个）；交易范围达到6个乡及以上的市镇，吴江有33%（9个），常熟仅2%（2个）。这说明常熟县市镇的分布远较吴江密集。而在私营工商业户数方面，两县的小型市镇（99户及以下）比例相差不算太大，但401户及以上的大型市镇，吴江县则远多于常熟县，常熟县工商业户最多的梅李镇也仅仅拥有659户，而吴江县超过600户的市镇有4个，盛泽镇更是达到1495户。

① 吴江县近浙江省地区市镇分布较为密集，其余地区分布稀疏且市镇规模较大，而常熟县的市镇分布则是密且小（参见范金民《明清时期苏州市镇的发展特点》，第90~91页）。

四 结语

综上所述，民国的地形图资料中，1：5 万比例尺的为采用现代测绘技术所实测绘制的地形图，大多数地区完成于北洋政府时期的"十年计划"，西南、西北地区主要完成于南京国民政府时期的"十年计划"。1：10 万比例尺的虽非直接实测绘制，但是以 1：5 万地形图为底图进行缩制，主要完成于南京国民政府时期。江浙沪地区的 1：5 万地形图均完成于北洋政府时期，1：10 万地形图的缩制则完成于 1927～1930 年，后多有复制、翻印之举，留下许多年份各异的图幅。至于精度，则是 1：10 万相对优于 1：5 万，但误差均在可接受范围内。[①]

本文的江南市镇数量研究表明，无论是传统的地方志资料还是 1：10 万地形图资料，两者对江南市镇数量的记载都不完整，也不完全一致，因此结合两种资料应能获得江南市镇最接近于真实情况的数量。地形图所见江南共有 1628 个市镇。本文同时对常熟、吴江两县的市镇数量进行专门考察，结果显示，地方志资料所显示的两县市镇增长趋势是正确的，常熟县的市镇数量远远多于吴江县，但这并非"地方志叙事的'小传统'"所致，从民国及 1954 年的资料来看，无论是县志中对市镇的记载有规模标准的吴江县还是号称市镇无论大小均予以记载的常熟县，均存在数量不少的遗漏，尽管吴江县的遗漏程度要大于常熟县，但无法改变两县市镇数量的差距以及增长趋势。其原因或许隐藏于两县另一独特现象中，即吴江市镇规模普遍较大，常熟市镇规模普遍很小。需要指出的是，自然地理环境虽然是这两种现象比较合理的解释，但背后是否还有其他人文与制度的因素，[②] 仍需深入探讨。

（本文原载《中国历史地理论丛》2017 年第 3 期，收入本书时编者有所删改）

---

① 江伟涛：《基于地形图资料与 GIS 的民国江南城市人口估算》，《中国经济史研究》2015 年第 4 期。

② 如江南地区"高乡"不同于"低乡"的市镇兴起机制与市镇特点，"主姓创市"的现象虽集中于"高乡"地区，然其背后更深层次的原因在于"高乡"地区开发过程中社会机制的变化所导致的乡村权势演变和经济格局变迁（参见谢湜：《十五至十六世纪江南粮长的动向与高乡市镇的兴起——以太仓璜泾赵市为例》，《历史研究》2008 年第 5 期）。

边疆图事

从《卫藏图识》舆图看清前期的
西藏地理认知

——以拉萨为中心的考察

孙宏年*

马揭、盛纯祖的《卫藏图识》完成于乾隆时期，是清代比较重要的汉文西藏志书之一，较为集中地反映了19世纪以前内地对西藏地理的认识。本文拟在《卫藏图识》已有研究成果基础上，结合相关文献，以拉萨及附近地区中心，探讨清前期西藏的地理信息，试析清前期内地知识分子对西藏地理的认知，以就教于方家。

一 《卫藏图识》的作者和主要内容

《卫藏图识》由马揭、盛绳祖合编，乾隆五十七年（1792）刊本是目前所见最早的版本，[①] 是马揭、盛绳祖在廓尔喀侵藏、清朝派军进藏驱逐廓军的背景下，参考《大清会典》《四川通志·西域》《西域纪事》《西藏志》等已有著述完成的。

鲁华祝在乾隆五十七年为《卫藏图识》作序，称自己是马揭的朋友，马揭字少云，盛绳祖字梅溪。鲁氏在乾隆五十一年"捧檄赴藏，受理军台粮务"，此后四年间往返四川、西藏"几及万里"，对于"卫藏之情形颇得

---

* 孙宏年，1971年生，山东兖州人，历史学博士，中国社会科学院中国边疆研究所（中国历史研究院中国边疆研究所）研究员、博士生导师。

① 就笔者有限见闻，《卫藏图识》主要有两个版本：一是乾隆五十七年（1792）刻本，该刻本几度影印，如《近代中国史料丛刊》《西藏学文献丛书别辑》影印本、《中国边疆史地志集成》影印本；二是《小方壶斋舆地丛钞》摘编。详见《从〈卫藏图识〉看清前期的西藏地理认知——以舆图与程站、道里为中心》，载华林甫、陆文宝主编《清史地理研究》（第二集），上海古籍出版社，2016，第177~213页。

知其大概，未尝不欲采访成帙"，只是因"夷务方兴"，未能如愿。马揭也觉得"自打箭炉至唐古忒一隅，向无刻本成书"，就同盛绳祖合作，"采《四川通志》中《西域》一卷及无名氏《西域纪事》《西藏志》等书，删其繁者，聚其散者，整齐其错杂者，大旨则折中于《大清会典》"，著成《卫藏图识》。曾氏认为，该《图识》"以图作识，而所识不尽于图，无缺无滥，次第详明"，他读后"恍如入旧游之地者"，此时清军正在西藏驱逐廓尔喀军队，此书对驱廓作战很有参考价值。①

鲁氏所言在《卫藏图识》的《例言》中得到印证，该《例言》第一条就表示乾隆五十六年（1791）"辛亥之秋，廓尔喀滋扰藏界，天威震赫，命将陈师，从成都以及卫藏军台林立"，对于其间道里、山川、人情、风土，"凡万里从戎者咸欲周知"，所以撰成《卫藏图识》，"以备考览"。马揭、盛绳祖强调西藏"自我朝声教四讫，得隶版图者已百有余年"；《四川通志》中有《西域》一卷，"是书悉宗所载，并非臆撰"；"旧有《西藏志》及《西域纪事》二书，不知作自谁氏"，这两种资料"规模粗具，纪载亦详"，但"叙次倒置，且向无刊本，传抄日久，讹以滋讹"，所以《卫藏图识》从中多有征引。他们在《例言》还表示，这本书"辑自辛亥暮冬，匝月付梓"，编辑过程中"首宗《大清会典》，次及群书，复转征闻见"，如果"采择未精"，请"大雅君子"指正。②

《卫藏图识》图文结合，包括《图考》（上、下卷）、《识略》（上、下卷）和《蛮语》一卷，全书共有五卷和地图 10 幅及 18 幅《番民缠头图》。《图考》（上、下卷）把从成都到聂拉木划为八个部分，每个部分都绘制了地图，并通过"考"介绍沿途的地形地貌和主要城镇、山川、桥梁、关隘及"程站"、里程等。上卷包括《成都至打箭炉道里图》《打箭炉至里塘道里图》《里塘至巴塘道里图》《巴塘至察木多道里图》《察木多至拉里道里图》《拉里至前藏道里图》，并介绍从成都至前藏（今西藏拉萨）沿途

---

① 鲁华祝：《卫藏图识序》，载马揭、盛纯祖《卫藏图识》，乾隆五十七年（1792）刊本，全国图书馆文献缩微复制中心 2003 年影印本（《中国边疆史地志集成》丛书，《西藏史志》第一部第 10 册），第 3～14 页。本文所用为全国图书馆文献缩微复制中心 2003 年影印本。

② 马揭、盛纯祖：《卫藏图识·例言》，乾隆五十七年（1792）刊本，全国图书馆文献缩微复制中心 2003 年 7 月影印本（《西藏史志》第一部第 10 册），第 19～23 页。

的情况。下卷包括三部分：一是《拉撒佛境图》《前藏至后藏道里图》《后藏至聂拉木道里图》，介绍了拉撒（今西藏拉萨）的情况和拉撒至聂拉木的情况；二是《诸路程站》，介绍了从四川的打箭炉（今四川康定）、松藩和青海西宁等地进藏的路线、“程站”和里程；三是《番民缠头图》18幅和关于四川、西藏和周边部族的介绍，包括打箭炉、里塘、巴塘、西藏（卫藏，即今拉萨、日喀则等地区）、“阿里噶尔渡”（当今西藏阿里地区）、“木鲁乌素”（今西藏那曲地区）、布鲁克巴（今不丹）、“狢猃茹巴”（今西藏东南地区的珞巴族）、巴勒布（今尼泊尔）的“番民图”“番妇图”，并介绍了这些部族所生活的区域、衣着、饮食和历史及与中国内地关系等情况。

《识略》包括《卫藏全图》一幅和24个目及《摭记》一篇，即上卷包含《西藏源流考》《卫藏全图》和疆域、封爵、朝贡、纪年、岁节、兵制、刑法、赋役、征调、头目、衣冠、饮食、礼仪、婚姻、丧葬、房舍、医药、卜筮、市肆、工匠，下卷包含山川（附古迹）、寺庙、物产、摭记。这24个目和相关的源流考、《卫藏全图》一起，对西藏的历史和当时的地理、政治、经济、文化、宗教、军事、文物古迹、社会风俗等做了比较全面的论述，对西藏进行了近于百科全书似的介绍，不仅对当时清军进藏对廓尔喀作战有直接的参考作用，而且提供了大量的信息，有助于当时人们更为系统地了解西藏情况。《蛮语》强调从打箭炉到西藏数千里，风土不同，语言各异，为此把沿途常用词汇标注了读音，并分成天文、地理、时令、人物、身体、宫室、器用、衣服、声色、释教、文史、方隅、花木、鸟兽、珍宝、香药、数目、人事等18个门类，共收入了473个词语。这些词语多是生活、交流时常用的，比如“方隅门”收录了东、西、南、北、前、后、左、右、上、下、中间、内外等12个词语，而且注音把内地的音韵和藏语发音结合，同一汉字也注出各地不同读音，如“东”标注为“厦耳”，“南”标注为“洛”。这些与藏语发音基本接近，有助于有意学习沿途民族语言的初学者很快学会一些简单的词语，可以说是一本简便易学的“藏语常用词汇手册”。

马揭、盛绳祖在《例言》中做了清晰介绍：一是“山川道里皆行役者所必经，风土人情亦省方者所必重”，所以就把“某处至某处止分绘一图，随图记程”，而“山川、事迹别为《识略》，以详载之”，不敢遗漏，以免

"贻识者讥";二是这本书就是想让读者放在"行箧中,便于携带",所以打箭炉以外"凡边僻地方,以及头人姓名俱不备录",仅仅在"程站"后绘制"番民各图,以存其概";三是这本书所绘地图止于聂拉木,是因为打箭炉、里塘、巴塘、察木多(今西藏昌都)、拉里五个粮台所在地,"本进藏要道,而聂拉木界连廓匪",也是清军"擒渠扫穴之所必经行",此外"程站不一,略志梗概,以省卷帙之繁";四是书中"末附《蛮语》一卷",都是询问了曾经到过西藏、"通达其言"的人,又"详加分类译载"而成。①这说明,作者希望以地图、程站、道里为主体内容,向进藏的"行役者""省方者"提供放在行囊中的"进藏手册",并突出重点、详略结合,通过《识略》《蛮语》等向这些人提供较多的西藏及周边的知识和沿途的信息。而且,作者还在《例言》中说这本书"辑自辛亥暮冬,匝月付梓",即乾隆五十六年(1791)年底,一个月即编辑付印,进一步印证了作者编辑此书的目的,即在廓尔喀大举入侵西藏之时,清朝派军驱逐,作者迅速编辑成书,且突出要点,就是为清军进藏途中提供一本内容翔实又便携易读的"进藏手册"。

二 《卫藏图识》有关西藏范围、交通路线的信息

《卫藏图识》中共绘制了地图 10 幅,包括《图考》中 9 幅和《识略》中的《卫藏全图》。这 10 幅各有特点:

一是《卫藏全图》是配合"疆域"而绘,重点提供了当时前藏、后藏地区的辖区范围、山川形势和周边部族的信息。

作者在"疆域"中称,卫藏地区东"至巴塘宁静山,交川滇界",东北"至木鲁乌苏,通西宁大道",东南"至春奔、色擦,接类乌齐界,通昌都大道"。南"交狢㺄茹巴怒江界",西南"接布鲁克巴、巴勒布,通西洋等处"。西"至三桑乃阿里界,一由三桑过冈得寨,入阿里噶尔渡界;一由三桑墨雨拉、通拉,经协噶尔,至聂拉木,交廓尔喀逆番界",西北"通锅壁叶尔羌新疆大道",北"至木鲁乌苏、噶尔藏骨岔,交青海界"。他们还说,"藏地有四,一曰阿里,地土辽阔,稍西北乃纳达克、谷土结

---

① 马揭、盛绳祖:《卫藏图识·例言》,乾隆五十七年(1792)刊本,全国图书馆文献缩复制中心 2003 年 7 月影印本,第 19~23 页。

图1 《卫藏全图》

塞二部落"，而"协噶尔地为四达之区，亦西藏要隘"；"凡沙碛地无水草者，番人谓之'锅壁'"，山被称为"拉"。①

二是《图考》的8幅"道里图"被作者视为最重要的地图内容，因为作者认为当时对廓尔喀作战需要了解所经过地方的山川、道里和风土人情，所以就把从成都到聂拉木的八段，每段"分绘一图，随图记程"，为"行役者""省方者"提供随时可查的地图和地理信息。

这8幅地图集中地反映了成都至聂拉木的地理情况，即成都—打箭炉—里塘—巴塘—察木多—拉里—前藏（拉撒）—后藏（扎什伦布）—聂拉木一线的地理信息。这些信息既包括"进藏要道"上的打箭炉、拉里等5个粮台附近的情况，也包括从前藏进军聂拉木沿线的情况（见图2）。这些图和相关的文字更直接的职能就是向清朝官兵提供从成都出发前往聂拉木的路线，并介绍沿途所经的主要河流、大山、关隘、桥梁、渡口和可供居住的城镇、聚落以及里程和风俗民情。

① 马揭、盛纯祖：《卫藏图识》，《识略》上卷《疆域》，乾隆五十七年（1792）刊本，全国图书馆文献缩微复制中心2003年7月影印本，第266~269页。

图2 《成都—聂拉木路线示意图》

注：《成都—聂拉木路线示意图》由苗鹏举博士在丁超教授指导下绘制，在此向他们深致谢意！

（一）成都—打箭炉—里塘—巴塘—察木多路线与主要地理信息

《卫藏图识》有《成都至打箭炉道里图》《打箭炉至里塘道里图》《里塘至巴塘道里图》《巴塘至察木多道里图》4幅图和相关"程站"，介绍从成都经打箭炉、里塘、巴塘到察木多的路线，在今天四川省境内和西藏东部地区。

具体路线为：成都—双流县—新津县—邛州（今邛崃市）—大塘铺（今浦江县大塘镇）—名山县—雅安县（今雅安市）—荥经县—清溪县（今汉源县）—冷碛（今泸定县冷碛镇）—炉定桥（今泸定县泸桥镇）—打箭炉（今康定市）—折多山—提茹（今康定县提茹，在318国道旁，炉城镇、瓦泽乡中间）—东俄洛（在今康定县新都桥镇北）—高日寺—卧龙石（在今雅江县八角楼乡）—八角楼（今雅江县八角楼乡）—中渡（今雅江县）—西俄洛（今理塘县西俄洛乡）—里塘（今理塘县）—干海子—喇嘛丫（当为今理塘县喇嘛垭乡）—巴塘（今巴塘县）—竹巴笼（今巴塘县竹巴龙乡，与今西藏芒康县朱巴龙乡隔金沙江相望）—公拉（今芒康县根然［滚热］村）—空子顶（当为今芒康县空子卡）—莽里（又称"莽岭"，在今西藏芒康县莽岭乡）—邦木—南墩（今芒康县然堆）—古树—普拉（今芒康县普拉村）—江卡（今芒康县驻地嘎托镇）—黎树—石板沟—阿足塘（今察雅县阿孜乡阿都）—乍丫（今察雅县）—王卡（今察雅县王卡乡王卡）—巴贡（今察雅县王卡乡巴贡）—小恩达（今昌都市卡若区城关镇小恩达）—察木多（今昌都市卡若区）。

沿途重要的山川、城镇主要有炉定桥、宁静山、江卡、乍丫、察木多，重要塘铺有公拉、空子岭、莽里、邦木、南墩、古树。其中，宁静山即今芒康山，藏语意为善妙地域山，汉文文献中又写作"莽岭""邦拉岭"，为西北—东南走向，向南延伸至云南省后称为云岭，系金沙江与澜沧江的分水岭。该山在四川巴塘以西、西藏江卡东北，为西藏与四川、云南之界，雍正四年立碑于宁静山，定西藏、四川、云南分界。[①] 莽里又称"莽岭"，即今芒康县莽岭乡驻地上莽岭，清前期从四川渡过金沙江后从今天芒康县朱巴龙乡所在渡口，沿着山间小路向西南方向前行，走 40 里到公拉（又称"贡拉"），"有柴草、头人，给役"；行 50 里，"过空子顶，有塘铺"，山势险峻，经常有"夹坝"（即强盗）出没，再沿山势上、下，行 40 里到莽里，这里"有人户、柴草"，有少数民族头人提供差役。从莽里开始，再沿山路向西方行进 120 里，经过邦木、南墩、古树到普拉（今芒康县普拉村），而后向北行进 60 里，到达江卡（今芒康县驻地嘎托镇）。[②] 因此，清代从四川渡过金沙江后去江卡（今芒康）的人，并不是从金沙江边今天芒康县朱巴龙乡沿着 318 国道的路线向西直接到江卡（今芒康县驻地），而是沿着山间道路走"U 字形"路线。

（二）察木多—拉里—前藏路线与主要地理信息

《卫藏图识》通过《察木多至拉里道里图》《拉里至前藏道里图》2 幅图和相关文字，介绍了从察木多到前藏（拉撒，今拉萨）的交通路线和沿途情况。

具体路线为：察木多—俄洛桥（在今昌都市卡若区俄洛镇）—浪荡

① 《西藏志·疆圉》内载："西藏东至巴塘之南墩宁静山为界"，"雍正三年，松潘镇总兵官周瑛勘定疆址，始定于南墩宁静山岭上为界，并建分界碑：岭东之巴塘、理塘属四川，岭西属西藏；其中叫察卡、中甸属云南。三处疆界始分"。参见不著撰人、吴丰培整理《西藏志》，《西藏志·卫藏通志》合刊，西藏人民出版社，1982，第 7~8 页。

② 马揭、盛纯祖：《卫藏图识》，《图考》上卷，乾隆五十七年（1792）刊本，全国图书馆文献缩微复制中心 2003 年影印本，第 81~84 页。

沟—拉贡（今昌都市卡若区瓦共村，位于昌都、类乌齐交界地区的山间小路附近）—恩达寨（今类乌齐县恩达村，在 317 国道旁）—瓦合山—瓦合塘（今洛隆县瓦合［瓦河］）—麻利（今洛隆县马利镇马利）—嘉裕桥（在今洛隆县马利镇加玉）—洛隆宗（今洛隆县康沙镇）—硕板多（今洛隆县硕督镇）—中义沟（今洛隆县中亦乡）—拉子（今边坝县拉孜乡）—边坝（即达隆宗，今边坝县边坝镇）—丹达（今边坝县丹达村，有丹达庙遗址）—郎吉宗（又称浪金沟，今边坝县郎杰贡，在金岭乡驻地东北）—阿兰多（今边坝县金岭乡阿兰多）—阿南卡（又称破寨子，今边坝县加贡乡阿拉喀尔）—甲贡（今边坝县加贡乡驻地加贡）—擦竹卡（今嘉黎县擦秋卡）—拉里（今嘉黎县嘉黎镇）—阿咱（今嘉黎县驻地阿扎镇）—常多—宁多（凝多）—江达（今工布江达县江达村，又称太昭）—鹿马岭（今工布江达县罗马林村，在 318 国道旁）—乌苏江（又称乌斯江，今墨竹工卡县乌斯江村，在 318 国道旁）—墨竹工卡（今墨竹工卡县）—拉木（今拉孜县拉木村，在 318 国道旁）—德庆（又称得秦，今拉孜县驻地德庆镇）—蔡里（今拉萨市城关区蔡公堂乡）—前藏。

沿途重要的山川主要有瓦合山、丹达山、鹿马岭，重要的关隘、桥梁有嘉玉桥，重要城镇主要有洛隆、硕板多、边坝（达隆宗）、拉里、墨竹工卡。其中，丹达山，藏语称为"夏贡拉"，意思是"东雪山山口"，是念青唐古拉山脉的一个山口，海拔 5900 多米，又是怒江水系和雅鲁藏布江水系的分水岭。[1] 清代一些文献中视该山为"入藏第一峻险之山"，如周霭联在乾隆五十六年（1791）参与驱逐侵略西藏的廓尔喀军的战争，先驻打箭炉，后入拉萨，往返之间历时八个月。他在嘉庆九年完成《西藏纪游》，内称："丹达山为入藏第一峻险之山"，此山"险峻荒复，为口外群山之冠。俯瞰诸峰，累累若丘墓。四时皆雪，疑其积自太古。浩浩漫漫，天地一色，如入大海中，稍一蹉跌雪窖中，则渺无踪影矣。山顶积雪如城，高数十丈，坚同铁石，乃行旅必由之路。有时倾塌，是以盛夏尤为可虑"，山顶"风利如刀，雪如沙砾，刮面欲碎"。此山东麓有丹达山神庙，听说是康熙年间"云南某经历转饷赴藏，路经丹达，积雪封山，从者饥疲，某戒勿掠食，同时毕命。雪消后某抱持符檄，僵立如生，遂为丹达

---

① 孟晓林主编《重走解放军进藏路》，西藏人民出版社，2011，第 95~100 页。

山神"。该庙非常灵验，"凡入藏者必莅牲祷之，方得安稳过山，否则虽盛夏，骤遇大雪，数日不得过也"。① 今天，边坝县丹达村仍有丹达庙遗址。②

（三）前藏—后藏—聂拉木路线与主要地理信息

《卫藏图识》通过《前藏至后藏道里图》《后藏至聂拉木道里图》2 幅图和相关文字，介绍了从前藏（拉撒，今拉萨）到聂拉木沿途情况。

具体路线为：前藏—业党（今曲水县聂唐乡聂唐）—曲水（今曲水县）—冈把择（今贡嘎县岗巴村）—白地（今浪卡子县白地乡白地村）—浪噶子（原文误为"噶浪子"，今浪卡子县）—热隆（今江孜县热龙乡）—江孜（今江孜县）—后藏（扎什伦布，今西藏日喀则市桑珠孜区）—聂拉木。

上述路线中，前藏（拉撒）至后藏（扎什伦布）非常清晰，符合传统的交通线路，而《卫藏图识》所记后藏—聂拉木路线很多不符合山川形势和传统路线。比如，从协噶尔（今定日县驻地协格尔镇）有传统的小道前往聂拉木，但《卫藏图识》记为从协噶尔先绕道北上，再从宗喀宗（今吉隆县驻地宗嘎镇）到济龙宗（今吉隆县吉隆镇），而后再向东进入聂拉木。这可能是《卫藏图识》编辑时宗喀宗、济龙宗和聂拉木都仍在廓尔喀军队手中，作者认为迂回进攻是最佳路线，才提出绕道进军的路线。而且，该《图识》在《图考》卷下附有《诸路程站》，其中《自后藏由乃党分路至聂拉木路程》记载的路线是：后藏（扎什伦布，今西藏自治区日喀则市桑珠孜区）—甲日（今西藏自治区日喀则市桑珠孜区甲日村，在 318 国道边，靠近今萨迦县）—萨迦（今萨迦县）—协噶尔（今定日县驻地协格尔镇）—押勒（今聂拉木亚来乡，在 318 国道边）—太极岭（今聂拉木亚来乡塔杰林村，在 318 国道边）—聂拉木。笔者在 2014 年曾经走过这条路线中的"协噶尔—押勒—太极岭—聂拉木"路段，这是今天 318 国道的一部分，和历史时期传统的交通路线相符。

---

① 周霭联撰《西藏纪游》，张江华、季垣垣点校，中国藏学出版社，2006，第 24～25 页。

② 关于丹达神庙，参见王川：《西藏昌都近代社会研究》，四川人民出版社，2006，第 228～243 页。

沿途的山川、城镇主要有"甘不拉山"和白地、扎什伦布、萨迦、江孜、协噶尔宗等。其中,"甘不拉山"在"西藏西,即西昆仑年,路崎难行"。① 此山在清代文献中又写作噶木巴拉岭、噶穆巴拉岭、甘不拉、西昆仑山、甘坝山、甘巴拉、康巴拉山口,如《卫藏通志》卷3《山川》内载"噶木布拉山,俗称甘不拉,前藏西,行一百七十里至曲水,渡藏江,通后藏大道,即西昆仑山"。从曲水到白地140里,从曲水过雅鲁藏布江后"三十五里至冈巴则……又过巴则岭,危峰岌嶂,即甘坝山。下山,沿洋卓雍错海北岸纡折而行,柴草稀少,沙路平坦,五十里至白地",再向前走105里就到浪噶子(今浪卡子县)。② "白地"就是今浪卡子县白地乡白地村,它是西藏交通要道上的重要城镇,又是靠近羊卓雍错和卫、藏界山岗巴拉山的重要中转站、补给地。③

三 《拉撒佛境图》中拉萨的地理信息

《拉撒佛境图》是《图考》中非常特殊的一幅,它是为说明当时拉萨情况而绘,因而可以说是当时的"拉萨市区地图"。

拉撒(即今拉萨)是卫藏(前藏)的中心,《卫藏图识》称"拉撒"意思是"佛地",当地"群山朝拱,碧水环游,阡陌腴饶",接着以"布达拉"(今称玛日山、红山)为坐标介绍了这里的风景、名胜:该地"其西突起布达拉一山","相向则有招笔拉洞,为之辅山",稍北为"禄康插木,中建水阁",乘船游览,"风景绝佳";琉璃桥下为噶尔招木伦江(藏江),"水势浩瀚",江水清澈,"有绿松石,翠色欲滴",而"部民夹岸而居,具有丰乐之象";布达拉山"东五里许有大诏寺,金碧璀灿",附近为小诏寺;布达拉山"南七里许至札什城",有汉兵驻防。拉萨还有宗角、卡契园、经园,"色拉、别蚌、桑鸢、甘丹诸寺或近效其灵,或远挹其

---

① 马揭、盛纯祖:《卫藏图识》,《识略》下卷《山川》,乾隆五十七年(1792)刊本,全国图书馆文献缩微复制中心2003年影印本,第356页。

② 松筠:《卫藏通志》,《西藏志·卫藏通志》合刊本,西藏人民出版社,1982,第203~241页。

③ 详见孙宏年:《文献与分析:清代西藏历史地理研究的相关问题——以重新绘制清代西藏地图为中心》,载华林甫主编《清代地理志书研究》,中国人民大学出版社,2014,第244~247页。

图3 《拉撒佛境图》

秀"，因此整个拉萨风景优美，"洵西方乐国也"！①

作者对拉萨的描述很像一幅仙境似的"西方乐国"画卷，为此他们也在《拉撒佛境图》勾勒这一图景：拉萨以布达拉居中，西南为招笔拉洞，西北有别蚌寺（今译为哲蚌寺）；东面有琉璃桥、禄康插木、大诏、小诏、经园，东北为札什城、演武场、色拉寺。应当说，该图比较准确地反映了当时拉萨的城市布局和地理要素，而且这一布局一直保留到今天，有关的要素大部分未有明显变化：布达拉宫雄踞于拉萨中心，与玛日山（或称红山）已经浑然一体；大诏（今称大昭寺）、小诏（今称小昭寺）、别蚌寺（今称哲蚌寺）、色拉寺都是今天拉萨重要的寺庙，所在位置依旧如《拉撒佛境图》所绘方位。

这幅图中有很多值得今天关注的地理信息：第一，招笔拉洞，即今崩瓦日，在布达拉宫西南角，因为它形如磨盘，汉文文献中又通俗地称它为"磨盘山"。"崩瓦"在藏语里意思是"土块"，因为这座山不像玛日山

① 马揭、盛纯祖：《卫藏图识》，乾隆五十七年（1792）刊本，全国图书馆文献缩微复制中心2003年影印本，第141～146页。

（红山）、加布日（药王山）那样山石险峻，而是平缓矮小的小土坡，所以被称为"土块山"。拉萨当地人称之为"帕玛日"，"帕玛"在藏语里的意思是"中间"，因为这座山在玛日山（红山）、加布日（药王山）之间，才被称为"中间山"。① 在《卫藏图识》成书的同一年，在该山顶建成关帝庙，福康安撰写碑文；乾隆五十九年，参赞公海兰察等捐资修建寺庙，作为济咙呼图克图住锡之地，乾隆六十年御赐庙名"卫藏永安"，内阁学士兼礼部侍郎和宁撰写碑文，简要介绍了驱逐廓尔喀战争的过程，强调修建此庙的目的是"永祝皇图"。② 今天，这座山上仍保留着这些寺庙，成为清朝驱逐廓尔喀、巩固国防的历史见证。

第二，禄康插木、宗角，即今拉萨"宗角禄康公园"，就在玛日山（或称红山）北侧、布达拉宫的脚下。在藏语里，"宗"意思是"宫堡"，"角"意思是"后面"，"禄"意思是"禄神"，"康"是"房子"的意思，所以可以直译为"宫殿后面的禄神殿"。"禄神"是藏传佛教和苯教对居住在地下和水中的一类神灵的统称，汉语往往译为"龙神"，又被误传为内地人所说的龙王，所以"宗角禄康"在汉语中又被通俗地称为"龙王潭"。17 世纪中叶，五世达赖喇嘛时期重建布达拉宫，在这里挖土，形成了深潭。六世达赖喇嘛时期又在湖中建造了庙宇，也就是汉语俗称的"龙王庙"，庙高三层，以方形建筑层层叠加，顶部用金色的六角形金顶和"肯齐热"宝瓶装点。这座庙被转经廊道和树木围绕，又用石拱桥与对岸园林相连。③ 禄康插木、宗角把山、湖、庙宇结合在一起，风景很美，所以清代文献记述拉萨时多有提及。如乾隆初年成书的《西藏志》④ 就说禄康插木是"五世达赖喇嘛坐静处"，它"在布达拉后，有一方池，周围约里许，

---

① 达瓦：《古城拉萨市区历史地名考》，社会科学文献出版社，2014，第 238 ~ 241 页。

② 松筠：《卫藏通志》，《西藏志·卫藏通志》合刊本，西藏人民出版社，1982，第 279 ~ 282 页。

③ 达瓦：《古城拉萨市区历史地名考》，第 177 ~ 180 页。

④ 《西藏志》的著者和成书年代，历来有多种说法，邓锐龄先生认为《西藏志》"是清早期一份关于西藏史地民俗的全面记录，有极高的文献价值"，该《志》"定稿应在乾隆七年（1742）之际"，"此书乃驻藏大臣衙门内某一名（或数名）官员所编"（参见邓锐龄：《读〈西藏志〉札记》，《清前朝治藏政策探赜》，中国藏学出版社，2012，第 33 ~ 50 页）。笔者认为这一观点较为可信。

中筑一台，上建八角琉璃亭，高四层，又名水阁凉亭，皮船可通渡召"；宗角"在布达拉北二里许，系达赖喇嘛避暑处"。① 从《西藏志》《卫藏图识》的记述来看，清前期"禄康插木""宗角"还是两个名胜，还没有像今天这样合为一处。它们何时整合为一体的，限于资料，今后再作考证。

第三，琉璃桥，即今拉萨市宇拓路上的"宇拓桥"。"宇"在藏语里意思是松耳石，"拓"意思是"顶"，因为桥顶采用绿色琉璃瓦盖，远远望去像松耳石顶，所以称为"宇拓桥"。它是藏、汉风格结合的桥梁，桥身长283米，宽65米，五眼桥空上筑有3米高的石墙，墙上砌有5个门洞，门洞外侧砌有木栏杆，石墙上横向置有9根木梁，木梁上放置桥顶木架和琉璃瓦。桥下过去有河，拉萨老城排出的地面水基本上就从这座桥下流过。民间传说，此桥在唐代由文成公主修建，但文献表明它应当是18世纪由一位驻藏大臣请旨拨款修建的。② 在清代汉文文献中，它以"琉璃桥"而知名，也是当时的拉萨名胜之一，《西藏志》里就记载："玉夺三巴桥，在拉萨之西一里，墙系绿琉璃瓦所盖，云建自唐时，汉人呼为琉璃桥，由此西行里许即布达拉。"③《卫藏图识》又强调，琉璃桥下的噶尔招木伦江（藏江）"水势浩瀚"，江水清澈，"翠色欲滴"，居民"夹岸而居，具有丰乐之象"，这里自然有溢美之嫌，但所说桥下的"噶尔招木伦江（藏江）"是今天的拉萨河支流之一，拉萨河在清代又称为"噶尔招木伦河"，的确是当时拉萨最重要的水系，它经拉萨向东南流，到曲水汇入雅鲁藏布江。

《卫藏图识》所记宇拓桥的内容是否可信？近20年来，笔者在拉萨多次考察宇拓桥及周边环境。2014年8月，笔者就注意到现在这座桥下已经没有河水，只是大昭寺和布达拉宫广场之间的一处古迹——2007年5月被确定为"西藏自治区级文物保护单位"。但是，如果由此向东走到朵森格路，再向南行约270米就是江苏路，再向南走约600米就到了拉萨河畔，说明这里距离拉萨河——《卫藏图识》中的"噶尔招木伦江（藏江）"距

① 不著撰人、吴丰培整理《西藏志》，《西藏志·卫藏通志》合刊本，西藏人民出版社，1982，第16页。

② 索穷编著《拉萨老城区八廓游》，中国藏学出版社，2008，第111～112页。达瓦著《古城拉萨市区历史地名考》，社会科学文献出版社，2014，第265～267页。

③ 不著撰人、吴丰培整理《西藏志》，《西藏志·卫藏通志》合刊本，西藏人民出版社，1982，第15页。

离并不太远。有关资料表明，20 世纪以前，布达拉宫到大昭寺、八廓街之间沿途沼泽多、道路少，宇拓桥一带还是一片杂草丛生的水塘，宇拓桥就是其间的重要通道之一。西藏和平解放后，拉萨城市交通建设逐步开展，1954 年修通公园路、宇拓路、北京中路西段，1965 年西藏自治区成立前夕修通金珠东路、北京西路等市中区道路。① 此后，宇拓桥两侧和向南到拉萨河的地段才逐步发展为繁华的现代城区，同时这一带仍然留下了历史变迁的痕迹，比如宇拓路、江苏路之间有"鲁固菜地"② 的地名，说明宇拓桥南面的一些地方在成为现代城区之前，曾经保留着大片的农田，而拉萨河及其支流应当是浇灌农田的水源之一。

第四，卡契园，即今拉萨的卡其林卡，在布达拉宫西北方向，位于拉萨市城关区当热西路以南、嘎吉路以西、北京西路以北的区域。穆斯林在藏语里被称为"卡契""卡其"或者"卡基"，"卡契园""卡其林卡"是"回族园林""穆斯林园林"的意思。在清代，这里就是穆斯林的聚居点，雍正年间成书的《西藏志》就记载："卡契园，在布达拉西五里许，劳湖柳林内，乃缠头回民礼拜之所，有鱼池、经堂、礼拜台，花草芳菲可人"。③ 对于"卡契""缠头回民"，《卫藏通志》则称："卡契"是"缠头之别称"，在"布鲁克巴之南，乃回民一大部落"；而"缠头"又名"克什米尔"，就是"西域回民，其部落在廓尔喀西南，往来藏中贸易"，也有人"在藏久住，安有家室"，他们"以白布缠头，穿大领毡衣，不食猪肉"，为了管理他们，"前藏设有大头人三名，后藏大头人一名"。④ 这些记述说明，至少在 18 世纪拉萨已经形成了一个被称为"卡契园"的穆斯林居住区，他们大多是来自克什米尔和中亚、南亚的商人，在拉萨经商，西

① 傅崇兰主编《拉萨史》，中国社会科学出版社，1994，第 323 页。

② "鲁固"是藏语音译，"鲁"意思是"龙"，"固"为"等待"，传说古代有许多龙在现今"鲁固"这个地方等待释迦牟尼佛像的到来，因此得名（参见《老城史话》，西藏人民出版社，2015，第 14 页），"鲁"是在水里的"龙"，也说明"鲁固"一带有河流或沼泽等水域。

③ 不著撰人、吴丰培整理《西藏志》，《西藏志·卫藏通志》合刊本，西藏人民出版社，1982，第 16 页。

④ 《卫藏通志》卷十五《部落》，《西藏志·卫藏通志》合刊本，西藏人民出版社，1982，第 509～510 页。

藏地方政府允许他们在西藏安家和建"礼拜之所""经堂""礼拜台"等宗教机构，设置"大头人"进行管理。

近些年，学者们的考察和研究印证了《西藏志》等文献中的相关记载。根据周传斌、陈波的考察，"卡契林卡"（即清代"卡契园"）今天尚有 64.289 平方米，内有两处礼拜殿和一处墓地。墓地内现存一些用乌尔都文刻写的石制墓顶，其形制明显不同于内地回族，可能是克什米尔、印度风格。现存年代最早的一块刻于希吉拉历 1133 年（公元 1720 年，清康熙五十九年）。清代以来，来自克什米尔、拉达克、印度、尼泊尔的穆斯林一直在"卡契林卡"内举行聚礼，直到 19 世纪小清真寺在大昭寺南边的饶塞巷内建立。[①] 2014 年 8 月，笔者又到这里考察，该林卡有一座伊斯兰风格的大门，上面写着"1650 拉萨箭达岗"，门两侧用中文、藏文、阿拉伯文和英文写着该园的来历："公元 1650 年，五世达赖喇嘛时期，曾在此院内向四周远方射箭，以箭落地为界，将此地划拨给了当时的贵人彼尔亚古夫名下，即现在的八角街常驻的穆斯林们，作为墓地使用"。院内大树参天，有个标着"1650"的伊斯兰风格亭子，旁边石碑有中文、藏文、阿拉伯文和英文四种语言的文字，说明这个亭子所在地点的意义："公元一六五○年，五世达赖喇嘛时期，以此地点向四面八方射箭，以箭落地为界，划拨给贵人彼尔亚古夫名下八角街常驻的穆斯林们。"这些说明都是对该林卡形成传说的记述，即 17 世纪一位从克什米尔来的穆斯林阿訇向五世达赖喇嘛请求给予落脚之处，达赖派人在这里射箭，以箭落之地为界，让回民居住，所以卡基林卡又叫"强达康"（强，即远处；达，指箭，即箭飞越的地方），只不过今天标成了更为直观的"箭达岗"。

第五，札什城、演武场，在今拉萨布达拉宫东北方向，在今拉萨城关区扎细办事处辖境及附近地区，应当包括今天慈松塘路以南，当热中路、当热东路以北，和娘热中路以东、藏热路以西的大片区域。在清代，色拉寺以外的拉萨北部地区仍是一片荒滩，雍正十一年（1733）建札什城，这年三月，驻藏大臣青保等奏报，色拉寺、大昭寺之间的扎什塘地方"宽旷平坦，毗近水源，远离农田"，他们会同颇罗鼐选取此地，建立兵营，拟"建城方二百丈，南、东、西三门，城基宽一丈、高一丈三尺"，用石砌

① 周传斌、陈波：《伊斯兰教传入西藏考》，《青海民族研究》2000 年第 2 期。

城，按照官兵人数，建房 341 间，原有旧房 21 间，应新建 320 间房屋。①
这一方案得到雍正帝批准，"扎什城"开工建设，九月"城工告竣"，九月
初四日"官兵移驻新城"。②

演武场是乾隆五十四年（1789）修建的。这年九月，驻藏大臣舒濂、
普福奏报："西藏向未设立教场，殊乏校阅骑射之地，请于扎什地方建造，
但此处采办木植路远费繁。查从前雅满泰所住楼房，除改建仓房贮米外，
余房甚多，应概行拆毁，盖造教场。"③ 札什城南还有关帝庙，乾隆年间重
修，后来废弃，改建为寺，今称为"扎基寺"。④

四　几点思考

《卫藏图识》成书于乾隆时期对廓尔喀战争之时，作者希望它能成为
清军行军作战的"进藏手册"，有两个方面值得思考：首先，《卫藏图识》
中的地图是否是当时水平最高的西藏地图，能否为"行役者""省方者"
提供充分的图上信息？

《卫藏图识》中有 10 幅地图，无论是《卫藏全图》《拉撒佛境图》，
还是 8 幅"道里图"，都只是带有"示意图"特点的舆图。它们均非实测
地图，也不是采用"计里画方"办法绘制的，更没有使用康熙、乾隆时期
的经纬度数据。在《卫藏图识》成书之前，康熙年间、乾隆年间清朝中央
政府在全国进行过经纬度测量，康熙年间完成《皇舆全览图》，雍正年间
修订编绘成《雍正十排皇舆全图》，乾隆二十七年（1762）完成《乾隆内
府舆图》。⑤ 康熙五十三年（1714），康熙帝派人到西藏进行实地测量，
1719 年的《皇舆全览图》铜版图中就标注了西藏地理信息，包括"朱母

---

① 《青保等奏筹建扎什塘兵营情形折》（雍正十一年七月十九日），中国第一历史档案馆藏
军机处满文录副奏折，中国藏学研究中心等合编《元以来西藏地方与中央政府关系档案
史料汇编》（2），中国藏学出版社，1994，第 463～466 页。

② 中国第一历史档案馆藏军机处来文，张羽新编著《清朝治藏典章研究》，中国藏学出版
社，2002，第 1067 页。

③ 《清高宗实录》卷 1339，乾隆五十四年九月壬寅。

④ 冯智：《清代拉萨扎什城兵营历史考略》，《西藏大学学报》2006 年第 1 期。

⑤ 卢良志编《中国地图学史》，测绘出版社，1984，第 177～190 页。徐永清著《地图简
史》，商务印书馆，2019，第 443～453 页。

郎马阿林（珠穆朗玛峰）"。① 那么，《卫藏图识》为什么不吸收《皇舆全览图》《乾隆内府舆图》的成果，反而比它们"退步"呢？笔者认为，原因主要是《皇舆全览图》《乾隆内府舆图》深藏于宫廷之中，马揭、盛绳祖难以见到，很难参照绘图，他们只能参考《大清会典》《四川通志》等"公开出版物"。由于这些地图只具有"示意图"性质，所以他们在"道里图"后都"随图记程"，尽可能详细地介绍沿途的山川、道里，在《卫藏全图》后详述西藏辖区四至，在《拉撒佛境图》后介绍拉萨主要山川、寺庙等情况。

《卫藏图识》用图文结合的办法，力图"以文补图"，用文字补充地图信息的不足，为"行役者""省方者"增加信息量。正因为此，《卫藏图识》受到后世重视，多次刊印或者被摘编。道光年间，姚莹前往察木多（今西藏昌都）、乍雅（今西藏察雅）"抚谕番僧"，他后来著成《康輶纪行》，其第三卷论述"诸路进藏道里"，多处引用《卫藏图识》内容，认为该《图识》所记"道路程站，皆据乾隆五十三年军需档案，固宜其详而有征"。② 当代学者王尧等给予高度评价，认为《卫藏图识》是"研究西藏历史地理、政治经济和宗教民俗等的重要史籍"。③ 因此，笔者认为，《卫藏图识》中的地图显然不是当时水平最高的西藏地图，但在此问题上，后世不应苛求前人——晚清以后一再刊刻《卫藏图识》，恰恰表明它反映了清前期西藏大量的地理信息，它对西藏地理研究贡献很大、影响深远。

其二，拉萨是清前期西藏的政治、文化中心，以自然山水为基础，形成了城市格局，在西藏则形成以拉萨为中心的"交通网"。就城市格局而言，拉萨以布达拉居中，西部有招笔拉洞、别蚌寺（今译为哲蚌寺）、琉璃桥联系东、西两个区域，东部有大诏、小诏、经园，东北为札什城、演武场、色拉寺。这一格局一直保留到今天，布达拉宫处于城市中心，大昭寺、小昭寺、哲蚌寺、色拉寺都是今天拉萨重要的寺庙。

就交通路线而言，《西藏志》记载雍正时期前藏（今拉萨）到青海玉

① 徐永清：《珠峰简史》，商务印书馆，2017，第112~124页。

② 姚莹著、欧阳跃峰整理《康輶纪行》，中华书局，2014，第77~82页。

③ 王尧、王启龙、邓小咏：《中国藏学史（1949年前）》，民族出版社、清华大学出版社，2003，第82~83页。

树和西藏腾格那尔（今纳木错）、纳克产（在今西藏申扎县）的路程及"自藏出防奔卡立马尔路程""自藏出防生根物角路程"。① 《卫藏图识》记述了当时从四川进藏、经拉萨到日喀则、聂拉木的干道，这和《西藏志》记载相印证，表明内地知识分子对于清前期西藏以拉萨为中心的"交通网"已有清晰的认识。这个"交通网"也成为后来西藏交通发展的基础。

其三，《卫藏图识》中的地理信息主要来自乾隆五十六年前成书的官私著作，如《大清会典》《四川通志》《西藏志》等，较为系统地反映了1792年前内地对于西藏地理的认知。该图识介绍了西藏山川、城镇、交通，又包含西藏历史、经济、军事、文化、语言、风俗等的情况。而且，该图识编纂与驱逐廓尔喀战争紧密相关，所以介绍了西藏、廓尔喀交界地区及相关山川、道路、军事要地、部族，使内地人士的视野从过去的卫藏腹心地区和青海、四川进藏沿线地区，扩展到西藏南部边缘地带，特别是西藏与廓尔喀、布鲁克巴等国边境地区。因此，该图识进一步丰富了人们对西藏地理的认识。

《卫藏图识》大部分内容是可信的，后世学者对该书的价值给予肯定，同时笔者注意到其中部分文字也有错讹，比如《拉撒佛境图》中把札什城、演武场放在布达拉山的东北方向，这本来是正确的，可是文字介绍中又为"（布达拉）山之南七里许至札什城，有汉兵居焉"，这显然与事实不符，是错误的。这说明《卫藏图识》对于拉萨的介绍只是总体准确，也出现了图文不一致，而且个别要素的方位和描述也有错误。因此，今天使用《卫藏图识》研究清代西藏地理信息时，既要尊重前人成果，又不能盲从古人，应认真考辨、慎重使用。

---

① 不著撰人、吴丰培整理《西藏志》，《西藏志·卫藏通志》合刊本，西藏人民出版社，1982，第49～61页。

六世班禅朝觐与灵柩西归路线研究

陈品祥　张　红　马　磊*

【摘要】 六世班禅是清代唯一一位东来朝觐的班禅活佛，他进京朝觐直接促进八世达赖喇嘛在西藏的亲政和政教合一制度在西藏的巩固，进一步密切了西藏与清朝中央政府关系。六世班禅东行，耗时一年两个半月，历经万余里，既是朝觐祝寿之旅，也是在广袤草原传法弘教之旅，对维护民族团结、捍卫领土完整具有重要意义。本文在已有六世班禅朝觐与灵柩西归路线的基础资料上利用地理编码工具，对部分未更名的点名进行了坐标定位，并利用测绘地理信息技术对路线进行修正和佐证，进一步细化了六世班禅朝觐与灵柩西归路的路线，制作成了六世班禅朝觐与灵柩西归路线电子地图，并在故宫博物院"须弥福寿——当扎什伦布寺遇上紫禁城"文物展进行了展出。

【关键词】 六世班禅　朝觐　灵柩西归　地理编码　三维地图

一　引言

1778 年，乾隆帝为庆贺自己的 70 岁大寿，邀请六世班禅进京。[1]1779年 6 月，六世班禅率 13 名勒参巴出发进京朝觐。

六世班禅由扎什伦布寺启程，最终到达京城，据《六世班禅传》载途

---

* 陈品祥，北京市测绘设计研究院教授级高级工程师，主要从事地理信息服务研发和历史文化地理信息系统研究，完成有北京历史文化地理信息系统、北京印迹、乾隆京城全图与历代北京测绘数据比对等；张红，北京市测绘设计研究院工程师，从事数据库管理和地理信息相关工作；马磊，硕士，北京市测绘设计研究院工程师，从事地理信息系统研发。

经羊八井、当雄、唐古拉山口、塔尔寺、宁夏府、归化城、热河到京师。地图出版社 1987 年 4 月出版谭其骧主编《中国历史地图集》第八册"清时期图"对班禅朝觐路线较有名的点位进行了标绘。近年来，关于六世班禅朝觐的研究逐渐增多，但大多集中于事件过程与意义等方面，关于其路线的研究并不多。随着测绘技术的发展，地理编码、三维地形已经逐渐发展成熟，利用地理编码技术可以将部分未变的历史地名进行坐标定位。有些地名之间相距很远，但根据三维地形可以判断人走的线路是固定的，因此结合互联网地图路网及三维地形对相隔较远的途经点的中间路线进行推敲，可以进一步细化途经线路。

二 古今地名的对应以及坐标定位

1. 途经地点的确定

本文依据《六世班禅洛桑巴丹益希传》《六世班禅朝觐档案选编》及柳森博士学位论文《六世班禅朝觐路线考》[2]整理进京路线点 50 个，灵柩西归回藏路线点 33 个、中间驻留点 61 个。进京朝觐和灵柩西归路线路线点如表 1 所示。其中进京路线分两部分，由扎什伦布寺至热河段的途经线路点主要依据《六世班禅朝觐路线考》的记录而来，由热河进京路线以及回藏路线均依据《六世班禅洛桑巴丹益希传》《六世班禅朝觐档案选编》梳理考证而来。[3]

表 1 六世班禅进京朝觐和灵柩西归路线路线点

进京路线点			
名称	顺序号	现今地	历史图集名称
日喀则 （扎什伦布寺）	1	西藏自治区日喀则市扎什伦布寺	扎什伦布寺
通门雄	2	西藏自治区日喀则市南木林县通门村	
麻尔江	3	西藏自治区拉萨市尼木县麻江乡（麻江雄）	麻尔江
羊八井	4	西藏自治区拉萨市当雄县羊井学寺	羊八井
当雄	5	西藏自治区拉萨市当雄县	（当雄）
那曲	6	西藏自治区那曲市	那曲
唐古拉山口	7	唐古拉山口	（唐古拉山口）

续表

进京路线点

名称	顺序号	现今地	历史图集名称
多蓝巴兔	8	唐古拉山脉以北，现青海省杂多县以西约 80 公里处	多蓝巴兔
赛柯蚌	9	推测为玉树藏族自治州玉树市晒阴错附近	（赛龙错）
曲玛尔（七渡口）	10	青海省玉树藏族自治州曲麻莱县，七渡口即"柯柯赛渡口"，是指曲玛尔河注入通天河的交汇处	曲玛尔
巴彦哈拉	11	巴颜喀拉山东麓	巴彦哈拉
星宿海（鄂敦他拉）	12	青海省玉树藏族自治州曲麻莱县麻多乡境内麻涌草原北部	星宿海／鄂敦他拉
扎陵湖	13	青海省果洛藏族自治州玛多县扎陵湖附近的草原	查灵海
索罗麻	14	青海省果洛藏族自治州玛多县境内	琐力麻川
阿日温泉	15	距青海省海南藏族自治州兴海县城 128 公里的温泉乡	（温泉乡）
夏拉图（班禅玉池）	16	青海省海南藏族自治州兴海县	（兴海）
阿什汉	17	青海省海南藏族自治州共和县倒淌河镇	阿什汉
日月山	18	日月山	日月山
丹噶尔	19	青海省西宁市湟源县丹葛尔古城	丹噶尔城
塔尔寺	20	青海省西宁市湟中区塔尔寺	塔尔寺
西宁府	21	青海省西宁市	西宁府
平戎驿	22	青海省海东市平安区	平戎驿
碾伯城	23	青海省海东市乐都区碾伯镇	碾伯
老鸦城	24	青海省海东市东都高庙镇老鸦村	老鸦堡
冰沟堡	25	青海省海东市乐都区芦花乡城后村西南 50 米处	冰沟堡
河桥驿	26	甘肃省兰州市永登县河桥镇南关村	河桥驿
庄浪城	27	甘肃省兰州市永登县境内	庄浪厅
平城堡	28	甘肃省兰州市永登县东北坪城乡	平城堡
松山堡	29	甘肃省兰州市永登县松山城村平城堡东北	松山堡
宽沟驿	30	甘肃省白银市景泰县寺滩乡宽沟村	宽沟驿
三眼井	31	宁夏回族自治区中卫市沙坡头区香山乡三眼井村	三眼井堡
营盘水驿	32	宁夏回族自治区中卫市沙坡头区温都尔勒图镇营盘水村	营盘水驿

续表

进京路线点

名称	顺序号	现今地	历史图集名称
贺兰山	33	贺兰山山口	贺兰山双山口
平羌堡	34	宁夏回族自治区银川市西夏区平吉堡镇	平羌堡
宁夏府	35	宁夏回族自治区首府银川市	宁夏府
横城堡	36	宁夏回族自治区银川市兴庆区横城村	横城堡
苏其鄂伦托罗格	37	内蒙古自治区鄂尔多斯市鄂托克旗内	鄂托克旗
鄂尔多斯	38	内蒙古自治区鄂尔多斯市鄂托克旗以东	鄂尔多斯
毛岱渡口	39	内蒙古自治区包头市土默特右旗美岱召镇毛岱村	毛代
归化城	40	内蒙古自治区呼和浩特市	归化城
岱噶 （岱海、岱汉）	41	内蒙古自治区乌兰察布市凉城县岱海镇	岱哈泊
察哈尔旗察干 （礼部牧厂）	42	河北省张家口西北部察汗淖湖附近	礼部牧厂
吉布呼郎图	43	内蒙古自治区锡林郭勒盟	
多伦诺尔	44	内蒙古自治区锡林郭勒盟多伦县	多伦诺尔厅
围场厅	45	河北省承德市围场满族蒙古族自治县围场以东，具体位置按历史地图集纠正后位置	围场厅
梅棱沟	46	内蒙古自治区赤峰市喀喇沁旗美林村内	美儿沟
郭果斯台	47	河北省隆化县境内	
两家儿	48	河北省承德市承德县两家满族乡两家村	两家儿
中关行宫	49	河北省隆化县中关镇中关行宫遗址	中关
热河	50	河北省承德市（点位在须弥福寿之庙）	热河
喀喇河屯	51	河北省承德市双滦区滦河镇西北喀喇河屯行宫	喀喇河屯
古北口关	52	北京市密云区古北口镇东南古北口长城	古北口关
京师	53	北京（点位在紫禁城）	京师

回藏路线点

名称	顺序号	现今地	历史图集名称
西黄寺	1	北京市朝阳区西黄寺	
昌平州	2	北京市昌平区	昌平州
岔道村	3	北京市延庆区岔道村	岔道口
宣化府	4	河北省张家口市宣化区	宣化府
天镇县	5	山西省大同市天镇县	天镇

续表

回藏路线点			
名称	顺序号	现今地	历史图集名称
大同府	6	山西省大同市大同老城	大同府
朔平府	7	山西省朔州市右玉县旧城	朔平府
杀虎口	8	山西省朔州市右玉县杀虎口长城附近	杀虎口
新店子	9	内蒙古自治区呼和浩特市和林格尔县新店子镇	新店子
归化城	10	内蒙古自治区呼和浩特市	归化城厅
毛岱渡口	11	内蒙古自治区包头市土默特右旗美岱召镇毛岱村	毛代
鄂尔多斯	12	内蒙古自治区鄂尔多斯市鄂托克旗以东	鄂尔多斯
横城堡	13	宁夏回族自治区银川市兴庆区横城村	横城堡
宁夏府	14	宁夏回族自治区首府银川市	宁夏府
平羌堡	15	宁夏回族自治区银川市西夏区平吉堡镇	平羌堡
中卫	16	宁夏回族自治区中卫市	中卫
营盘水驿	17	宁夏回族自治区中卫市沙坡头区温都尔勒图镇营盘水村	营盘水驿
平城堡	18	甘肃省兰州市永登县东北坪城乡	平城堡
西宁府	19	青海省西宁市	西宁府
东科尔寺	20	青海省西宁市湟源县东科尔寺	东科尔寺
阿什汉	21	青海省海南藏族自治州共和县倒淌河镇	阿什汉
巴彦诺尔	22	青海省海南藏族自治州共和县倒淌河镇西南8公里	巴彦诺尔
索罗麻	23	青海省果洛藏族自治州玛多县境内	琐力麻川
曲玛尔（七渡口）	24	青海省玉树藏族自治州曲麻莱县，七渡口即"柯柯赛渡口"，是指曲玛尔河注入通天河的交汇处	曲玛尔
多蓝巴兔	25	唐古拉山脉以北，现青海省杂多县以西约80公里处	多蓝巴兔
唐古拉山口	26	唐古拉山口	（唐古拉山口）
那曲	27	西藏自治区那曲市	那曲
当雄	28	西藏自治区拉萨市当雄县	（当雄）
麻尔江	29	西藏自治区拉萨市尼木县麻江乡（麻江雄）	麻尔江
思兴卡	30	日喀则市桑珠孜区斯兴喀	
日喀则（扎什伦布寺）	31	西藏自治区日喀则市扎什伦布寺	扎什伦布寺

2. 坐标定位方法

途经点的坐标定位主要采用以下两种方法：

（1）直接地理编码方法

地理编码又叫地址匹配，是一个建立地理位置坐标与给定地址或者地名一致性的过程[4]。针对朝觐路线点中地名未发生改变的点位，以及已知现今对应地名的点位，可以采用地理编码的方法，直接确定该点的坐标位置。本文综合了高德地图、百度地图、天地图等多个互联网地图服务对途经点进行了地理编码。通过检途经点名称或者其对应的现今地名，得到该点的坐标之后，再进行坐标的转换。具体的流程如图 1 所示。

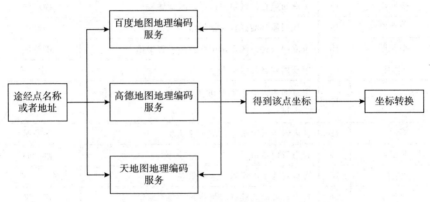

图 1　地理编码流程

由于文献记载的某些点的位置比较精确，如出发地日喀则的扎什伦布寺，以及阿日温泉现今对应温泉乡。针对这部分途经点，按照上面的方法，得到了有准确现今地名的路线点的坐标。但是有部分点现今对应地址较为宽泛，因此只能大致定位，无法精确地给予坐标。如宁夏府即今宁夏回族自治区首府银川市，热河即今河北省承德市。这些路线点的对应地名范围较大，只能得到一个大致的坐标范围，具体的坐标只能在下一步进行确认。

（2）历史地图配准方法

上一小节提到的许多途经点的现今地名已经无法查证，或者现今地名的范围太过宽泛，无法准确定位。但是这些点位一般可以在历史地图中找到，地图出版社 1987 年 4 月出版的《中国历史地图集》，其中第八册"清时期图"中有朝觐路线中大部分的路线点，因此本文将清时期图进行配准，在配准后可以确定大致定位，并对部分找不到现今地名的点确切图上位置。

《中国历史地图集》第八册收图 40 幅，朝觐路线点涉及的地图都为分幅图，包含西藏清时地图、青海清时地图、甘肃清时地图、内蒙古清时地图、陕西清时地图、山西清时地图、直隶清时地图，一共 7 幅地图。

图 2　地图配置流程图

地图配准主要用于在数字化地图成图前，对地图进行坐标和投影的校正[5]。如图 2 地图配置流程图所示，以直隶清时地图为例，首先寻找同名点，在这里同名点选取为朝觐路线点中已经能确定具体定位的点，以及其他地图上准确定位并能找到现今位置的点作为同名点。我们选取双峰寺、三座塔、小五台山等同名点，录入同名点的坐标进行地图配准，得到配准之后的地图，如图 3 所示。

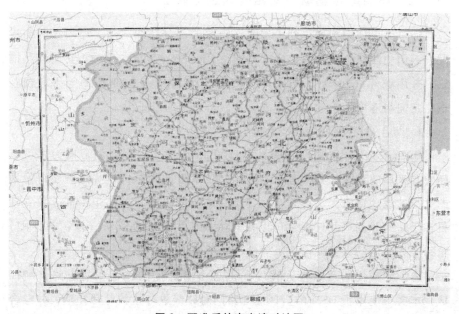

图 3　配准后的直隶清时地图

得到配准之后的历史地图之后，针对古地名，根据配准后的历史地图直接确定古地名对应的途经点的位置，而对于朝觐路线采用参考《六世班禅洛桑巴丹益希传》《六世班禅朝觐档案选编》及柳森博士学位论文《六世班禅朝觐路线考》并结合历史图中的已有路线得到。

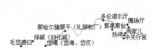
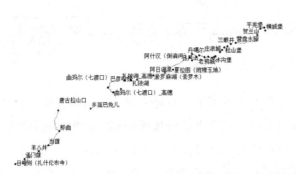

图4　历史地图配准得到的途经点和路线

三　测绘数据辅助下的路线纠正与验证

通过历史地图配准得到了朝觐路线图的部分路线之后，还须参照初步配准的历史线路走向，叠加全球最细路 OpenStreetMap 矢量数据进行线路描绘。并用航片（DOM）、数字高程模型（DEM）、三维地形图等手段校验线路走向与地形地貌的吻合程度，并做了适度的修正。

1. 结合 OSM 路网的路线补全

OpenStreetMap（简称 OSM）开源 Wiki 地图，很多人们习以为常可以随便拿来用的地图，其实有很多法律和技术上的限制，这些限制使得像地图这类的地理资讯无法有创意、有效率地被再利用。OpenStreetMap 成立动机在于希望能创造并且提供可以被自由地使用的地理资料（像街道地图）给每个想使用的人，就像自由软件所赋予使用者的自由一样[6]。

考虑到现代的道路很大程度上也是由历史上已经存在的道路修缮而成，本文中使用了 OSM 的全球最细路网对路线进行了校验和补全，并结合路线点以及中间驻留点的位置，共同完成路线的完善。

针对古地图中途经点之间有路网连接的情况，可以利用 OSM 路网数据对古地图的道路进行验证。如图 5 使用 OSM 数据进行路校验，在古地图中，日喀则、通门雄、羊八井、当雄等地之间按照古地图中道路连接而成的线路与 OSM 路网中这些点之间的现代道路高度吻合，可见此部分朝觐线路是较为科学合理的。

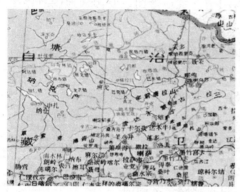
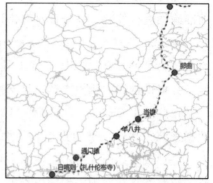

图 5　利用 OSM 路网对路线进行校验

针对古地图中途经点之间没有路网连接的情况，可以利用 OSM 路网对朝觐线路进行补全。例如，如图 6 所示古地图中河桥驿、庄浪城、平城堡、松山堡等途经点之间并没有道路相连，针对这种情况使用 OSM 路网对线路进行了补全。具体补全情况如图 6 中 OSM 路网图所示。

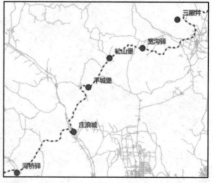

图 6　利用 OSM 路网补全数据

依照对河桥驿、庄浪城、平城堡、松山堡采用的方法，对朝觐路线中所有缺失的路线根据 OSM 路网进行了补全，虽然利用 OSM 路网补全历史线路可能会有失严谨性，但是在缺少历史记载的情况下，这是对历史线路进行还原的有效方法。

2. 三维地形图和影像支持下的路线校验与修正

利用 OSM 道路数据对朝觐路线进行补全，但是路线的准确性仍待考证。随着历史的变迁，道路，地名等都有可能发生改变，但是地形是在短时间之内难以发生改变的，因此可以利用三维地形图以及影像地图对路线的准确性进行校验，并且针对有错误的地方进行修正。

Cesium 是国外一个基于 JavaScript 编写的使用 WebGL 的地图引擎。Cesium 支持 3D、2D、2.5D 形式的地图展示，可以自行绘制图形，高亮区域，并提供良好的触摸支持，且支持绝大多数的浏览器和 Mobile[7]。

在此选用 Cesium 三维技术，以及天地图的影像、全球 30 米 DEM 作为数据来源，制作三维地形图，并叠加已有的六世班禅朝觐路线图进行校验。叠加效果如图 7 所示。在图中可见，日喀则到思兴卡，思兴卡到通门雄的道路都是在较为平坦的山谷中，可见道路是准确的。

图 7　三维地形与路线图叠加

在检查过程中对部分不准确的点进行了微调或者纠正，以曲玛尔为例，在检查过程中发现曲玛尔（七渡口）位于今青海省玉树藏族自治州曲麻莱县，由于曲麻莱县范围较大，因此该路线点在之前选取在了县中心位置。在参考资料中查阅朝觐路线是经过两河交汇之处，在利用三维地形图校验过程中发现，该路线点并没有位于两河交汇处，而是翻山而过，因此可以认定这个点是错误的，如图 8 所示。随后利用三维地形对该点进行了修正，发现该点的北方正好是两河交汇之处，因此曲玛尔（七渡口）的路线点位在图 9 所示的两河交汇的位置。

图 8　曲玛尔路线点未修正

图 9　曲玛尔路线点修正后

经过检验与修正之后，最终的六世班禅朝觐路线与地形地貌的特征完全相符，六世班禅行走的线路更加符合常理。六世班禅到京 2 个月后圆寂于黄寺，嗵经百日后护送灵柩回藏，历经 6 个半月到达扎什伦布寺。灵柩

回藏线路历经昌平州、宣化、打通、杀虎口到归化城后与进京线路基本
重合。

四　结语

　　创新性地使用古地图配准技术并结合现代测绘地理信息手段，同时利
用全球路网以及三维地形等新技术对六世班禅朝觐路线进行补全、纠正、
校验和合理性评价，在此基础上绘制的六世班禅朝觐路线，符合历史记载
同时又符合地形地貌特征，因此通过此方法绘制的路线相较于只依据历史
记载绘制的方法更为精确。同时利用现代测绘技术研究历史线路，为六世
班禅进京朝觐的研究注入了新的活力。最终六世班禅朝觐图如图10所示，
该图已经在故宫博物院"须弥福寿——当扎什伦布寺遇上紫禁城"文物展
上进行了展出。

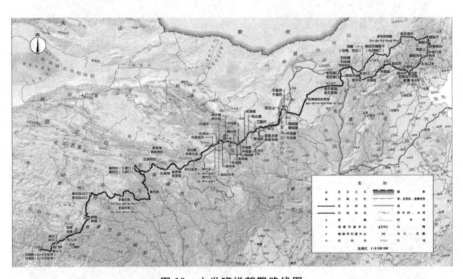

图 10　六世班禅朝觐路线图

参考文献

[1] 林欢：《"珍宝"进献的珍宝 六世班禅额尔德尼与乾隆皇帝的故事》，《紫禁城》
2018 年第 6 期，第 86 ~ 105 页。

[2] 柳森：《六世班禅朝觐路线考》，《中国边疆史地研究》2015 年第 1 期，第 148 ~
160 页。

［3］李钟霖：《六世班禅赴京入觐及其道程》，《青海民族学院学报》1986 年第 2 期，第 21～32 页。

［4］江洲、李琦：《地理编码（Geocoding）的应用研究》，《地理与地理信息科学》2003 年第 3 期，第 22～25 页。

［5］陆菲菲、奚玲、岳春生：《利用几何精校正进行多尺度数字栅格地图配准》，《计算机应用》2006 年第 2 期，第 115～117 页。

［6］罗路长、刘波、刘雪朝：《OpenStreetMap 路网数据质量评价及应用分析》，《江西科学》2017 年第 1 期，第 151～157 页。

［7］朱栩逸、苗放：《基于 Cesium 的三维 WebGIS 研究及开发》，《科技创新导报》2015 年第 12 期，第 9～11、16 页。

图书在版编目（CIP）数据

地图史研究：理论与实践 / 王家耀，徐永清主编
. -- 北京：社会科学文献出版社，2023.12
ISBN 978 - 7 - 5228 - 1859 - 7

Ⅰ.①地… Ⅱ.①王… ②徐… Ⅲ.①地图 - 历史 -
中国 - 文集 Ⅳ.①P28 - 092

中国国家版本馆 CIP 数据核字（2023）第 098248 号

地图史研究：理论与实践

主　　编／王家耀　徐永清

出 版 人／冀祥德
责任编辑／张建中
责任印制／王京美

出　　版／社会科学文献出版社·政法传媒分社（010）59367126
　　　　　　地址：北京市北三环中路甲 29 号院华龙大厦　邮编：100029
　　　　　　网址：www. ssap. com. cn
发　　行／社会科学文献出版社（010）59367028
印　　装／三河市龙林印务有限公司

规　　格／开 本：787mm × 1092mm　1/16
　　　　　　印 张：23.25　字 数：374 千字
版　　次／2023 年 12 月第 1 版　2023 年 12 月第 1 次印刷
审 图 号／GS（2021）4267 号
书　　号／ISBN 978 - 7 - 5228 - 1859 - 7
定　　价／159.00 元

读者服务电话：4008918866